宋杰 著

三国
军事地理与攻防战略

中华书局

图书在版编目(CIP)数据

三国军事地理与攻防战略/宋杰著. —北京:中华书局,2022.4
(2023.6 重印)
ISBN 978-7-101-15619-5

Ⅰ.三…　Ⅱ.宋…　Ⅲ.军事地理–研究–中国–三国时代
Ⅳ.E993.2

中国版本图书馆 CIP 数据核字(2022)第 008538 号

书　　名	三国军事地理与攻防战略
著　　者	宋　杰
责任编辑	齐浣心
责任印制	陈丽娜
出版发行	中华书局
	(北京市丰台区太平桥西里 38 号　100073)
	http://www.zhbc.com.cn
	E-mail:zhbc@zhbc.com.cn
印　　刷	三河市中晟雅豪印务有限公司
版　　次	2022 年 4 月第 1 版
	2023 年 6 月第 5 次印刷
规　　格	开本/920×1250 毫米　1/32
	印张 10½　插页 2　字数 260 千字
印　　数	13001-16000 册
国际书号	ISBN 978-7-101-15619-5
定　　价	48.00 元

目　录

插图目录

曹操在赤壁之役后的战略防御部署

建安十三年（208 年）末的赤壁之战，开创了三国南北对抗数十年的政治形势。曹操失利后率众北归，此后虽有"四越巢湖"东征孙权和西赴汉中攻击刘备的重大军事行动，却都是遇到僵持局面便下令撤兵，与早年官渡之战拒守连月、莫肯先退的情景大相迥异，可以看出他放弃了毕其功于一役的作战策略，准备和孙、刘两家作长期的抗衡。学界认为这与曹操实施的战略防御方针有密切联系，如王仲荦曾说："赤壁战败之后，曹操清楚地看到一时不能歼灭孙权、刘备的事实，只有努力把中原地区的农业生产加速恢复，使自己的力量远胜孙、刘，具备战胜孙、刘的经济条件，然后军事上才能取得决定性的胜利。曹操这一政策也就决定了他此后对吴、蜀军事方面所采取的防御方针。"[1] 这种巩固后方、着力于防守而避免决战的韬略，虽未见曹操亲口讲述，但从魏国大臣的言论中可以得知。如孙资对魏明帝曰："又武皇帝圣于用兵，察蜀贼栖于山岩，视吴虏窜于江湖，皆挠而避之，不责将士之力，不争一朝之忿，诚所谓见胜而战，知难而退也。"[2]

---

[1] 王仲荦：《魏晋南北朝史》上册，上海人民出版社，1979 年，第 57 页。
[2]《三国志》卷 14《魏书·刘放传》注引《孙资别传》，中华书局，1959 年，第 458 页。

纵观三国的历史发展脉络,赤壁战后南方孙、刘集团进入了势力扩张的阶段,周瑜和刘备联手夺取了以江陵为中心的荆州大部分地区,孙权在扬州进攻合肥,占领了江北的历阳、濡须、皖城等重要据点,最终以刘备入蜀后攻取汉中、上庸等地而达到高潮。这一扩张趋势在建安二十四年(219年)末戛然而止,当时曹操调集兵将击退了围攻襄樊的关羽,孙权与刘备反目袭取了荆州。随后曹操病逝[①],曹、刘、孙三家相继称帝,疆域基本稳定下来。魏国在长达数千里的边界上构筑了坚固防线,"东自广陵、寿春、合肥、沔口、西阳、襄阳,重兵以备吴;西自陇西、南安、祁山、汉阳、陈仓,重兵以备蜀。"[②]使敌人的多次入侵无功而返。需要强调的是,上述防御体系是曹操在赤壁战后经过十多年的艰苦努力才建立起来的,并为后人所继承,但对于其中的详细内容与具体过程,有关学术领域尚未见到深入的专门研究,故此笔者勾稽史料予以探讨,望能获得方家的指正。

一、赤壁战后曹操应对被动局势的战略方针

曹操初据许昌时仅有两州之地,自称"是我独以兖、豫抗天下六分之五也"[③]。后来他擒吕布,平定徐州和扬州北境;剿灭袁氏后领有幽、冀、青、并四州,又迫降刘琮,兼并荆州;赤壁战前西至峡口、东到广陵绵延数千里的长江北岸,除了刘备、刘琦盘踞的夏口(今武汉市汉阳区)

---

① 《三国志》卷1《魏书·武帝纪》:"(建安)二十五年春正月,至洛阳。(孙)权击斩(关)羽,传其首。庚子,王崩于洛阳,年六十六。"第53页。
② (唐)杜佑撰,王文锦等点校:《通典》卷171《州郡一》,中华书局,1988年,第4457—4458页。
③ 《三国志》卷10《魏书·荀彧传》,第313页。

地带,几乎全部在曹操的统治范围以内。赤壁战败后曹操率领军队主力北还,处于东、南、西部三面受敌的被动状况。如王夫之所云:"曹氏之战亟矣,处中原而挟其主,其敌多,其安危之势迫。"① 东边扬州的淮南是孙吴军队的主攻方向,"(孙)权自率众围合肥,使张昭攻九江之当涂。"② 南边荆州是周瑜、刘备的军队合攻曹仁驻守的江陵。值得注意的是,赤壁战前孙权的军队约有十万,他对诸葛亮说:"吾不能举全吴之地,十万之众,受制于人。"③ 周瑜向其索要五万兵力破曹,孙权借故推托,答应给他三万。"五万兵难卒合,已选三万人,船粮战具俱办,卿与子敬、程公便在前发,孤当续发人众,多载资粮,为卿后援。"④ 最后由于刘备率兵助战⑤,孙权只派出两万余人赶赴前线。"(周)瑜、(程)普为左右督,各领万人,与(刘)备俱进。遇于赤壁,大破曹公军。"⑥ 因此陆机称周瑜所率部队为"偏师"⑦,而吴军的主力始终为孙权直接掌控,他得知周瑜获胜后马上渡江进攻淮南,有记载称:"孙权率十万众攻围合肥城百余日……"⑧ "十万"这个数字应有一些虚夸,但也反映了他麾下兵马众多、攻势如潮的情况。

　　孙权以东线淮南为主攻方向的原因有两条,其一是这里距离他的

---

① (清)王夫之:《读通鉴论》卷10《三国》,中华书局,1975年,第266页。

② 《三国志》卷47《吴书·吴主传》,第1118页。

③ 《三国志》卷35《蜀书·诸葛亮传》,第915页。

④ 《三国志》卷54《吴书·周瑜传》注引《江表传》,第1262页。

⑤ 《三国志》卷35《蜀书·诸葛亮传》载孔明谓孙权曰:"豫州军虽败于长阪,今战士还者及关羽水军精甲万人,刘琦合江夏战士亦不下万人。"第915页。

⑥ 《三国志》卷47《吴书·吴主传》,第1118页。

⑦ 《三国志》卷48《吴书·三嗣主传》注引《辨亡论》写曹操取荆州后"借战胜之威,率百万之师"东进,"而周瑜驱我偏师,黜之赤壁。丧旗乱辙,仅而获免,收迹远遁。"第1180页。

⑧ 《三国志》卷15《魏书·刘馥传》,第463页。

根据地太湖平原较近,兵员粮饷补给方便;"泛舟举帆,朝发夕到。"①其二是由此地区进攻中原有交通方面的便利条件。吴国作战倚重水军和船只运输,所谓"上岸击贼,洗足入船"②。淮南地区以洪泽湖及迤南的张八岭为界分为东西两部,各有一条沟通长江与淮河的水道,东部是中渎水(后代的大运河),由于年久失修多有淤塞而不便通行。西部是溯濡须水(自巢湖东南流至今安徽无为县东南入江)到巢湖,再溯施水(今南淝河)至合肥鸡鸣山,经"巢肥运河"或称"江淮运河"③进入肥水(今东淝河),顺流过寿春汇入淮河。另外,船只自肥口(今安徽寿县八公山西南)入淮后,可以从五条河道北进中原,具有很好的通达性。如陈敏所言:"长淮二千余里,河道通北方者凡五:曰颍,曰蔡,曰涡,曰汴,曰泗。"④由于上述原因,濡须水经巢湖转至施水、肥水的河道成为孙吴北伐的首选途径,所经过的合肥与淮南西部则成为孙曹两家交锋的重要战场。如王象之所云:"古者巢湖水北合于肥河,故魏窥江南则循涡入淮,自淮入肥,鼷肥而趣巢湖,与吴人相持于东关。吴人挠魏亦必鼷此。"⑤

相比之下,南线荆州的孙刘联军若要北伐,条件则较为不利。首先,当地富庶的江北区域受战乱破坏严重,难以为大军提供充足的物资。如庞统对刘备说:"荆州荒残,人物殚尽,东有吴孙,北有曹氏,鼎足之计,难以得志。"⑥其次,荆州北通中原主要是采用江陵到襄阳的陆

---

① 《三国志》卷 54《吴书·周瑜传》注引《江表传》,第 1261 页。
② 《三国志》卷 54《吴书·吕蒙传》注引《吴录》,第 1275 页。
③ 参见杨钧:《巢肥运河》,《地理学报》1958 年第 1 期;刘彩玉:《论肥水源与"江淮运河"》,《历史研究》1960 年第 3 期。
④ (清)顾祖禹:《读史方舆纪要》卷 22《南直四·淮安府》,中华书局,2005 年,第 1072 页。
⑤ (清)顾祖禹:《读史方舆纪要》卷 19《南直一·肥水》,第 891 页。
⑥ 《三国志》卷 37《蜀书·庞统传》注引《九州春秋》,第 955 页。

路"荆襄道",然后沿白河进入南阳盆地,越方城(今河南叶县北)后到达华北平原南端。《荆州记》曰:"襄阳旧楚之北津,从襄阳渡江,经南阳,出方(城)关,是周、郑、晋、卫之道。"[1]若用水道北行,船只可从沔口(在今武汉市汉阳区)溯沔水(今汉江)而上到襄阳,或从江陵经春秋楚国开凿的"荆汉运河"[2],通过扬水进入沔水至襄阳。但是沔水河道在襄阳折而为西,只有从南阳盆地注入汉江的白河通往北方,这条河流滩多水浅,只是在盛夏洪水季节流量剧增,因此不便通航。例如,"宋太平兴国三年,漕臣程能议开白河为襄、汉漕渠,直抵京师,以通湘潭之漕,渠成而水不行。端拱元年治荆南漕河至汉江,行旅颇便,而白河终不可开。"[3]综上所述,孙吴军队若是自江陵或沔口(即夏口)北伐中原,其依靠的汉江水运路线到襄阳便中断了,而且荆州距离江东根据地又太远,所以不是最理想的主攻方向。周瑜死后,孙权"借荆州"给刘备,就是准备集中力量在扬州东线用兵,放弃了原来周瑜提出的"与将军据襄阳以蹙操,北方可图也"[4]的作战方案。

　　曹操当时统治区域的西部以晋陕交境的黄河与潼关为界,受到董卓之乱后割据关中、陇西的凉州诸将之威胁。官渡之战前夕,"时关中诸将马腾、韩遂等,各拥强兵相与争。太祖方有事山东,以关右为忧。"[5]但是这些军阀在名义上归顺朝廷,彼此又有矛盾,未能联合起来侵入中原,因此荀彧建议安抚:"关中将帅以十数,莫能相一,唯韩遂、马超最强。彼见山东方争,必各拥众自保。今若抚以恩德,遣使

①《后汉书·郡国志四》注引《荆州记》,中华书局,1965 年,第 3481 页。
②参见王育民:《先秦时期运河考略》,《上海师范大学学报(哲学社会科学版)》1984 年第 3 期。
③(清)顾祖禹:《读史方舆纪要》卷 79《湖广五·襄阳府》,第 3708 页。
④《三国志》卷 54《吴书·周瑜传》,第 1264 页。
⑤《三国志》卷 13《魏书·钟繇传》,第 392 页。

连和,相持虽不能久安,比公安定山东,足以不动。"①曹操采纳了荀彧的建议,故暂时得以相安无事。但是号称"天府"和"四塞之国"的秦川平原被凉州军阀们占据,距离中州重镇洛阳又近在肘腋,这股潜在的敌对势力对曹操来说可谓如芒在背,要时刻小心提防。如赤壁战前周瑜分析形势时说:"今北土既未平安,加马超、韩遂尚在关西,为操后患。"②

曹操对于上述形势有着清醒敏锐的判断,他所采取的用兵对策是先东后西,东守西攻,以消除孙权在扬州的军事威胁为首要任务,然后再逐步兼并关中和陇西、汉中等地,在西线最后让出汉中以采取守势。建安十三年(208年)十二月曹操败于赤壁,他领兵跋涉数百里经华容回到江陵,随即又辗转千里以上,几乎是马不停蹄地赶到谯县(今安徽亳州市)迅速备战。"(建安)十四年春三月,军至谯,作轻舟,治水军。"③待筹措完毕后,"秋七月,自涡入淮,出肥水,军合肥。"④由于此前孙权的进攻摧毁了当地的基层行政组织和重要水利设施,曹操来到淮南前线后予以恢复建设,"置扬州郡县长吏,开芍陂屯田。"⑤同时又派张辽等将消灭割据天柱山的陈兰、梅成等地方武装,"遂进到山下安营,攻之,斩兰、成首,尽虏其众。"⑥在重建了扬州地区的防御体系之后,曹操于当年十二月返回邺城。经过岁余的休整,至建安十六年(211年)三月,他以进攻汉中张鲁为名,派遣夏侯渊带兵入关中,与驻

①《三国志》卷10《魏书·荀彧传》,第313—314页。
②《三国志》卷54《吴书·周瑜传》,第1261页。
③《三国志》卷1《魏书·武帝纪》,第32页。
④《三国志》卷1《魏书·武帝纪》,第32页。
⑤《三国志》卷1《魏书·武帝纪》,第32页。
⑥《三国志》卷17《魏书·张辽传》,第518页。

扎在长安的钟繇会合,故意激起当地军阀的猜疑和叛乱,然后再名正言顺地出师平叛。"是时关中诸将疑(钟)繇欲自袭,马超遂与韩遂、杨秋、李堪、成宜等叛。遣曹仁讨之……秋七月,公西征。"[1]王仲荦指出,这是曹操赤壁战后的重要措施。"他要进一步巩固自己的后方,必须统一关陇,然后乘机夺取汉中,进规巴蜀。"[2]在击溃马超、韩遂,迫使其逃往陇西之后,曹操于当年十二月率领军队主力返回邺城,留下夏侯渊等镇守关中,并继续扫荡陇西的残余反叛势力,至建安十九年(214年)获得最终胜利。"南安赵衢、汉阳尹奉等讨(马)超,枭其妻子,超奔汉中。韩遂徙金城,入氐王千万部,率羌、胡万余骑与夏侯渊战,击,大破之,遂走西平。渊与诸将攻兴国,屠之……冬十月,屠枹罕,斩(宋)建,凉州平。"[3]在关陇地区完全平定后,曹操遂于次年三月出征汉中,迫降张鲁。"十二月,公自南郑还,留夏侯渊屯汉中。"[4]

纵观曹操赤壁战后至临终前十一年间(209—220年)的作战历程,他率领中军主力出征共有8次,其中到扬州东线的合肥与濡须口有4次,即所谓"四越巢湖";到西线的关中和汉中合计3次,即前述建安十六年(211年)、二十年(215年)与赴汉中征讨刘备的建安二十四年(219年),反映了他对东西两线军事威胁的重视。但是曹操对待孙权、刘备与马超、韩遂等凉州诸将明显不同,前者实力较强,故曹操的战略方针是以稳守为主,不与对手长期纠缠,例如他两次攻打孙权的濡须口和进军汉中与刘备作战时,一旦陷入僵持便迅速撤退。而对势力分

---

①《三国志》卷1《魏书·武帝纪》,第34页。

②王仲荦:《魏晋南北朝史》上册,第57页。

③《三国志》卷1《魏书·武帝纪》,第42页,44页。

④《三国志》卷1《魏书·武帝纪》,第46页。

散较弱的凉州军阀，则是决心予以歼灭，不留后患。至于南线的荆州战场，曹操在很长时间内不大关注。例如重镇江陵遭受孙刘联军的围攻，曹操并未给予有力的支援，最后指示曹仁放弃南郡，撤往襄阳。"（周）瑜、（曹）仁相守岁余，所杀伤甚众。仁委城走。"①需要注意的是，周瑜死后刘备在荆州的兵力有两次严重削弱，第一次是建安十六年（211年），"先主留诸葛亮、关羽等据荆州，将步卒数万人入益州。"②第二次是建安十九年（214年），刘备进攻刘璋不利，召诸葛亮等领兵入蜀。"亮与张飞、赵云等率众溯江，分定郡县，与先主共围成都。"③即使在关羽留守荆州部队有限的情况下，曹操也没有过乘虚进攻的打算，仍然维持着稳守襄阳的局面。关羽消灭于禁的七军后，曹操甚至打算迁徙许都以避其锋芒。他仅在建安二十四年（219年）十月领兵开赴荆州襄阳，"孙权遣使上书，以讨关羽自效。王自洛阳南征羽，未至，（徐）晃攻羽，破之。羽走，（曹）仁围解。王军摩陂。"④然后返回洛阳。如上所述，曹操是在孙权表示归顺并撤走东线吴军主力去袭击荆州、扬州所受军事威胁基本消除的情况下才决定南征关羽的。上述情况表明三国政治军事形势至此发生了重要转变，魏、吴双方联手对付蜀汉刘备，在力量对比上占据了绝对优势，使曹操终于摆脱了长期的被动防御局面。

为了贯彻以上的战略方针，曹操在此期间通过一系列军事方面的重要举措，构建巩固了对孙、刘两家的战略防线，以确保中原的安全。

---

① 《三国志》卷47《吴书·吴主传》，第1118页。
② 《三国志》卷32《蜀书·先主传》，第881页。
③ 《三国志》卷35《蜀书·诸葛亮传》，第916页。
④ 《三国志》卷1《魏书·武帝纪》，第52页。

下文分别予以论述。

二、留驻外军,建立以"三征"为长官的边境防区

　　所谓"三征"即征东、征南、征西将军,见《三国志》卷21《魏书·傅嘏传》:"时论者议欲自伐吴,三征献策各不同。"洪饴孙注曰:"魏时征北(将军)不常置,故曰三征也。"[1]东汉光武帝曾任命岑彭为征南大将军、冯异为征西大将军,而明帝至灵帝末惟设征西将军,负责对匈奴和羌人作战,麾下统兵数万,拥众最多者为永和五年(140年)拜征西将军的马贤,"将左右羽林、五校士及诸州郡兵十万人屯汉阳。"[2]征西将军专伐一方,位高权重,担任此职甚为荣耀,因此曹操说他早年"欲望封侯作征西将军,然后题墓道言'汉故征西将军曹侯之墓',此其志也"[3]。洪饴孙考证曹魏设征东、征南、征西将军各一人,"二千石,第二品。武帝置……"[4]分别负责扬州、荆州和雍、凉等州的军务。"三征"当中,最早设置的是征南将军。建安十四年(209年)初曹操自荆州北还,"以(曹)仁行征南将军,留屯江陵,拒吴将周瑜。"[5]征南将军称号前加"行"字,表示由曹仁临时摄理此职。后来他作战不利,放弃江陵,"曹操势力北撤至南郡编县(今湖北荆门)以北"[6]曹仁被调往关中讨伐马超、韩遂,作战结束后恢复原职,"复以仁行征南将军,假节,屯樊,

---

①(清)洪饴孙:《三国职官表》,《后汉书三国志补表三十种》,中华书局,1984年,第1504页。

②《后汉书》卷87《西羌传》,第2895页。

③《三国志》卷1《魏书·武帝纪》注引《魏武故事》,第32页。

④(清)洪饴孙:《三国职官表》,《后汉书三国志补表三十种》,第1503页。

⑤《三国志》卷9《魏书·曹仁传》,第275页。

⑥梁允麟:《三国地理志》,广东人民出版社,2004年,第158页。

镇荆州。"① 至建安二十三年（218年）冬，曹仁平定了南阳侯音的叛乱，"还屯樊，即拜征南将军。"② 才获得正式的任命。他在建安后期管辖的荆州战区有南阳、南乡、襄阳、江夏四郡，即今河南南阳市与湖北襄阳、随州两市辖境以及荆门、孝感、武汉黄陂两市一区辖境的北部，战区南边与孙、刘两家接壤的疆界大致在今湖北荆门往东到钟祥、京山、应城、孝感至黄陂一线。

建安十四年（209年）冬，曹操重建淮南防线后返回谯县，临行前任命剿灭陈兰、梅成有功的荡寇将军张辽主持扬州的防务。至建安二十年（215年）张辽以寡敌众，成功地挫败了孙权对合肥的进攻。"太祖大壮辽，拜征东将军。"③ 他后来担任此职直至终身。张辽统治的扬州战区包括淮南、庐江、安丰三郡，"辖今安徽合肥以北，寿县以南，河南固始、商城以东，安徽怀远、定远以西地。"④ 合肥、巢湖以南的滨江平原民户皆被迁徙，属于魏、吴交界的无人地带。征西将军设置于同年，曹操平定马超、韩遂叛乱后，"（建安）十七年，太祖乃还邺，以（夏侯）渊行护军将军，督朱灵、路招等屯长安。"⑤ 成为关中地区的军事长官，次年曹操在关陇设立雍州，以夏侯渊主管军务。"是时不置凉州，自三辅拒西域，皆属雍州。"⑥ 他管辖的这个战区地域辽阔，包含今陕西的关中平原、陕北高原，今甘肃的陇东、陇西高原与陇南山地、河西走廊。建安十九年（214年）马超、韩遂的残余势力肃清，"河西诸羌尽降，陇右

---

① 《三国志》卷9《魏书·曹仁传》，第275页。
② 《三国志》卷9《魏书·曹仁传》，第275页。
③ 《三国志》卷17《魏书·张辽传》，第519页。
④ 梁允麟：《三国地理志》，第179页。
⑤ 《三国志》卷9《魏书·夏侯渊传》，第270页。
⑥ 《三国志》卷15《魏书·张既传》，第474页。

平。"① 夏侯渊次年跟随曹操进占汉中、巴郡，"太祖还邺，留渊守汉中，即拜渊征西将军。"② 四年后他在定军山被黄忠所部击杀，曹操撤离汉中后，雍州战区以今陕西秦岭山脉与陇南的南秦岭山地与蜀汉交界。曹操晚年开始在扬州推行都督统兵制度，他在建安二十二年（217年）三月进攻濡须口不利后撤兵，"使（夏侯）惇都督二十六军。留居巢。"③ 担任扬州前线的总指挥，张辽等部在其麾下，这样荆、扬、雍州主将都是由曹氏、夏侯氏宗亲担任。两年后夏侯惇又率领各部援救襄樊，"拜前将军，督诸军还寿春，徙屯召陵。"④ 曹丕称帝以后，正式在沿边各州设置都督为防区最高长官，随其资望轻重加以征东（南、西）将军，或镇东（南、西）将军与安东（南、西）将军称号，亦泛称为"三征"。如魏嘉平四年（252年）孙权病逝，"征南大将军王昶、征东将军胡遵、镇南将军毌丘俭等表请征吴。朝廷以三征计异，诏访尚书傅嘏。"⑤ 洪饴孙曰："三征盖指王昶、胡遵、毌丘俭，俭以镇南列三征中，盖征镇同。"⑥

　　需要强调的是，扬州前线在赤壁战前是由行政长官刺史主持军务，率领的是州郡地方军队。如建安五年（200年）以后刘馥在淮南"广屯田，兴治芍陂及茄陂、七门、吴塘诸堨以溉稻田，官民有畜。又高为城垒，多积木石，编作草苫数千万枚，益贮鱼膏数千斛，为战守备"⑦。曹操后来推广州郡领兵制度，他担任丞相后，主簿司马朗建议："可令

---

①《三国志》卷9《魏书·夏侯渊传》，第271页。
②《三国志》卷9《魏书·夏侯渊传》，第272页。
③《三国志》卷9《魏书·夏侯惇传》，第268页。
④《三国志》卷9《魏书·夏侯惇传》，第268页。
⑤《三国志》卷21《魏书·傅嘏传》注引司马彪《战略》，第625—626页。
⑥（清）洪饴孙：《三国职官表》，《后汉书三国志补表三十种》，第1504页。
⑦《三国志》卷15《魏书·刘馥传》，第463页。

州郡并置兵,外备四夷,内威不轨,于策为长。"①获得批准施行。但地方军队战斗力较弱,遇到强敌入侵只能守城,不堪野战。曹操因此采取了留驻外军的做法。何兹全云:"留屯在外的将军及都督所领的兵,就称为外军;中央直辖的军队,就称为中军。"又说曹操统一北方之后,"这时局面大了,再不能象过去一样,带领一支军队(虽不是全部也是大部)到处征战,因之便产生了留屯的办法。平定一个地方,即留一部分军队在那里驻防,并由一人任统帅,统摄辖区内诸军。这种留屯制,实即魏晋以下盛行的军事上分区的都督诸军制的滥觞。"②像曹仁、张辽和夏侯渊,原来都是跟随曹操四处讨伐的将领,部下兵马能征惯战。曹操由前线返回根据地时分别留下他们驻守边防,这样就明显增强了各州的防御作战能力。例如张辽领七千余人守合肥,却敢于主动迎击孙权大军,"折其盛势,以安众心。"③这是过去州郡兵马绝不敢做的。温恢以丞相主簿出任扬州刺史,曹操特别关照张辽、乐进说:"扬州刺史晓达军事,动静与共咨议。"④反映温恢在作战方面只是个咨询的对象,并没有参与决策的权力;如果不是曹操嘱咐,张辽等将领商讨军务时可以无视这位行政官员。后来孙权进攻合肥,张辽主持讨论应对办法时,到会的也只有护军和诸将,不见刺史的踪影。魏国建立后,更是明确规定刺史为"三征"的下级。如《三国职官表》载征东将军"统青、兖、徐、扬四州刺史",征南将军"统荆、豫二州刺史",征西将军"统雍、凉二州刺史"⑤。

---

①《三国志》卷15《魏书·司马朗传》,第467页。
②何兹全:《魏晋的中军》,《读史集》,上海人民出版社,1982年,第258页。
③《三国志》卷17《魏书·张辽传》,第519页。
④《三国志》卷15《魏书·温恢传》,第478页。
⑤(清)洪饴孙:《三国职官表》,《后汉书三国志补表三十种》,第1504页,1506页,1509页。

需要强调的是,曹操的江淮防线在徐州地区出现了一段空白,曹魏所辖徐州之广陵郡(今江苏扬州、淮安地区)与孙吴重镇京口(今江苏镇江)隔岸相对,但是没有在那里设置防区、留驻兵将。原因之一是赤壁失利后曹操兵员不足,短期内无法补充。北方中原经过多年的战争,"中国萧条,或百里无烟,城邑空虚,道殣相望。"① 难以再提供充足的人力与粮饷。另外,广陵郡和中原的交通依赖贯通江淮的中渎水,其前身是春秋时吴王夫差开凿的邗沟。"水盛时所在漫溢,水枯时以至干涸。水道及其穿行的湖泊一般都很浅,不能常年顺利通航。七国之乱以后到东汉时期,中渎水道情况不见于历史记载,大概是湮塞不通或通而不畅。"② 孙吴方面若想用它来运送兵粮北伐中原会有严重困难。后来曹丕南征广陵,经中渎水载运部队。"(蒋)济表水道难通,又上《三州论》以讽帝。帝不从,于是战船数千皆滞不得行。"③ 就是一次失败的战例。曹操了解上述局面,所以只是下令内迁广陵的居民和治所,并未在徐州境内留驻重兵。孙权曾计划沿此道路进攻徐州,吕蒙劝阻他说:"徐土守兵,闻不足言,往自可克。然地势陆通,骁骑所骋,至尊今日得徐州,操后旬必来争,虽以七八万人守之,犹当怀忧。"④ 孙权因此撤销了行动。胡三省认为进攻徐州无法发挥吴国水军的优势,"吕蒙自量吴国之兵力不足北向以争中原者,知车骑之地,非南兵之所便也。"又称赞曹操深通韬略,部署得当。"曹操审知天下之势,虑此熟矣。此兵法所谓'城有所不守'也。"⑤

---

① 《三国志》卷56《吴书·朱治传》注引《江表传》,第1304页。
② 田余庆:《汉魏之际的青徐豪霸》,《秦汉魏晋史探微》,中华书局,1993年,第109页。
③ 《三国志》卷14《魏书·蒋济传》,第451页。
④ 《三国志》卷54《吴书·吕蒙传》,第1278页。
⑤ 《资治通鉴》卷68汉献帝建安二十四年胡三省注,中华书局,1956年,第2164页。

三、收缩防线，内迁居民，形成广袤的无人地带

　　三国时期，在曹魏抵御吴、蜀的边境防线上出现了辽阔的"弃地"，即没有民众居住耕种的荒芜地段，给后世史家留下了非常深刻的印象。如沈约记载："三国时，江淮为战争之地，其间不居者各数百里。"[1] 这种状况主要是由于曹操防御孙吴入侵而采取的措施所致。早在建安十四年（209 年）他进军淮南"置扬州郡县长吏"时，已下令放弃滨江据点，将扬州治所从合肥转移到后方二百余里外的寿春[2]，合肥则由原来的行政中心改为前线军事要塞。建安十七年（212 年）十月，他率领大军第二次越过巢湖进攻濡须口，至次年正月，"（孙）权与相拒月余，曹公望权军，叹其齐肃，乃退。"[3] 这次战役前夕，曹操对徐、扬二州及荆州东境的沿江百姓发布了内迁的命令，结果引起当地居民的恐慌与渡江南逃。"初，曹公恐江滨郡县为权所略，征令内移。民转相惊，自庐江、九江、蕲春、广陵户十余万皆东渡江，江西遂虚，合肥以南惟有皖城。"[4] 而皖城也在建安十九年（214 年）五月被孙权攻陷，虽然曹操迁徙民众遭到失败，但是东至广陵、西到蕲春绵延千里的无人地带却由此建立起来，沿江的守军也纷纷向北撤退。"淮南滨江屯候皆彻兵远徙，徐、泗、江、淮之地，不居者各数百里。"[5]

　　事实上，曹操早年曾内迁黄河南岸的居民，以防止袁绍军队的

①《宋书》卷 35《州郡志一》，中华书局，1974 年，第 1033 页

②《资治通鉴》卷 72 魏明帝太和六年胡三省注："魏扬州治寿春，距合肥二百余里。"第 2283 页。扬州州治北移寿春的时间，可参考卢弼《三国志集解》，中华书局，1982 年，第 38 页。

③《三国志》卷 47《吴书·吴主传》，第 1118 页。

④《三国志》卷 47《吴书·吴主传》，第 1118—1119 页。

⑤《三国志》卷 51《吴书·宗室传·孙韶》，第 1216 页。

劫掠而获得成功,这次他只是重施故伎,事前曾对蒋济说:"昔孤与袁本初对官渡,徙燕、白马民,民不得走,贼亦不敢钞。今欲徙淮南民,何如?"蒋济反对说:"是时兵弱贼强,不徙必失之。自破袁绍,北拔柳城,南向江、汉,荆州交臂,威震天下,民无他志。然百姓怀土,实不乐徙,惧必不安。"曹操不听劝阻,仍然发布了迁徙的命令,"而江、淮间十余万众,皆惊走吴。"①他之所以不顾重大损失而坚持内迁淮南百姓,一方面,与前述其防御孙权、刘备的战略方针有密切联系。曹操的主力必须两面作战,东西奔波,无法在江淮之间久驻。孙权乘虚发动进攻时,当地守军处于明显的劣势,采用坚壁清野的战法则是有效的对策。曹操"其行军用师,大较依孙、吴之法"②,而后撤防线"以主待客",正是其中的要旨之一,作战时诱敌深入就能以逸待劳。"凡先处战地而待敌者佚,后处战地而趋战者劳。故善战者,致人而不致于人。能使敌人自至者,利之也。"③另一方面,在大规模战役中长途运送粮饷会严重耗费物资和民力。因此孙武说善战者"取用于国,因粮于敌,故军食可足也。国之贫于师者远输,远输则百姓贫。"又云:"故智将务食于敌,食敌一钟,当吾二十钟,其秆一石,当吾二十石。"④曹操不惜代价,将江淮间数百里弃为荒地,就是为了不留下资敌的粮草和人力,增加孙吴北伐的困难。

在荆州方向,建安十四年(209年)冬曹仁奉命放弃江陵,迁徙当

---

① 《三国志》卷 14《魏书·蒋济传》,第 450 页。
② 《三国志》卷 1《魏书·武帝纪》注引《魏书》,第 54 页。
③ (春秋)孙武著,(三国)曹操等注,杨丙安校理:《十一家注孙子》,中华书局,2012 年,第 96—98 页。
④ (春秋)孙武著,(三国)曹操等注,杨丙安校理:《十一家注孙子》,第 32 页,第 34 页。

地民众①,后退至五百里外的襄阳②,两地之间的江汉平原成为双方拉锯扫荡的战场,给当地的民生造成极大损害。如乐进"从平荆州,留屯襄阳,击关羽、苏非等,皆走之,南郡诸郡山谷蛮夷诣进降。又讨刘备临沮长杜普、旌阳长梁大,皆大破之"③。后来随着关羽势力的壮大,曹仁又把主将治所后移到汉水北岸的樊城,"屯樊,镇荆州。"④襄阳也从过去的州治变成前沿据点,由偏将吕常驻守。至建安二十四年(219年)冬,曹仁、徐晃击退围攻襄樊的关羽,孙权乘虚袭取南郡,开始把附近的江北居民迁往南岸;曹仁随后逐退进据襄阳的吴将陈邵,"使将军高迁等徙汉南附化民于汉北。"⑤至此除了祖中等山区残留少数蛮夷,襄阳以南、江陵以北的数百里中间地带基本上空无居民,平时只有双方巡逻侦察的小股部队出没。

在关陇地区,曹操先是采取积极扩张的做法,刘备夺取四川后,曹操针锋相对地在建安二十年(215年)进占汉中,开始把当地民众迁往关中平原。如张既任为雍州刺史,"(张)鲁降,既说太祖拔汉中民数万户以实长安及三辅。"⑥后来曹操在与刘备交战相持不下的情况下,果断决定退兵,利用"西起秦、陇,东彻蓝田,相距且八百里"⑦的秦岭作为保护关中平原的天然屏障。他撤离汉中时,又把剩余的民户随军迁

---

① (梁)萧统编,(唐)李善注:《文选》卷42《阮元瑜为曹公作书与孙权》:"江陵之守,物尽谷殚,无所复据,徒民还师,又非(周)瑜之所能败也。"中华书局,1981年,第589页。

②《南齐书》卷15《州郡志下》:"江陵去襄阳步道五百,势同唇齿。"中华书局,1972年,第273页。

③《三国志》卷17《魏书·乐进传》,第521页。

④《三国志》卷9《魏书·曹仁传》,第275页。

⑤《三国志》卷9《魏书·曹仁传》,第276页。

⑥《三国志》卷15《魏书·张既传》,第472页。

⑦ (清)顾祖禹:《读史方舆纪要》卷52《陕西一》,第2462页。

走①，刘备"果得地而不得民也"②。东邻汉中、北近天水与南安的武都郡，"接壤羌、戎，通道陇、蜀，山川险阻。"③曹操也决定将其放弃，内迁居民到关中和天水等地。当时杨阜任武都太守，"郡滨蜀汉，阜请依龚遂故事，安之而已……及刘备取汉中以逼下辩，太祖以武都孤远，欲移之，恐吏民恋土。阜威信素著，前后徙民、氐，使居京兆、扶风、天水界者万余户，徙郡小槐里，百姓襁负而随之。"④主持这次迁徙的还有雍州刺史张既，"太祖将拔汉中守，恐刘备北取武都氐以逼关中，问（张）既。既曰：'可劝使北出就谷以避贼，前至者厚其宠赏，则先者知利，后必慕之。'太祖从其策，乃自到汉中引出诸军，令既之武都，徙氐五万余落出居扶风、天水界。"⑤这样，武都郡所在的陇南山地也断无人烟，成为曹魏御蜀防线的前沿隔离地带。

综上所述，经过前后十余年的防线调整和内徙居民，曹操在建安二十五年（220年）初去世前夕，构筑了一条横贯中国大陆数千里、纵深数百里的荒僻无人地带，包括徐、扬两州南境的江淮平原，荆州的江北平原，还有雍州南界的秦岭和陇南山地，以此来延长吴、蜀军队的进兵与补给路线，增加其人力、物资的耗费。这一举措对于巩固国防收到了明显的效果，在历史上也是规模空前的。尤其是在西线，后来诸葛亮北伐陇右和关中，屡次由于粮运不继而被迫退兵。孙权在东线数次进攻合肥与江夏未获成功，于是改变策略，企图以将官诈降来引诱

①参见《三国志》卷11《魏书·胡昭传》注引《魏略》载寒贫者姓石字德林，"至（建安）十六年，关中乱，南入汉中。……到二十五年，汉中破，随众还长安。"第365页。
②《三国志》卷42《蜀书·周群传》，第1020页。
③（清）顾祖禹：《读史方舆纪要》卷59《陕西八·阶州》，第2848页。
④《三国志》卷25《魏书·杨阜传》，第704页。
⑤《三国志》卷15《魏书·张既传》，第472—473页。

魏军入境予以伏击,以免自己长途跋涉。其中著名的是太和二年(229年)鄱阳太守周鲂伪装叛变,诱骗魏扬州都督曹休前来接应。"休果信鲂,帅步骑十万,辎重满道,径来入皖。鲂亦合众,随陆逊横截休。休幅裂瓦解,斩获万计。"[1]曹魏方面上当后提高了警惕,此后孙吴的几次诈降都被识破而未能成功[2]。后来诸葛恪进攻淮南、孙峻遣军赴寿春支援诸葛诞反魏,也都受挫惨败而还,再也无计可施。南朝何承天曾作《安边论》,追述了当时的状况:"曹、孙之霸,才均智敌,江、淮之间,不居各数百里。魏舍合肥,退保新城,吴城江陵,移民南涘,濡须之戍,家停羡溪。"[3]并认为这种制造隔离地段的防御策略相当成功,值得后代效仿。"斥候之郊,非畜牧之所;转战之地,非耕桑之邑。故坚壁清野,以俟其来,整甲缮兵,以乘其敝。虽时有古今,势有强弱,保民全境,不出此涂。"[4]

四、扼守合肥、襄阳、祁山、陈仓等要害

曹操统一北方后,综合实力虽超过其他对手,但由于对吴、蜀的战线过长,其兵力仍显不足。从有关记载来看,他的军队在赤壁战败后很久未能恢复到战前的规模。周瑜曾对孙权说:"诸人徒见操书,言水步八十万,而各恐慑,不复料其虚实,便开此议,甚无谓也。今以实

---

[1]《三国志》卷60《吴书·周鲂传》,第1391页。

[2]参见《三国志》卷47《吴书·吴主传》黄龙三年(231年),"中郎将孙布诈降以诱魏将王凌,凌以军迎布。冬十月,(孙)权以大兵潜伏于阜陵俟之,凌觉而走。"第1136页。同书同卷赤乌十年(247年)注引《江表传》曰:"是岁(孙)权遣诸葛壹伪叛以诱诸葛诞,诞以步骑一万迎壹于高山。权出涂中,遂至高山,潜军以待之。诞觉而退。"第1147页。

[3]《宋书》卷64《何承天传》,第1707页。

[4]《宋书》卷64《何承天传》,第1707页。

校之,彼所将中国人,不过十五六万,且军已久疲,所得(刘)表众,亦极七八万耳,尚怀狐疑。"① 这是曹军在赤壁前线开战前的数量,曹操麾下的北方军队加上归降的刘表旧部约有二十三四万,如果再加上留守荆州的曹仁等部以及中原各州屯驻的军队,应该在三十万人以上。赤壁之役曹操先是败于周瑜、黄盖的火攻,撤退时又遭到刘备兵马的追击,"士卒饥疫,死者大半。"② 数年之后司马懿对曹操说:"昔箕子陈谋,以食为首。今天下不耕者盖二十余万,非经国远筹也。"③ 看来其总兵力仍低于赤壁战前的数额。另外,曹操后来亲自率领出征的军队即"中军",其人数也没有达到赤壁战前"十五六万"的数量。他四越巢湖时,"号步骑四十万,临江饮马"④,不过是虚张声势,实际兵力只有十万左右。如傅干当时进谏曰:"今举十万之众,顿之长江之滨,若贼负固深藏,则士马不得逞其能,奇变无所用其权。"⑤ 曹操西征汉中的人马也大致与之相等,如杨暨上表曰:"武皇帝始征张鲁,以十万之众,身亲临履,指授方略。"⑥ 若以全国军队总数二十余万计算,在"中军"之外的十几万人,要分驻各地郡县,警卫邺城、洛阳、许昌、长安等重要城市,能够用于诸州边防的兵马数量有限,还得分布在淮南到陇西数千里的边境上,显然是有些捉襟见肘了。曹操解决上述困难的做法是选择各地的"要害",即地形、水文条件利于防守的交通枢要,集中兵力布防,以确保中原的经济恢复发展。如刘廙向他建议:"于今之计,莫若料

①《三国志》卷 54《吴书·周瑜传》注引《江表传》,第 1262 页。

②《三国志》卷 47《吴书·吴主传》,第 1118 页。

③《晋书》卷 1《宣帝纪》,中华书局,1974 年,第 2 页。

④《三国志》卷 55《吴书·甘宁传》注引《江表传》,第 1294 页。

⑤《三国志》卷 1《魏书·武帝纪》注引《九州春秋》,第 43 页。

⑥《三国志》卷 8《魏书·张鲁传》注引《魏名臣奏》杨暨表,第 265 页。

四方之险,择要害之处而守之,选天下之甲卒,随方面而岁更焉。殿下可高枕于广夏,潜思于治国;广农桑,事从节约,修之旬年,则国富民安矣。"[1] 魏明帝曾追述说:"先帝东置合肥,南守襄阳,西固祁山,贼来辄破于三城之下者,地有所必争也。"[2] 大体上反映了曹操在边境重点设防的情况,分述如下:

(一)合肥

合肥位于施、肥二水的汇合地段,《水经注》卷32《施水》曰:"施水受肥于广阳乡,东南流径合肥县……盖夏水暴长,施合于肥,故曰合肥也。"[3] 肥水经寿春入淮,施水流进巢湖,再经濡须水南入大江。江淮之间的上述水道及沿河的陆路均从合肥经过,因此它成为道路要冲,早在战国秦汉时期即为南北商旅往来荟萃之地。如司马迁所言:"合肥受南北潮,皮革、鲍、木输会也。"张守节《正义》注:"合肥,县,庐州治也。言江淮之潮,南北俱至庐州也。"[4] 就地理条件而言,合肥以东的张八岭一带峰崖散布,地势较高;合肥西边是大别山脉东端的皖西山地,有海拔千米以上的天柱山、白马尖等。可见其左右两侧受复杂地形的限制,难以做大规模的兵力运动。大别山余脉向东北延伸为江淮丘陵,其间的狭窄通道就在合肥西面的将军岭附近,沟通江淮的水道及沿河的陆路均由此经过。合肥扼守这一咽喉要地,控制了南北交通的主要干线,占领它可以获得重要的军事主动权。如顾祖禹所言:"府为

---

①《三国志》卷21《魏书·刘廙传》,第616页。
②《三国志》卷3《魏书·明帝纪》,第103页。
③(北魏)郦道元注,(民国)杨守敬、熊会贞疏:《水经注疏》卷32《施水》,江苏古籍出版社,1999年,第2690页。
④《史记》卷129《货殖列传》,中华书局,1959年,第3268页。

淮右噤喉，江南唇齿。自大江而北出，得合肥则可以西问申、蔡，北向徐、寿，而争胜于中原；中原得合肥则扼江南之吭，而拊其背矣。……盖终吴之世曾不能得淮南尺寸地，以合肥为魏守也。"①合肥原为扬州刺史刘馥的治所，赤壁之战前夕刘馥病逝，随后曹操对当地的兵力部署进行了调整，将扬州州治北迁寿春，合肥则成为一座单纯的军事要塞，由张辽、李典等名将率7000余精兵镇守。把扬州的行政中心与军事重镇分开，这样在敌兵围攻合肥时不用耗费大量粮饷来供应官吏和居民，守军因此能够坚持更多的防御时间。另外，曹操在建安十八年（213年）初下令收缩淮南兵力，放弃滨江诸县，将各地驻军集中到合肥、寿春。"江西遂虚，合肥以南惟有皖城。"②把战斗力最强的张辽、李典所部（原来是曹操的中军）安排在合肥前线，较弱的地方州郡兵马则驻守在后方寿春，需要时赶赴合肥援救。扬州地方部队人数不详，但从建安十三年（208年）末孙权号称10万人马围攻合肥月余不下的情况来看，恐怕守城的扬州州兵至少也得有万余人。由于部署得当，张辽、李典率七千余精兵在建安二十年（215年）挫败孙权号称十万大军的进攻，甚至没有依赖后方中军与附近州郡的支援。

（二）襄阳

襄阳是荆州地区与北方往来的交通冲要，其陆路可由江汉平原的核心地带江陵（今湖北荆州市）北上，过今当阳、荆门、宜城等地直趋襄阳，即前述之"荆襄道"。自襄阳涉汉水后过樊城，再经襄邓走廊进入南阳盆地，然后越伏牛山脉分水岭，进入伊、洛流域，到达自古称作"天

---

① （清）顾祖禹：《读史方舆纪要》卷26《南直八·庐州府》，第1270页。
② 《三国志》卷47《吴书·吴主传》，第1119页。

下之中"的名都洛阳。或是向东北穿越伏牛山脉与桐柏山脉交接处
的方城隘口(今河南方城县东),进入豫东平原。荆州与中原的水运交
通,可从沔口溯汉江而上,经石城(今湖北钟祥市)、宜城至襄阳后,转
入三河口(或称三洲口,今唐白河口)经白河北上,夏季水盛时可以直
航宛南。由于几条水旱道路在当地交汇,使其成为联络南北的重要枢
纽,具有极高的军事地位。如司马懿所言:"襄阳水陆之冲,御寇要害,
不可弃也。"① 并且,襄阳所在的鄂西北地区多有低山丘陵,襄阳城南凭
岘山,北临汉江,受环境局限,来犯之敌的优势兵力难以展开。对岸的
樊城与襄阳仅有一水之隔,既能分散敌人的进攻部队,又可以相互支
援。因此《南齐书》称襄阳占据防守地利,"疆蛮带沔,阻以重山,北接
宛、洛,平涂直至,跨对樊、沔,为鄢郢北门。"② 建安十四年(209 年)末,
曹操命令曹仁等弃江陵而退守襄阳。建安后期关羽所部对襄阳的军
事威胁和压力剧增,曹操因此改变了荆州的兵力部署,主将曹仁率军
队主力"屯樊,镇荆州"③,襄阳则与合肥一样成为前线军事据点,由偏
将领少数兵马镇守。这是由于背水作战乃兵家所忌,关羽水军控制了
汉江航道,曹仁所部主力若是驻守汉南的襄阳,一旦城陷即无路可退,
有全军覆没的危险;驻在汉水北岸的樊城则要安全得多,还容易得到
后方陆路的支援。此外,分守汉水南北二城还可以分散敌军的进攻兵
力。建安二十四年(219 年),于禁增援荆州的七军被关羽歼灭,"羽围
(曹)仁于樊,又围将军吕常于襄阳。"④ "时汉水暴溢,……(曹)仁人

①《晋书》卷 1《宣帝纪》,第 3 页。
②《南齐书》卷 15《州郡志下》,第 282 页。
③《三国志》卷 9《魏书·曹仁传》,第 275 页。
④《三国志》卷 17《魏书·徐晃传》,第 529 页。

马数千人守城,城不没者数板,羽乘船临城,围数重,外内断绝。"①曹仁激励将士坚守,最终盼到徐晃等援兵到来解围。由此来看,曹仁驻守樊城的兵马不足万人,吕常在襄阳的部队还要少一些,合计仅有万余人。据《晋书》记载,协助曹仁作战的荆州刺史胡修、南乡太守傅方在于禁被俘后率部投降了关羽②,曹仁因此实力大损,被迫退守襄樊二城,所以兵力相当有限。

(三)祁山

祁山位于今甘肃陇南市礼县城东的祁山镇,是西汉水河谷川地上突起的孤峰,高有数十丈,周围里许。"山上平地三千平方米,其下悬崖绝壁,峭峙孤险。"③因为其地势易守难攻,又处在从四川盆地穿越陇南山区而进入天水渭河平原的孔道上④,故曹魏曾派遣兵将在山顶筑城防御。前引魏明帝所言"先帝东置合肥,南守襄阳,西固祁山",是说该城于曹操在世时就已经存在,驻军人数不详,但从山城规模较小的情况来判断⑤,容纳军队的数量不会很多,可能只有一两千人。两汉并无祁山立成攻守之记载,顾祖禹认为该城是在东汉末年修筑的。《读史方舆纪要》卷 59 云:"祁山,在(西和)县北七里。后汉末置城山上,为戍守处。城极严固……其后诸葛武侯六出祁山,皆攻此城。魏明帝所

---

①《三国志》卷 9《魏书·曹仁传》,第 275—276 页。

②《晋书》卷 1《宣帝纪》:"帝又言荆州刺史胡修粗暴,南乡太守傅方骄奢,并不可居边。魏武不之察。及蜀将关羽围曹仁于樊,于禁等七军皆没,修、方果降羽,而仁围甚急焉。"第 2—3 页。

③童力群:《论祁山堡对蜀军的牵制作用》,《成都大学学报(社会科学版)》2007 年第 3 期。

④参见苏海洋:《秦汉魏晋南北朝时期的祁山道》,《西北工业大学学报(社会科学版)》2012 年第 2 期。

⑤据当代考察,现今祁山堡遗址"高五十一米,基围六百二十三米"。贾利民:《诸葛亮与祁山历史遗迹考述》,《天水师范学院学报》2004 年第 4 期。

云'西固祁山,贼来辄破'者也。"[1]建安十六年(211年)末,曹操平定关中后返回邺城,留夏侯渊守长安,凉州刺史韦康守冀城(今甘肃甘谷县)。次年马超在陇右发动反攻,陷冀城,杀韦康,却没有派兵去攻打或驻守祁山,估计当时那里是座空城,并未引起马超的注意。建安十八年(213年)天水豪族起兵反抗马超,杨阜与姜叙占领卤城(今甘肃礼县东盐官镇),"(赵)昂、(尹)奉守祁山。"[2]马超兵败后投奔汉中张鲁,数月后反攻天水,"(王)异复与(赵)昂保祁山,为(马)超所围,三十日救兵到,乃解。"[3]这是祁山城在建安中叶发生过的两次小型战斗,结束后赵昂等人也就离开了。由于南边的武都郡还在曹操手中,祁山远在对蜀作战的后方,因此还不受人重视。建安二十四年(219年),曹操从汉中撤兵,同时放弃武都郡,迁徙当地居民到关中,祁山成为濒临御蜀前线的要塞,它的地位才开始显得重要起来,曹操很可能是从此时"西固祁山"、加强防务的。太和二年(228年)诸葛亮初次北伐时,魏将高刚镇守祁山,尽管形势不利,却最终保住了城池[4]。太和五年(231年)诸葛亮再次兵出陇右,"围将军贾嗣、魏平于祁山"[5],仍未能攻陷该城,可见早年在那里筑城戍守有先见之明。

(四)陈仓

陈仓古城始筑于秦文公时[6],在今陕西宝鸡市南,处于四川盆地

①(清)顾祖禹:《读史方舆纪要》卷59《陕西八·巩昌府西和县》祁山条,第2824页。
②《三国志》卷25《魏书·杨阜传》注引皇甫谧《列女传》,第702页。
③《三国志》卷25《魏书·杨阜传》注引皇甫谧《列女传》,第704页。
④(唐)李吉甫:《元和郡县图志》卷2《关内道二·凤翔府》宝鸡县陈仓故城条载郝昭曰:"曩时高刚守祁山,坐不专意,虽终得全,于今诮议不止。"中华书局,1983年,第43页。
⑤《晋书》卷1《宣帝纪》,第6页。
⑥(唐)李吉甫:《元和郡县图志》卷2《关内道二·凤翔府宝鸡县》陈仓故城条:"按今城有上下二城相连,上城是秦文公筑,下城是郝昭筑。"第43页。

与关中平原重要交通路线"陈仓道（又称故道、嘉陵道）"的北端。这条道路是由长安沿渭水西行，在陈仓向西南翻越秦岭山脉过大散关，沿着嘉陵江的北端而下，经过河池（今陕西徽县）、武兴（今陕西略阳）、关城（今陕西宁强阳平关镇）、白水（今四川青川县沙州镇）、葭萌（今四川广元市昭化镇）、剑阁后进入四川盆地。从汉中盆地赴关中，较为近捷的是穿越秦岭峡谷的褒斜道、傥骆道或子午道，但是栈道崎岖，艰险难行，曹操称之为"五百里石穴"①；也可以西出阳平关后走陈仓道入关中，虽然路途绕远却较为平坦易行②，又有嘉陵江的水运之便，所以历来受人重视。例如刘邦用韩信计策，"明修栈道，暗渡陈仓"。建安十六年（211年）曹操占领关中，陈仓落入其手。建安二十年（215年）曹操征汉中之役，"公自陈仓以出散关，至河池。"③然后攻陷阳平关占领南郑。建安二十四年（219年）曹操从汉中撤退时，"使（曹）真至武都迎曹洪等还屯陈仓。"④堵住了刘备进军关中的要道，随即又派名将张郃到那里镇守。"太祖乃引出汉中诸军，郃还屯陈仓。"⑤诸葛亮北伐中原时，曹魏遣郝昭拒守陈仓要塞。"（诸葛）亮自以有众数万，而（郝）昭兵才千余人，又度东救未能便到，乃进兵攻昭。"⑥先后使用了云梯、冲车、井阑、地突等战术攻城，均被郝昭设计挫败。"昼夜相攻拒二十余

---

① 《三国志》卷14《魏书·刘放传》注引《孙资别传》载孙资称曹操："又自往拔出夏侯渊军，数言'南郑直为天狱中，斜谷道为五百里石穴耳'，言其深险，喜出（夏侯）渊军之辞也。"第458页。

② 《史记》卷29《河渠书》："抵蜀从故道，故道多阪，回远。今穿褒斜道，少阪，近四百里。"第1411页。

③ 《三国志》卷1《魏书·武帝纪》，第45页。

④ 《三国志》卷9《魏书·曹真传》，第281页。

⑤ 《三国志》卷17《魏书·张郃传》，第526页。

⑥ 《三国志》卷3《魏书·明帝纪》注引《魏略》，第95页。

日,亮无计,救至,引退。"①

　　由于部署得当,曹操仅在边境的几个地点或不大的区域配置精兵强将,就得以成功地阻击来犯之敌,保障了境内的安全。

五、积极防御,以攻助守,力争作战主动权

　　如前所述,赤壁战后至曹操去世前夕,三国南北对抗的总体发展趋势是以孙、刘两家的扩张进攻为主流;曹操为了巩固后方、发展经济,对这两个敌手采取了收缩战线、内迁边民的退让防御对策,避免与他们进行决战。即孙资所称"挠而避之,不责将士之力,不争一朝之忿"②。但是这并不意味着实行单纯的消极防御,曹操在此期间多次采取过"以攻助守"的积极防御策略,即采取主动攻势来挫败敌人的进攻图谋,并且收到满意的效果。曹操把孙权当作头号劲敌,先后率领中军主力四越巢湖,开赴淮南,可是如果仔细分析这几次远征,就会发现他在建安十四年(209年)和建安十九年(214年)只是兵临合肥,分别停留了三五个月就挥师北还,没有与吴军濒江交战。曹操的另外两次南征分别在建安十七年(212年)冬至十八年(213年)春、建安二十一年(216年)冬至二十二年(217年)春,都是在进攻濡须口不利、战事胶着的情况下主动撤退,并未倾注全力破敌。笔者按:曹操在赤壁失利后焚烧剩余的战船,此后在谯县"作轻舟,治水军"③,多数船只体型较小,适于内河航行而不宜在大江作战。孙吴舟师不仅熟悉水战,

---

①《三国志》卷3《魏书·明帝纪》注引《魏略》,第95页。
②《三国志》卷14《魏书·刘放传》注引《孙资别传》,第458页。
③《三国志》卷1《魏书·武帝纪》建安十四年,第32页。

其装备也远胜对手,"蒙冲斗舰之属,望之若山。"①曹军在水战上并无胜算,也没有能力运送大军和粮草过江,孙权只要避而不战,曹操的南征注定是无功而返。正因如此,有些官员在出征前提出异议,试图劝阻他的军事行动。如傅干谏曰:"若贼负固深藏,则士马不得逞其能,奇变无所用其权,则大威有屈而敌心未能服矣。"②但曹操不为所动,坚持出征,这究竟是什么原因?笔者分析,傅干的建议道理明显,身经百战的曹操焉能不晓?他屡次兵进淮南,却不与孙权持久战斗,其真实目的应是采取"以攻助守"的积极防御策略,在敌人的主攻方向频频以重兵压境,令孙权时时需要紧张应对,借此打消其北伐行动,并非有渡江歼敌的决心。例如建安十七年(212年),孙权"闻曹公将来侵,作濡须坞"③。吴军全力准备迎战,就不会再去进攻淮南等地了。曹操两次进兵濡须,也是伺机作战。若是有隙可乘,就给敌人以杀伤,"攻破(孙)权江西营,获权都督公孙阳"④;倘若无隙可击便收兵撤还,即使不能重创敌人,自己的实力也没有多少损耗。如孙资所言,曹操的这些进攻是"见胜而战,知难而退"⑤;就是以主动出征来震慑孙权,使其不敢进攻,借以达到消除或减轻扬州前线防御压力的目的。上述作战意图,曹操不便泄露明说,傅干等人又缺乏远见,自然看不出其中蕴藏的深意了。

　　另外在战术层面上,曹操也力倡在局部防御战斗中实施"以攻助守"的策略,以阵前出击的积极进攻来打击敌人,并且获得奇效。例

---

①《三国志》卷60《吴书·贺齐传》,第1380页。
②《三国志》卷1《魏书·武帝纪》注引《九州春秋》,第43—44页。
③《三国志》卷47《吴书·吴主传》,第1118页。
④《三国志》卷1《魏书·武帝纪》建安十八年正月,第37页。
⑤《三国志》卷14《魏书·刘放传》注引《孙资别传》,第458页。

如建安二十年（215年）他远赴汉中，临行时给驻守合肥的张辽、李典等预留了作战方案。"太祖征张鲁，教与护军薛悌，署函边曰'贼至乃发'。俄而（孙）权率十万众围合肥，乃共发教，教曰：'若孙权至者，张、李将军出战；乐将军守，护军勿得与战。'"① 胡三省曰："操以辽、典勇锐，使之战；乐进持重，使之守；薛悌文吏也，使勿得与战。"② 众人畏惧敌众我寡，各怀顾虑，只有张辽充分理解了曹操指示的含义，决定出兵迎击。"诸将皆疑。辽曰：'公远征在外，比救至，彼破我必矣。是以教指及其未合逆击之，折其盛势，以安众心，然后可守也。成败之机，在此一战，诸君何疑？'李典亦与辽同。于是辽夜募敢从之士，得八百人，椎牛飨将士，明日大战。"③ 结果在强敌尚未完成攻城作战部署之前冲入其营，给予对方严重杀伤，重挫了吴军的锐气，孙权顾忌曹魏兵将的勇猛，不愿蒙受攻城的损失，只是在城下观望。"（孙）权守合肥十余日，城不可拔，乃引退。（张）辽率诸军追击，几复获权。"④ 此番防御战斗的胜利，固然归功于奋勇杀敌的合肥将士，但曹操事先运筹帷幄，确定了"以攻助守"的作战方针，则是魏军能够以弱胜强的前提。孙盛对此评论说，合肥守军"县（悬）弱无援"，形势非常不利；可是吴军自恃众多，必有轻敌懈怠之心，这些都在曹操的预料之中；张辽等人乘其立足未稳主动迎击，应有获胜的可能，结果会使双方的士气和斗志发生转换，从而增强魏军坚守的决心。"且彼众我寡，必怀贪惰；以致命之兵，击贪惰之卒，其势必胜；胜而后守，守则必固。"他还称赞曹操精通兵法，料事如神。"是以魏武推选

---

①《三国志》卷17《魏书·张辽传》，第518—519页。
②《资治通鉴》卷67汉献帝建安二十年胡三省注，第2141页。
③《三国志》卷17《魏书·张辽传》，第519页。
④《三国志》卷17《魏书·张辽传》，第519页。

方员,参以同异,为之密教,节宣其用;事至而应,若合符契,妙矣夫!"①

六、参用中军和州郡兵支援边防前线

曹操在赤壁战前尚未准备边防救援的兵力部署,建安十三年(208年)七月,他率领大军南征荆州,为了保卫许昌、洛阳等中原都市的安全,他在河南留下了部分兵将。"时于禁屯颖阴,乐进屯阳翟,张辽屯长社。"②但距离边境较远。赤壁失利后曹操撤往江陵,孙权乘虚渡江围攻合肥,"时天连雨,城欲崩,于是以苫蓑覆之,夜然脂照城外,视贼所作而为备。"③扬州地方军队寡不敌众,内地和附近州郡抽不出兵力支援,曹操的疲惫之师滞留荆州,相隔甚远又多染疾病,无奈之下仅派遣张喜率千余骑兵赴救,路过豫州汝南郡时顺便补充了当地的一些部队,其中还有许多病员。"时大军征荆州,遇疾疫,唯遣将军张喜单将千骑,过领汝南兵以解围,颇复疾疫。"④这样单薄的兵力仍然不是孙权数万大军的对手,最后还是依靠蒋济虚张声势的计策,使孙权受骗才得以解围。"云步骑四万已到零娄,遣主簿迎(张)喜。三部使赍书语城中守将,一部得入城,二部为贼所得。(孙)权信之,遽烧围走,城用得全。"⑤此后曹操吸取教训,在沿边诸州留驻张辽等将领统率外军加强防守,但是仍会遇到敌寇大军压境的危急情况。从历史记载来看,他采取过以下几种救援办法:

①《三国志》卷17《魏书·张辽传》注引孙盛曰,第519页。
②《三国志》卷23《魏书·赵俨传》,第668页。
③《三国志》卷15《魏书·刘馥传》,第463页。
④《三国志》卷14《魏书·蒋济传》,第450页。
⑤《三国志》卷14《魏书·蒋济传》,第450页。

其一是亲率中军赴救。如前所述,中军是曹操的主力部队,平时驻扎在冀州邺城周围地区,战时跟随他四处征伐。边境战况危急时,曹操会亲自率领中军前往救援。例如建安二十三年(218年)刘备进攻汉中,守将夏侯渊作战不利被杀。曹操便领兵前来,"乃自到汉中引出诸军"①,然后返回长安,使雍州部队免遭歼灭。建安二十四年(219年)关羽围攻襄樊,曹操又率军赴救。"王自洛阳南征羽,未至,(徐)晃攻羽,破之。羽走,(曹)仁围解。"②

其二是预留部分中军充当机动兵力,以解救边防危急。三国交兵的战线绵延数千里,若是仅依靠曹操率军救援,常有远水不救近火之虞。建安十九年(214年)马超围攻祁山,关中诸将建议向曹操报急,夏侯渊就说:"公在邺,反覆四千里,比报,(姜)叙等必败,非救急也。"③张辽在合肥时也说不能指望曹操来救,"公远征在外,比救至,彼破我必矣。"④合肥之役过后,曹操采取了新的办法,就是自己领兵出征时,在内地留下中军(平时驻扎在邺城附近)的一支人马充当后备机动部队,待边防告急时迅速驰援,这便是于禁率领的"七军",约有三万余人⑤,后来被关羽歼灭。建安二十四年(219年),"(关)羽率众攻曹仁于樊。曹公遣于禁助仁。秋,大霖雨,汉水泛溢,禁所督七军皆没。"⑥到魏明帝时,经司马孚建议又恢复了朝廷预先配置机动兵力待命救援边境的做法。"(司马)孚以为擒敌制胜,宜有备预。每诸葛亮入寇关

---

①《三国志》卷15《魏书·张既传》,第472页。
②《三国志》卷1《魏书·武帝纪》,第52页。
③《三国志》卷9《魏书·夏侯渊传》,第271页。
④《三国志》卷17《魏书·张辽传》,第519页。
⑤《三国志》卷47《吴书·吴主传》建安二十四年:"关羽围曹仁于襄阳,曹公遣左将军于禁救之。会汉水暴起,羽以舟兵尽虏禁等步骑三万送江陵。"第1120页。
⑥《三国志》卷36《蜀书·关羽传》,第941页。

中,边兵不能制敌,中军奔赴,辄不及事机,宜预选步骑二万,以为二部,为讨贼之备……由是关中军国有余,待贼有备矣。"①

　　其三是邻近州郡发兵支援。东汉时禁止地方长官和军队任意出境,必须有朝廷的旨意。所谓"二千石行不得出界,兵不得擅发"②。建安二十四年(219年)关羽兵进襄阳,于禁所率七军覆灭后,曹操考虑大军尚在关中,回救不及,于是命令兖、豫二州刺史带兵营救。"是时诸州皆屯戍。(温)恢谓兖州刺史裴潜曰:'此间虽有贼,不足忧,而畏征南方有变。今水生而子孝县(悬)军,无有远备。关羽骁锐,乘利而进,必将为患。'于是有樊城之事。诏书召潜及豫州刺史吕贡等。"③由于有所准备,裴潜"置辎重,更为轻装速发"④,及时赶赴前线。魏国建立后正式施行有关制度,边境各州遭到强寇入侵后,其军事长官都督自忖不敌,即可上奏朝廷请调邻州兵马前来支援。例如太和四年(231年),"孙权扬声欲至合肥,(满)宠表召兖、豫诸军,皆集。贼寻退还,被诏罢兵。"⑤

七、结语

　　在赤壁之役前十余年的中原混战里,曹操的实力起初并不占优,但是雄气风发,锐意攻取。何去非说他"奋盈万之旅,北摧袁绍,而定燕、冀。合三县之众,东擒吕布,而收济、兖。蹙袁术于淮左,徬徨无归,

①《晋书》卷37《宗室传·安平献王孚》,第1083页。
②《后汉书》卷77《酷吏传·李章》,第2493页。
③《三国志》卷15《魏书·温恢传》,第479页。
④《三国志》卷15《魏书·温恢传》,第479页。
⑤《三国志》卷26《魏书·满宠传》,第723页。

遂以奔死"①。赤壁之战以后,尽管曹操的军力仍然强于孙权和刘备,可是他作战的风格却变得稳健持重,与孙、刘两家的积极扩张相对照,曹操明显是采取守势。如前所述,他在徐、扬二州后撤防线,内徙居民;其四越巢湖之进攻目的也只是扫荡孙权在江北的据点,巩固淮南阵地,根本没有想横渡长江,一举摧毁吴国。荆州方面,他命令曹仁退守襄阳后,再没有对南郡之敌发起过大规模的攻势。曹操在西线打败实力较弱的马超、韩遂,占领了关陇与汉中,司马懿建议乘胜取蜀即遭到拒绝,他说:"人苦无足,既得陇右,复欲得蜀!"②表明进取四川、消灭刘备原本就不在他的战略计划之内。后来曹操宁肯放弃汉中,也不愿和刘备进行旷日持久的鏖战。曹操之所以态度保守,一方面是由于孙权、刘备智勇俱备,帐下颇有人才,并非袁绍、吕布所能比拟。另一方面,则是他拥有了北方九州的广阔领土,自认为胜券在握,只是因为长期战乱的破坏,其蕴藏的雄厚国力暂时未能发挥。如果边防安全,假以时日恢复,用北方强大的经济、军事力量平定吴、蜀会轻而易举。若是急于求成、全力进攻,势必陷入旷日持久的困境,从而严重损耗兵员、财力,甚至有可能前功尽弃。曹操在赤壁之役前作战的几次重要胜利,都冒了很大的风险。"于其东征刘备也,袁绍欲蹑之。于其官渡之相持也,孙权欲袭之。于其北征乌桓也,刘备欲乘之。"③只是由于当时形势所迫,如果不主动出征或死守不退,局面会更加被动,乃至无法收拾。如何去非所言:"夫官渡、徐州之役,在势有不得不应。"④但是现在

①冯东礼:《何博士备论注译》,解放军出版社,1990年,第105页。
②《晋书》卷1《宣帝纪》,第2页。
③冯东礼:《何博士备论注译》,第106页。
④冯东礼:《何博士备论注译》,第106页。

即使赤壁战败，曹操三分天下仍有其二，就没有必要再去冒险决战了。他在战略上注重防守，收缩战线、内迁边民、稳守要害、及时救援，是尽力保住此前的胜利成果，以待来日。曹操说："若天命在吾，吾为周文王矣。"①就是把称帝之荣耀与统一天下的任务都交给了后人。在他死后，曹丕不自量力，三次大举征吴都遭到挫败。而魏明帝等后继者则施行了曹操确定的战略防御方针。如诸葛亮与孙权相继北伐时，孙资建议继续奉行曹操的防御策略："夫守战之力，力役参倍。但以今日见兵，分命大将据诸要险，威足以震摄强寇，镇静疆场，将士虎睡，百姓无事。数年之间，中国日盛，吴蜀二虏必自罢弊。"②获得魏明帝实施并成功。王夫之称赞道："即见兵据要害，敌即盛而险不可逾，据秦川沃野之粟，坐食而制之，虽孔明之志锐而谋深，无如此漠然不应者何也。"③

曹操的上述战略部署与多年建成的边防体系使疆界安全得以保障，奠定了此后战胜吴、蜀的经济基础，也引起了两国有识之士的焦虑。如诸葛亮对刘禅解释北伐的理由时说，"欲以一州之地与贼持久"，只能是坐以待毙，所以必须主动进攻，寻找转弱为强的机会。"然不伐贼，王业亦亡，惟坐待亡，孰与伐之？"④诸葛恪亦云："今贼皆得秦、赵、韩、魏、燕、齐九州之地，地悉戎马之乡，士林之数……若复十数年后，其众必倍于今。"⑤这个预测相当准确，到曹魏末年经济恢复后，其强大的兵力已使对手望尘莫及。如司马昭所言："今诸军可五十万，以众击

①《三国志》卷1《魏书·武帝纪》注引《魏氏春秋》，第53页。
②《三国志》卷14《魏书·刘放传》注引《孙资别传》，第458页。
③（清）王夫之：《读通鉴论》卷10《三国》，第270页。
④《三国志》卷35《蜀书·诸葛亮传》注引《汉晋春秋》，第923页。
⑤《三国志》卷64《吴书·诸葛恪传》，第1436页。

寡,蔑不克矣。"① 他派遣钟会灭蜀时进军势如破竹,"斩将搴旗,伏尸数万,乘胜席卷,径至成都,汉中诸城,皆鸟栖而不敢出。非皆无战心,诚力不足相抗。"② 西晋伐吴之役,出动五路大军共二十余万,东西并进。"吴之将亡,贤愚所知。"③ 曹操数十年前的谋划运作,至此获得了完全的成功。

---

①《晋书》卷2《文帝纪》,第33—34页。
②《晋书》卷34《羊祜传》,第1018页
③《三国志》卷48《吴书·三嗣主传》注引《襄阳记》,第1175页。

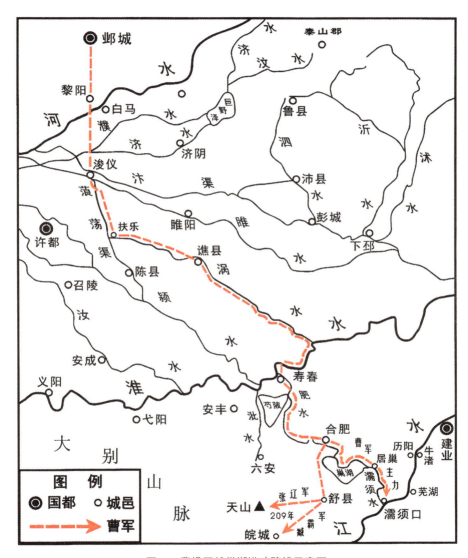

图一　曹操四越巢湖进攻路线示意图

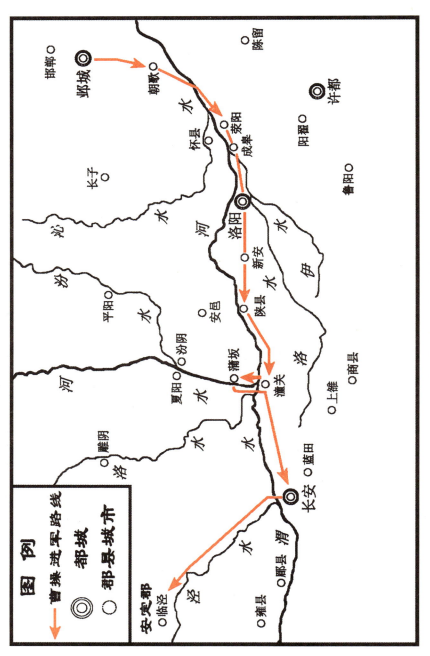

图二 曹操进攻关西示意图

从"军府"到"霸府"

——蜀汉前期最高军政机构的演变

三国时期蜀汉的历史,可以诸葛亮去世为界分作前后两个阶段。自刘备占领成都到孔明病故(公元214—234年)的蜀汉前期不过20年,而其最高军政统治机构却经历了几次变动,从最初的左将军府到后来的大司马府、尚书台乃至丞相府,它们各自的职责、性质、特点与演变原因,是本篇探讨的问题。

一、刘备的左将军府

刘备占领四川后,其最高军政中枢机构名为"左将军府"。"成都平,以(诸葛)亮为军师将军,署左将军府事。"[1] 左将军一职,系建安三年(198年)刘备投靠曹操共同消灭吕布之后,朝廷正式授予的。"先主复得妻子,从曹公还许。表先主为左将军,礼之愈重。"[2] 此后刘备颠沛流离,在很长时期内使用着这一称号。他在兵败徐州后投奔袁绍,"密遣(赵)云合募得数百人,皆称刘左将军部曲,绍不能知。遂随先主

---

[1]《三国志》卷35《蜀书·诸葛亮传》,中华书局,1959年,第916页。
[2]《三国志》卷32《蜀书·先主传》,第874页。

至荆州。"① 刘表给袁尚信中提到兄弟纷争,"每与刘左将军、孙公佑共论此事,未尝不痛心入骨,相为悲伤也。"② 左将军既是部下对刘备的称谓③,也是各地军阀集团对他的尊称④。笔者按:左将军在西汉为中朝将军,出入宫廷,掌管京师卫戍兵马以及对周边蛮夷的军务,其职权甚重,不同于遇事临时设置的征伐将军。《汉书·百官公卿表上》曰:"前后左右将军,皆周末官,秦因之,位上卿,金印紫绶。汉不常置,或有前后,或有左右,皆掌兵及四夷。" 廖伯源对此评论说:"于西汉之百官中,诸将军属于阶级最高者之一,与丞相同为金印紫绶。御史大夫银印青绶,地位在诸将军之下。"⑤ 东汉继承了这一官制,如光武帝曾任命贾复为左将军。天下统一后,刘秀认为功臣担任的职务位高权重,会影响政治安定,"遂罢左右将军。"⑥ 此后延续到东汉晚期,自中平五年(188年)始,朝廷陆续拜皇甫嵩、袁术、吕布为左将军,其事各见本传。吕布在下邳败亡后,汉室才授给刘备左将军一职。建安十二年(207年),辽东军阀公孙康斩杀袁尚、袁熙,曹操要求献帝"封康襄平侯,拜左将军"⑦。可见刘备叛离曹操之后,其职衔已不被朝廷承认,但是他继续使用这一称号,直到建安二十四年(219年)秋刘备自立为汉中王,这才放弃了左将军头衔,并将印绶与奏章同时上交给汉献帝,"谨拜章因驿上还所

①《三国志》卷36《蜀书·赵云传》注引《(赵)云别传》,第949页。
②《三国志》卷38《蜀书·孙乾传》,第970页。
③《三国志》卷54《吴书·鲁肃传》注引《吴书》载关羽对鲁肃说:"乌林之役,左将军身在行间,寝不脱介,戮力破魏……" 第1272页。
④《三国志》卷37《蜀书·法正传》载郑度说刘璋曰:"左将军县(悬)军袭我,兵不满万,士众未附,野谷是资,军无辎重……" 第958页。
⑤ 廖伯源:《历史与制度》,香港教育图书公司,1997年,第140页。
⑥《后汉书》卷17《贾复传》,第667页。
⑦《三国志》卷8《魏书·公孙康传》,第253页。

假左将军、宜城亭侯印绶。"①

　　刘备左将军府成立的时间,历史未有明确记载,学界有人认为是在他入川以后才成立的②。笔者对此有不同意见,按照汉朝制度,刘备获得将军称号后就可以设立幕府,即参谋与秘书机构。但是东汉末年地方割据局势下的将军府署——"军府",往往是军政合一的组织:或是由将军兼领州郡,或是由州牧、刺史、太守挂将军称号。这种现象与制度的普遍涌现,学术界称之为"魏晋南北朝地方政权之军事化"③,或是"州府的军府化"④。张军曾指出汉末军府与州府的结合有着时代的需求,"无将军号,则没有名正言顺的军权;不据一州,则没有后勤保障与地盘,也就没有纵横天下的资本。所以,汉末诸雄不仅有将军号,也同时兼领州牧,从而摄军政大权于一身。"⑤像袁绍以大将军领冀州牧,曹操早年以行奋武将军领兖州牧,刘表以镇南将军领荆州牧,刘璋以振威将军领益州牧,孙权先以讨虏将军领会稽太守,而后以行车骑将军领徐州牧、骠骑将军领荆州牧。刘备被封为左将军后的次年(199年)十二月,曹操派他到下邳截击北上的袁术,"先主乃杀徐州刺史车胄,留关羽守下邳,而身还小沛。东海昌霸反,郡县多叛曹公为先主,众数万人。"⑥此时刘备占有徐州,他的左将军府

①《三国志》卷32《蜀书·先主传》,第887页。

②参见单敏捷:《从左将军府到蜀汉建国——入川前后刘备集团的官僚体系演进及政治意义》,《湖北社会科学》2018年第6期。

③参见黄惠贤:《中国政治制度通史·魏晋南北朝卷》,人民出版社,1996年。陶新华:《论魏晋南朝地方政权的军事化》,《史学月刊》2002年第4期。

④参见张军:《东汉时期州府的军府化过程——兼论汉末军府蜂起的制度原因》,江西师范大学学报(哲学社会科学版)2005年第4期。

⑤张军:《曹操霸府的制度渊源与军事参谋机构考论——兼论汉末公府的"幕府化"过程》,《石家庄学院学报》2006年第5期。

⑥《三国志》卷32《蜀书·先主传》,第875页。

初次成为兼有州牧权力的军府,但是存在的时间很短,次年正月就被曹操击溃。刘备兵败后先投袁绍,后依刘表,多年寄人篱下,部下军队数量亦有限,因此很久没有得到分疆裂土的机会,他的幕府也只是个单纯的军事机构,但是始终存在,例如幕僚有担任从事中郎的麋竺、孙乾、简雍等人。"先主将适荆州,遣(麋)竺先与刘表相闻,以竺为左将军从事中郎。"[1] "先主至荆州,(简)雍与麋竺、孙乾同为从事中郎,常为谈客,往来使命。"[2] 直至建安十四年(209 年)初,他乘赤壁战胜之势南征四郡,"武陵太守金旋、长沙太守韩玄、桂阳太守赵范、零陵太守刘度皆降。庐江雷绪率部曲数万口稽颡。"[3] 终于占据了荆州江南部分,实力得到明显的扩充。"刘表吏士见从北军,多叛来投备。"[4] 随后刘琦病故,"群下推先主为荆州牧,治公安。"[5] 这时刘备的左将军府才和其他军阀的军府一样,正式成为统军治民的综合性机构。建安十九年(214 年)刘备攻占成都后自领益州牧,其左将军府开始统治全川,成为国内屈指可数的割据政权。

《后汉书·百官志一》记载东汉将军府的官职设置为:"长史、司马皆一人,千石。本注曰:司马主兵,如太尉。从事中郎二人,六百石。本注曰:职参谋议。掾属二十九人。令史及御属三十一人。本注曰:此皆府员职也。"[6] 这些都是参赞军务的官员,在刘备的左将军府中均可见到。例如,"刘备克蜀,以(许)靖为左将军长史。"[7] 庞羲任左将军

---

[1]《三国志》卷 38《蜀书·麋竺传》,第 969 页。
[2]《三国志》卷 38《蜀书·简雍传》,第 970—971 页。
[3]《三国志》卷 32《蜀书·先主传》,第 879 页。
[4]《三国志》卷 32《蜀书·先主传》注引《江表传》,第 879 页。
[5]《三国志》卷 32《蜀书·先主传》,第 879 页。
[6]《后汉书·百官志一》,第 3564 页。
[7]《三国志》卷 38《蜀书·许靖传》,第 966 页。

司马,他与刘璋结亲,故被刘备任用以收买人心①。司马亦称作"营司马",见建安二十四年(219年)刘备群臣上表请求朝廷立其为汉中王,领衔者有"左将军长史领镇军将军臣许靖、营司马臣庞羲"②。此外,"先主入益州,(赵)云领留营司马。"③这是留守荆州的左将军司马,由于赵云稳健持重而被任命,后来他截江夺回阿斗,果然不负期望。任从事中郎者有射援,刘备群臣请立汉中王上表中署名有"议曹从事中郎军议中郎将臣射援"④。另外,还有跟随刘备多年的亲信谋士麋竺、孙乾、简雍、伊籍等人,参见《三国志》各人本传。洪饴孙《三国职官表》还考证左将军府有西曹掾刘巴,兵曹掾杨仪,掾马良,属马勋。"以上皆先主为左将军时官属,章武以后置否无考。"⑤

　　比起两汉时期的将军幕府,汉末三国的军府新增了一些官职,其中引人瞩目的就是军师。有些军师属于高级幕僚,遇事参谋咨议,平时并不掌管具体事务。如卢植为"海内大儒,人之望也"。被董卓免职后,"遂隐于上谷,不交人事。冀州牧袁绍请为军师。"⑥再如荀攸,曹操平定冀州后表彰曰:"军师荀攸,自初佐臣,无征不从,前后克敌,皆攸之谋也。"⑦张昭为孙权长史,"后刘备表权行车骑将军,昭为军师。"⑧孙辅帐下的刘惇,"每有水旱寇贼,皆先时处期,无不中者。(孙)辅异焉,

①《三国志》卷31《蜀书·刘璋传》:"(刘)璋长子循妻,庞羲女也。先主定蜀,羲为左将军司马。"第870页。
②《三国志》卷32《蜀书·先主传》,第884页。
③《三国志》卷36《蜀书·赵云传》注引《(赵)云别传》,第949页。
④《三国志》卷32《蜀书·先主传》,第884页。
⑤《后汉书三国志补表三十种》,中华书局,1984年,第1530页。
⑥《后汉书》卷64《卢植传》,第2119页。
⑦《三国志》卷10《魏书·荀攸传》,第324页。
⑧《三国志》卷52《吴书·张昭传》,第1220页。

以为军师,军中咸敬事之。"① 有些军师则属于加官荣誉称号,如钟繇以侍中守司隶校尉,持节督关中诸军,由于迁徙民众、恢复农业有功。"太祖征关中,得以为资,表繇为前军师。"② 但是刘备左将军府中的军师却与之不同,像诸葛亮虽然也出谋划策,但是却挂将军称号,以便承担地方的军政事务。刘备在公安开府治事后,"以(诸葛)亮为军师中郎将,使督零陵、桂阳、长沙三郡,调整其赋税,以充军实。"③ 建安十九年(214年)刘备占领成都,"以(诸葛)亮为军师将军,署左将军府事。先主外出,亮常镇守成都,足食足兵。"④ 这是充分发挥诸葛亮善于治国的特长,让他主持军府的日常工作,以保障部队的补给,使刘备得以安心在前线作战。诸葛亮当时还有一位助手董和,"(刘)备领益州牧,以军师中郎将诸葛亮为军师将军,益州太守南郡董和为掌军中郎将,并署左将军府事。"胡三省注:"署府事者,总录军府事也。"⑤ 就是与诸葛亮共同署理军府的各种庶务。刘备的另一位军师庞统,擅长策划奇计而不愿处理琐碎政务。"先主领荆州,统以从事守耒阳令,在县不治,免官。"经过鲁肃与孔明的推荐,刘备专门任用他参赞军政要务,得其所长。"亲待亚于诸葛亮,遂与亮并为军师中郎将。"⑥

　　洪饴孙《三国职官表》中将蜀汉左将军与益州牧的属官分别考证列出,是其治学贡献,但这两个机构是各自独立,还是混为一体的?目前学术界对此有不同意见,第一种看法认为刘备在成都设有

①《三国志》卷63《吴书·刘惇传》,第1423页。
②《三国志》卷13《魏书·钟繇传》,第393页。
③《三国志》卷35《蜀书·诸葛亮传》,第915—916页。
④《三国志》卷35《蜀书·诸葛亮传》,第916页。
⑤《资治通鉴》卷67 汉献帝建安十九年胡三省注,第2128页。
⑥《三国志》卷37《蜀书·庞统传》,第954页。

两套行政班底。如罗开玉提出,刘备当益州牧和汉中王期间,"先主名下主要有左将军府(与大司马府合署办公)和益州府这两个实体机构。"[①] 单敏捷也说:"刘备称王前,益州有至少两套官僚系统,一为益州州佐及下辖各郡县的系统,一为左将军府系统。"[②] 第二种意见则多为综论性的文章,基本上认为汉末的军府是军政合一的组织,即将军幕府与州府的融合体[③]。例如《典略》记载袁绍意欲称帝,私下指使主簿耿苞密奏:"赤德衰尽,袁为黄胤,宜顺天意。"以此试探部下的态度,结果遇到激烈的反对,迫使他不得不杀掉耿苞来平息众怒。"绍以苞密白事示军府将吏。议者咸以苞为妖妄宜诛,绍乃杀苞以自解。"[④] 张军对此分析道:"时袁绍为大将军领冀州牧,这里所云军府非大将军府的简称,'军府将吏'自然要包括田丰、审配等袁绍身边的一班谋士,而他们皆非大将军府吏而是冀州府吏。又注引《先贤行状》云审配为别驾治中,'并总幕府',这也说明大将军府与州府不是彼此分立的,而是一个有机的结合体。"[⑤] 其言诚是。刘备的左将军府里也包含益州牧属下的官员,例如杨洪受李严推荐担任州职,"为蜀部从事。先主争汉中,急书发兵,军师将军诸葛亮以问(杨)洪,洪曰:'汉中则益州咽喉,存亡之机会,若无汉中则无蜀矣,此家门之祸也。方今之事,男子当战,女子当运,发兵何疑?'时蜀郡太守法正从先主北

---

① 罗开玉:《蜀汉职官制度研究》,《四川文物》2004 年第 5 期。

② 单敏捷:《从左将军府到蜀汉建国——入川前后刘备集团的官僚体系演进及政治意义》,《湖北社会科学》2018 年第 6 期。

③ 参见张军:《东汉时期州府的军府化过程——兼论汉末军府蜂起的制度原因》,江西师范大学学报(哲学社会科学版)2005 年第 4 期。陶新华:《论魏晋南朝地方政权的军事化》,《史学月刊》2002 年第 4 期。

④ 《三国志》卷 6《魏书·袁绍传》注引《典略》,第 195 页。

⑤ 参见张军:《东汉时期州府的军府化过程——兼论汉末军府蜂起的制度原因》,江西师范大学学报(哲学社会科学版)2005 年第 4 期。

行,亮于是表洪领蜀郡太守,众事皆办,遂使即真。顷之,转为益州治中从事。"[1] 这件事反映了以下情况:

首先,刘备远征在外时,任命诸葛亮与董和在成都共署左将军府事,并没有委托任何人代署益州府事,这反映了益州州佐和郡县应是听命于留守的左将军府。其次,刘备要求益州各郡县(主要是蜀郡)发兵增援的文书也是发给左将军府,由署理府事的诸葛亮接收办理,这也说明益州的郡县机构服从左将军府的命令,并不存在其他的州郡领导系统。再次,杨洪是州佐官员蜀部从事,而诸葛亮并非代理州牧或署益州府事,却可以作为上级要求他前来接受咨询和商议处置办法,也表明了左将军府长官对州佐吏员具有指挥与支配的权力。又次,署左将军府事的诸葛亮有权任命杨洪为蜀郡太守这样重要的职务,虽然是给刘备上表请领,"但当时情况很紧急,不可能等到刘备回信认可才让杨洪领蜀郡,必然是向(刘备)发出表文的时候,杨洪就开始行使蜀郡太守的权力了。"[2] 由此可见,左将军府有权任免益州地方郡县长官。上述情况说明这座军府和州府也是合二为一的,州佐及郡县官员接受左将军府主官的命令。即便退一步说它们是两个系统,那也是处于上下级关系,由左将军府领导州郡官员,而不是各自独立的。

洪饴孙《三国职官表》对蜀汉益州牧属下官员有所考证,不过其注释中的任职人名是将刘备与刘禅在位时的官员混合在一起,还有个别人如潘濬是荆州官吏,不应列在表内,洪武雄对此有过校补[3]。现将洪

---

①《三国志》卷 41《蜀书·杨洪传》,第 1013 页。

②单敏捷:《从左将军府到蜀汉建国——入川前后刘备集团的官僚体系演进及政治意义》,《湖北社会科学》2018 年第 6 期。

③参见洪武雄:《蜀汉政治制度史考论》,台北:文津出版社,2008,第 221—488 页。

饴孙所考蜀汉益州州府官职及仕宦人名列举如下,属于左将军府阶段(214—219年)的官员姓名或佚名之史料出处用下划线标出,以便读者识别:

> 蜀制益州员职有治中从事(潘濬、杨洪、彭羕、文恭、张裔、黄权、马忠)、别驾从事(赵筰、秦宓、李恢、马勋、李朝、汝超、王谋)、功曹从事(杨洪、五梁、李恢、姚伷)、议曹从事(杜琼)、劝学从事(张爽、尹默、谯周)、典学从事(谯周)、部郡从事(蜀郡杨洪、李劭,巴西龚禄,永昌费诗,牂柯常房)、督军从事(何祗、王离、费诗、杨戏)、从事祭酒(何宗、程畿)、从事(张嶷、李密、李邈)、前部司马(费诗)、后部司马(张裕)、左部司马、右部司马(见《黄龙甘露碑》)、主簿(杜微、李恢)、书佐(李譔、李恢、张翼、杨戏、李劭[邵]、姚伷、李福)。①

综上所述,刘备的左将军府最早出现在建安四年(199年)他占领徐州的短暂时期,已经具有军府与州府合一的地方政权性质。次年兵败后刘备先后投奔袁绍、刘表,未能自己分茅裂土,因此他的左将军府只是单纯的将军幕府,治军而不理民。直到他领荆州牧时,左将军府才初步形成稳定的统治机构,不过当时刘备管辖的领土仅为荆州的江南四郡与江北的南郡、宜都、夏口等地,面积和人口依然有限。直到他占领全川之后,"翻然翱翔,不可复制"②,才变成雄踞一方的割据政权,而左将军府也成为他统治荆、益两州的最高军政机构。

①《后汉书三国志补表三十种》,第 1632—1633 页。
②《三国志》卷 37《蜀书·法正传》,第 960 页。

二、刘备的大司马府与尚书台

建安二十四年（219 年）秋，刘备表请立为汉中王，这一称号保持到两年后（221 年）的夏四月，他在成都称帝，年号章武。这两年之间，刘备的左将军府改称为大司马府，并在他登极之后予以撤销。现考述如下：

刘璋在建安十六年（211 年）邀请刘备入蜀抵御汉中张鲁，两人互相表请晋职。"璋推先主行大司马，领司隶校尉；先主亦推璋行镇西大将军，领益州牧。"[①] 大司马官职前加"行"字，是代理的含义，并未得到曹操把持的朝廷认可。至建安二十四年（219 年），刘备先后击败夏侯渊与曹操的兵马，占领汉中、上庸等地，获得巨大的胜利，他的部下乘势给汉献帝上表曰："臣等辄依旧典，封（刘）备汉中王，拜大司马，董齐六军，纠合同盟，扫灭凶逆。"[②] 并由驿道转交左将军、宜城亭侯印绶给朝廷。此后，大司马府便成为刘备军府的名称。《三国志》卷 39《蜀书·董和传》曰："先主定蜀，征和为掌军中郎将，与军师将军诸葛亮并署左将军大司马府事，献可替否，共为欢交。"洪武雄考证道："左将军、大司马为前后职，如前述。诸葛亮称'董幼宰参署七年'，此七年横跨先主前后任左将军、大司马二职，《季汉辅臣赞》称其'掌军清节'。任乃强以为（董）和当卒于建安二十五（220）、六年（221）间，刘备称帝前。"[③] 洪饴孙《三国职官表》曾对刘备大司马府的属官进行考证，与左将军府官员相同者有长史、营司马、前部后部司马、主簿等；新见者有

①《三国志》卷 32《蜀书·先主传》，第 881 页。
②《三国志》卷 32《蜀书·先主传》，第 885 页。
③ 洪武雄：《蜀汉政治制度史考论》，第 242 页。

军谋掾韩冉,曹操去世后刘备曾派遣韩冉携带礼物前往吊唁,进入魏境后,"冉称疾,住上庸(治今湖北竹山东南),上庸致其书。"[①] 曹丕接到文书后下令将韩冉处死并断绝与蜀汉的往来。"文帝恶其因丧求好,敕荆州刺史斩(韩)冉,绝使命。"[②] 大司马府内还有掾属,洪饴孙曰:"又先主时有属殷纯(《先主传》),未知何曹。"[③]

刘备的大司马府与以前的左将军府相比,其情况发生了以下变化。其一,由先主自己主持治事,不再委托别人。在此前的五年内,刘备有很长时间不在成都,他先在建安二十年(215年)"引兵五万下公安,令关羽入益阳"[④],与孙权争夺荆州的江南三郡,后又坐镇江州指挥张飞等反击入侵巴西的张郃所部。建安二十二年(217年)冬,刘备率诸将北赴汉中作战,至二十四年(219)七月战役胜利结束。在他领兵外出期间,成都的左将军府由诸葛亮代理署事,全权处置,包括州郡重要职务的任免,如前所述使杨洪取代法正的蜀郡太守。而刘备称汉中王后,"于是还治成都。"[⑤] 表明此后的大司马府是由诸葛亮、董和等办理日常庶务,而军国要事则由刘备自己处治,直到在他称帝后撤销该府之时。

其二,建立尚书台,分割了大司马府的部分权力,并最终将其取代。建安二十四年(219年)秋,刘备的左将军府改称大司马府之后,又成立了尚书台,任用法正为长官。"先主立为汉中王,以正为尚书令、护军将军。明年卒,时年四十五。"[⑥] 法正担任此职仅仅一年,随即由谋

①《三国志》卷 32《蜀书·先主传》注引《典略》,第 889 页。
②《三国志》卷 32《蜀书·先主传》注引《魏书》,第 889 页。
③《后汉书三国志补表三十种》,第 1293 页。
④《三国志》卷 32《蜀书·先主传》,第 883 页。
⑤《三国志》卷 32《蜀书·先主传》,第 887 页。
⑥《三国志》卷 37《蜀书·法正传》,第 961 页。

士刘巴继任。据《通典》卷 22《职官四》记载,东汉中央政府的尚书台设置于宫内,收纳公卿百官的章奏,转交皇帝批复后下发给各部门执行,其地位与作用非常重要。如李固所称:"尚书出纳王命,赋政四海,权尊势重,责之所归。"[1] 这个部门总理全国事务,以尚书令为主官,副职为尚书仆射,下设五曹,有"掌天下岁尽集课州郡"的三公曹,"掌选举、斋祠"的史曹,"掌中都官、水火、盗贼、辞讼、罪法"的二千石曹,"掌缮理、功作、盐池、苑囿"的民曹,还有"掌羌胡朝贺,法驾出,则护驾"的客曹,如安作璋、熊铁基所言:"从中央到地方,从官府到民间,从国内到国外(从内地到边境)所有的事都管到了,可见其职权范围是很广的。"[2] 刘备在成都仿效汉朝制度,建立这样的机构,势必会将大司马府,即原来的左将军府的许多业务与职能转移到尚书台。刘备为什么要在大司马府之外建立尚书机构呢? 笔者分析应有以下两个主要原因:

首先,是要为蜀汉建国、正式称帝预作准备。当时曹操已经自称魏王,在邺城设立公卿百官,其篡夺汉朝的野心路人皆知,献帝被废只是时间早晚的问题。在这样的政治形势下,胸怀大志的刘备亦步亦趋,也企图在不远的将来建立王朝,登极称尊。封建国家机器是一个庞大繁杂的组织,尚书台是它运转所必需的中枢机构,它和公卿百官的建立和运作需要一个过程,不可能一蹴而就。为此刘备需要抓紧时间筹建若干政府机构,以免临时仓促,尚书台是其中最重要的部门。此外,刘备还建立了许多官僚组织。例如,"先主为汉中王,(许)靖为太傅。"[3] "先

① 《后汉书》卷 63《李固传》,第 2076 页。
② 安作璋、熊铁基:《秦汉官制史稿》上册,齐鲁书社,1984 年,第 262 页。
③ 《三国志》卷 38《蜀书·许靖传》,第 966 页。

主为汉中王,用荆楚宿士零陵赖恭为太常,南阳黄柱为光禄勋,(王)谋为少府。"① 这些都是刘备在大司马府之外另设的公卿官员。由此可见称汉中王,建立公卿百官机构和尚书台,是从军府这种临时性地方政权转型为封建国家的必要步骤。后来刘备称帝,基本上沿用汉中王时期设立起来的官僚系统进行统治。

其次,另建一个脱离公卿等外朝官员的中枢机构。东汉自开国皇帝刘秀而始,设在宫内的尚书台就成为君主削夺三公九卿权力、实行独裁统治的御用工具。仲长统曾说:"光武皇帝愠数世之失权,忿强臣之窃命,矫枉过直,政不任下,虽置三公,事归台阁。自此以来,三公之职,备员而已。"李贤注:"愠犹恨也。数代谓元、成、哀、平。强臣谓王莽。"又云:"台阁谓尚书也。"② 尚书台控制着公卿百官的章奏上传与皇帝诏书诰命的下达的渠道,不仅了解国家机密,而且还能利用接近皇帝的便利条件发表意见,参与并影响天子的裁决。如《唐六典》所称:"及光武亲总吏职,天下事皆上尚书,舆人主参决,乃下三府,尚书令为端揆之官。魏、晋已来,其任尤重。"③ 东汉中叶陈忠亦言:"今之三公,虽当其名而无其实,选举诛赏,一由尚书,尚书见任,重于三公。陵迟以来,其渐久矣。"④《汉官解诂》亦曰:"士之权贵,不过尚书。"⑤ 由于尚书台作用重要,它的官员秩俸虽不算高,却拥有尊崇的地位,甚至凌驾于公卿百官之上。如《汉官仪》卷上曰:"其三公、列卿、[大夫]、五

①《三国志》卷45《蜀书·杨戏传》载《季汉辅臣赞》,第1082页。
②《后汉书》卷49《仲长统传》,第1657—1658页。
③(唐)李林甫等撰,陈仲夫等点校:《唐六典》卷1《尚书都省》,中华书局,1992年,第6页。
④《后汉书》卷46《陈忠传》,第1565页。
⑤(清)孙星衍等辑,周天游点校:《汉官六种》,中华书局,1990年,第16页。

营校尉行复道中,遇尚书[令],仆射,左、右丞,皆回车豫避。"①就是这种特殊状况的反映。

刘备在称汉中王后建立的尚书台,其长官尚书令由法正担任,他在刘备夺取四川的战争中屡献计谋,立有大功,故深受信任。刘备占领成都后,"以(法)正为蜀郡太守、扬武将军,外统都畿,内为谋主。"②后来他又策划并参与指挥进攻汉中、上庸获得成功,致使刘备对其言听计从,这方面连诸葛亮都自叹不如。法正死后,"(刘备)将东征孙权以复关羽之耻,群臣多谏,一不从。章武二年,大军败绩,还住白帝。(诸葛)亮叹曰:'法孝直若在,则能制主上,令不东行;就复东行,必不倾危矣。'"③何兹全对此评论道:"这都说明,诸葛亮还没有不使刘备东行的力量和地位,也还没有随之东行使不倾危的能力和作用。"④继任法正为尚书令的刘巴(字子初),也是蜀汉少有的智谋之士。刘备曾说:"子初才智绝人,如孤,可任用之,非孤者难独任也。"诸葛亮亦曰:"运筹策于帷幄之中,吾不如子初远矣!若提枹鼓,会军门,使百姓喜勇,当与人议之耳。"⑤尚书台的官员还有杨仪,他原来是关羽府内功曹,"遣奉使西诣先主。先主与语论军国计策,政治得失,大悦之,因辟为左将军兵曹掾。及先主为汉中王,拔仪为尚书。"⑥再如蒋琬,诸葛亮称他为:"社稷之器,非百里之才也。""先主为汉中王,琬入为尚书郎。"⑦综上所述,刘备选用的尚书台官员都是极为精明强干之人,由此可见这一机构的重要性。

———————————

① (清)孙星衍等辑,周天游点校:《汉官六种》,第 140 页。
②《三国志》卷 37《蜀书·法正传》,第 960 页。
③《三国志》卷 37《蜀书·法正传》,第 961—962 页。
④ 何兹全:《三国史》,人民出版社,2011 年,第 159 页。
⑤《三国志》卷 39《蜀书·刘巴传》注引《零陵先贤传》,第 982 页。
⑥《三国志》卷 40《蜀书·杨仪传》,第 1004 页。
⑦《三国志》卷 44《蜀书·蒋琬传》,第 1057 页。

那么,刘备建立尚书台的目的是否也和光武帝一样,是为了削夺公卿的权力吗?答案应是肯定的。曹丕篡汉称帝之后,刘备也在群臣劝进下登极。"章武元年夏四月,大赦,改年。以诸葛亮为丞相,许靖为司徒。置百官,立宗庙,祫祭高皇帝以下。"①这里需要强调的是,蜀汉虽然建立了公卿百官,但是与汉朝制度有所不同。西汉丞相"金印紫绶,掌丞天子助理万机"②。府内属下有长史、司直、诸曹吏员共三百余人③。东汉不设丞相,立太尉、司徒、司空为三公,亦有公府。太尉府长史一人,掾史属二十四人,令史及御属二十三人。司徒府长史一人,掾属三十一人,令史及御属三十六人。司空府长史一人,掾属二十九人,令史及御属四十二人④。而蜀汉建国后的诸葛亮虽出任丞相,却没有开府治事,手下并无掾吏幕僚。这一情况引起了史家的关注,单敏捷即指出:"刘备时期诸葛亮一直没有自己的属官,无论是军师中郎将、军师将军,还是丞相,我们都看不到有关军师僚属或是丞相掾属的记载。"⑤据历史记载,诸葛亮是在担任丞相的第三年,即刘禅继位当年(223年)才有了自己的相府。"建兴元年,封亮武乡侯,开府治事。"⑥刘备称帝之前,诸葛亮先后以军师将军署左将军府事、署大司马府事,刘备称帝

①《三国志》卷32《蜀书·先主传》,第890页。
②《汉书》卷19上《百官公卿表上》,中华书局,1962年,第724页。
③参见《汉旧仪》卷上:"武帝元狩六年,丞相吏员三百八十二人:史二十人,秩四百石;少史八十人,秩三百石;属百人,秩二百石;属史百六十二人,秩百石。"(清)孙星衍等辑,周天游点校:《汉官六种》,第68—69页。又《汉书》卷83《翟方进传》议曹李寻曰:"阘府三百余人,唯君侯择其中,与尽节转凶。"颜师古注:"三百余人,谓丞相之官属也。"第3421—3422页。
④参见《后汉书·百官志一》,第3558—3562页。
⑤单敏捷:《从左将军府到蜀汉建国——入川前后刘备集团的官僚体系演进及政治意义》,《湖北社会科学》2018年第6期。
⑥《三国志》卷35《蜀书·诸葛亮传》,第918页。

后大司马府撤销，"（诸葛）亮以丞相录尚书事，假节。"[1] 即在尚书台与尚书令刘巴共同处理政务。许靖此时年逾七十，按汉朝制度，他担任的司徒在职责上与丞相有所重迭。史书说他出任司徒后"爱乐人物，诱纳后进，清谈不倦"[2]。看来这个官职也是个挂名的虚衔，实际不理政务。由此可见，刘备立尚书台的最终目的是取代原来的左将军府与大司马府，并且把处理军政要务的中枢机构迁至宫内，设在自己身边以便操纵。就某种程度来说，他在加强君主集权方面超过了东汉的诸位皇帝，因为自光武帝以来虽然"事归台阁"，但东汉三公还有自己办公的府署。刘备却只设立丞相、司徒二公，且不建公府，诸葛亮必须到尚书台去办公，可见刘备削夺丞相及外朝权力已达到登峰造极的地步。

另外，尚书台的日常事务虽然冗多，但主要是由尚书令处治[3]，以丞相录尚书事的诸葛亮似乎工作并不繁重，因为刘备还让他兼任对太子刘禅的教育事项。先主称帝后册立刘禅为太子令曰："以天明命，朕继大统。今以禅为皇太子，以承宗庙，祗肃社稷。使使持节丞相亮授印绶，敬听师傅，行一物而三善皆得焉，可不勉与！"[4] 此处让刘禅称诸葛亮为"师傅"，值得注意。据《魏略》记载："初（刘）备以诸葛亮为太子太傅。"[5] 裴松之认为不实，"又案诸书记及《诸葛亮集》，亮亦不为太子

---

[1]《三国志》卷35《蜀书·诸葛亮传》，第917页。

[2]《三国志》卷38《蜀书·许靖传》，第967页。

[3] 参见《三国志》卷44《蜀书·费祎传》："（诸葛）亮卒，（费）祎为后军师。顷之，代蒋琬为尚书令"，注引《（费）祎别传》曰："于时军国多事，公务烦猥，祎识悟过人，每省读书记，举目暂视，已究其意旨，其速数倍于人，终亦不忘。常与朝晡听事，其间接纳宾客，饮食嬉戏，加之博弈，每尽人之欢，事亦不废。董允代祎为尚书令，欲斅祎之所行，旬日之中，事多愆滞。允乃叹曰：'人才力相县若此其远，此非吾之所及也。听事终日，犹有不暇尔。'"第1061页。可见尚书台的事务主要是由尚书令办理。

[4]《三国志》卷33《蜀书·后主传》，第893页。

[5]《三国志》卷33《蜀书·后主传》注引《魏略》，第893页。

太傅。"①笔者按：刘备自立为汉中王时曾封许靖为太傅，称帝后许靖迁为司徒，太傅一职空缺，这方面的事务似是转交给诸葛亮兼理，因为从史书记载来看，他不仅负责对太子的教育，而且要向刘备汇报。事见刘备给后主遗诏："射君到，说丞相叹卿智量甚大，增修过于所望，审能如此，吾复何忧！"②其中还特意提到诸葛亮留守成都时，曾为刘禅亲手抄录了许多古籍，让他阅读。"闻丞相为写《申》《韩》《管子》《六韬》一通已毕，未送，道亡，可自更求闻达。"③像上述诸子著作，誊录一遍会耗时费力，由此亦可反映诸葛亮当时处理政事的负担不重，如果孔明每天在尚书台日理万机，哪能腾出许多空暇时间来抄写典籍呢？从另一角度来说，大量抄书的机械劳动没有必要由丞相来做，完全可以交给下属掾吏去办。诸葛亮对此琐事躬力身为，应该是说明负责刘禅的教育是他当时的份内工作，孔明为了向刘备表示自己尽职尽力，所以就要亲自动手抄写了，实际上也是作秀给刘备来看。刘备临终前对鲁王刘永说："吾亡之后，汝兄弟父事丞相。"④这是因为诸葛亮担任过刘禅的师傅，俗话说"师徒如父子"，所以让皇子们尊称其为"相父"。

诸葛亮虽是刘备的股肱之臣，但从刘备占领成都到后来东征孙权的活动来看，他与诸葛亮的关系有疏远的倾向，而且怀有某种程度上的戒心。孔明刚入先主幕下时，两人非常亲近，甚至引起了关、张的嫉妒。"（刘备）于是与亮情好日密。关羽、张飞等不悦，先主解之曰：'孤之有孔明，犹鱼之有水也。愿诸君勿复言。'羽、飞乃止。"⑤后来刘备任

①《三国志》卷33《蜀书·后主传》裴松之注，第894页。
②《三国志》卷32《蜀书·先主传》注引《诸葛亮集》载先主遗诏，第891页。
③《三国志》卷32《蜀书·先主传》注引《诸葛亮集》载先主遗诏，第891页。
④《三国志》卷32《蜀书·先主传》注引《诸葛亮集》载先主遗诏，第891页。
⑤《三国志》卷35《蜀书·诸葛亮传》，第913页。

用庞统,其信任亦次于孔明。"先主见与善谭,大器之,以为治中从事。亲待亚于诸葛亮,遂与亮并为军师中郎将。"① 但是在庞统死后,刘备调诸葛亮、张飞、赵云入川助战,留关羽镇守荆州,此举引起了史家的非议,许多人认为是一个战略上的失策。因为刘璋实在算不上是强劲对手,刘备却把荆州的大部分文武精英调往成都,只留下有勇无谋的关羽,身边都没有一位可靠能干的帮手,显然是难以担负重任。王夫之即批评道:"为先主计,莫如留武侯率(赵)云与(张)飞以守江陵,而北攻襄、邓;取蜀之事,先主以自任有余,而不必武侯也。"刘备之所以让关羽留守,是"以羽之可信而有勇"②,即关羽勇武善战,且跟随刘备多年,政治上更受信任。如刘晔所言:"且关羽与(刘)备,义为君臣,恩犹父子。"③ 此外还有一个重要的原因,就是关羽对孙吴态度较为强硬,与刘备的主张一致。诸葛亮则主张对吴交好,其兄诸葛瑾又奉仕于吴,因此刘备担心他态度软弱,会对孙权让步过多,不符合自己的愿望。如王夫之所说:"疑武侯之交固于吴,而不足以快己之志也。"④ 如果说当初刘备入川时让诸葛亮镇守荆州是有关羽、张飞、赵云等诸多心腹辅佐并制约,还可以放心的话,那么现在要抽调几位武将入川,若继续让诸葛亮主政荆州,则顾忌他的权力过大而无法有效地控制,在对吴交往中可能会使蜀汉的利益受损,甚至怀疑他有投奔东吴、与其兄长诸葛瑾共事孙权的可能。王夫之认为刘备此举是个败笔,反映出他对诸葛亮的信任远不如关羽,甚至比不上孙权对待诸葛瑾。"先主之信武

---

①《三国志》卷37《蜀书·庞统传》,第954页。

②(清)王夫之:《读通鉴论》卷9《汉献帝》,第259页。

③《三国志》卷14《魏书·刘晔传》,第446页。

④(清)王夫之:《读通鉴论》卷9《汉献帝》,第259页。

侯也,不如其信羽,明矣。"① 又云:"夫先主亦始欲自强,终欲自王,雄心
不戢,与关羽相得耳。故其信公也,不如信羽,而且不如孙权之信子瑜
也。疑公交吴之深,而并疑其与子瑜之合。"② 刘备这一人事部署的负
面影响很快就表现出来,诸葛亮离开后,蜀、吴在荆州的敌视与冲突迅
速增多,幸亏还有鲁肃的周旋调解。"及(关)羽与(鲁)肃邻界,数生狐
疑,疆场纷错,肃常以欢好抚之。"③ 但很快又爆发了双方对江南三郡的
争夺,蜀汉在外交与军事上都遭到失败,结果以刘备的被迫割地告终。
正如冯文广所言:"(诸葛)亮镇荆州两年,荆州战场无大事,亮一入川,
吕蒙就袭(取)了南三郡。"④

　　刘备占领成都后对部下封官进爵,诸葛亮仅为军师将军,秩位甚至
排在糜竺之后⑤。刘备外出用兵时留孔明镇守成都,主持后勤供给与根
据地之安全保障,这是非常重要的工作,体现出他作为肱股之臣的地位
与信任。但是另一方面,刘备又对诸葛亮有所疑虑,很少让他参与军事
与外交方面的决策事务,致使诸葛亮的聪明才智未能完全发挥。王夫之
因此批评刘备"且信武侯而终无能用也"⑥。何兹全曾指出:"后来的两次
大战,争汉中和争荆州,刘备都是自己负责,没有带诸葛亮做参谋,更足
以说明诸葛亮的地位。争汉中,是刘备和曹操之间的一次大战,刘备没
有带诸葛亮,去的是法正。关羽死后,刘备倾全力去和孙权争荆州,这是

---

①(清)王夫之:《读通鉴论》卷9《汉献帝》,第260页。
②(清)王夫之:《读通鉴论》卷10《三国》,第264页。
③《三国志》卷54《吴书·鲁肃传》,第1272页。
④冯文广:《刘备、诸葛亮关系考》,《四川师范学院学报(哲学社会科学版)》1994年第1期。
⑤《三国志》卷38《蜀书·糜竺传》:"益州既平,拜为安汉将军,班在军师将军之右。"第
　969页。
⑥(清)王夫之:《读通鉴论》卷9《汉献帝》,第259页。

刘备生死存亡的大关,也是刘备独往,没有带诸葛亮。"① 由此认为,"在刘备生前,诸葛亮只是受命而行的行政能臣,并不是协助刘备决策的人;特别在军事方面,还不是赞助刘备决策的人。"② 诸葛亮在入川之后,看来感到了刘备对自己的态度变化,平时的言行格外谨慎。例如,"建安二十年,(孙)权遣(诸葛)瑾使蜀通好刘备,与其弟亮俱公会相见,退无私面。"③ 兄弟久别重逢却不再私下会面,这就是二人为了不让刘备生疑而采取的避嫌措施。另外,诸葛亮也不像以往那样对刘备提出推心置腹的建议,这一点有两个事件可证。法正担任蜀郡太守后肆意恩仇,"一餐之德,睚眦之怨,无不报复,擅杀毁伤己者数人。"④ 同僚中有些人看不下去,建议诸葛亮向刘备反映此事,以训诫法正,"抑其威福"。却被孔明拒绝,反而称赞他立有大功,不必苛责,"如何禁止法正使不得行其意邪!"⑤ 诸葛亮真是这样想的吗? 恐怕并非如此,因为彭羕的情况与法正类似,"成都既定,先主领益州牧,拔羕为治中从事。羕起徒步,一朝处州人之上,形色嚣然,自矜得遇滋甚。"⑥ 诸葛亮对此非常反感,曾多次暗地向刘备告状。"屡密言先主,羕心大志广,难可保安。先主既敬信亮,加察羕行事,意以稍疏,左迁羕为江阳太守。"⑦ 而法正深受刘备宠信,诸葛亮明知告不倒他,也就顺风说些好话了。如陈寿所言:"亮又知先主雅爱信(法)正,故言如此。"⑧ 法正死后,刘备执意东征孙吴为关羽复仇,拒绝了群臣的苦

①何兹全:《三国史》,第159页。
②何兹全:《三国史》,第159页。
③《三国志》卷52《吴书·诸葛瑾传》,第1231—1232页。
④《三国志》卷37《蜀书·法正传》,第960页。
⑤《三国志》卷37《蜀书·法正传》,第960页。
⑥《三国志》卷40《蜀书·彭羕传》,第995页。
⑦《三国志》卷40《蜀书·彭羕传》,第995页。
⑧《三国志》卷37《蜀书·法正传》,第960页。

谏,诸葛亮却对此未加劝阻。后来兵败猇亭的消息传到成都,诸葛亮感叹道:"法孝直若在,则能制主上,令不东行;就复东行,必不倾危矣。"①胡三省评论道:"观孔明此言,不以汉主伐吴为可,然而不谏者,以汉主怒盛而不可阻。"② 这也表明他们的君臣关系虽然依旧融洽,但已不是像起初那样如鱼得水。

　　刘备对诸葛亮的担心,集中体现在他临终前的嘱托里。"君才十倍曹丕,必能安国,终定大事。若嗣子可辅,辅之;如其不才,君可自取。"③后人对此解释不一,如陈寿认为是相得之言,"诚君臣之至公,古今之盛轨也。"④ 康熙皇帝说是"猜疑语",孙盛则斥为"备之命亮,乱孰甚焉"!指出这是权术中的"诡伪之辞"⑤,很容易产生误解和动乱。王夫之则认为这不是孤立的事件,联系此前有关种种的情况,说明刘备尽管对诸葛亮委以重任,但确实有防范之意,又不理解他一贯主张的联吴抗曹方针,因而限制了孔明才干的完全发挥。"先主之信武侯也,不如其信(关)羽,明矣。诸葛子瑜奉使而不敢尽兄弟之私,临崩而有'君自取之'之言,是有武侯而不能用。"⑥ 由此看来,刘备称汉中王后立尚书台,称帝后撤销大司马府,致使诸葛亮名为丞相,却连自己的公府和僚属都不能拥有;虽然他被授予"录尚书事"的头衔,却兼负培养阿斗成才这样一个几乎不可能完成的重任,这无疑会抽走他的许多精力和时间。由此可见,蜀汉尚书台的建立,具有削夺公卿(主要是诸葛亮)

---

①《三国志》卷 37《蜀书·法正传》,第 962 页。
②《资治通鉴》卷 69 魏文帝黄初三年闰月胡三省注,第 2205 页。
③《三国志》卷 35《蜀书·诸葛亮传》,第 918 页。
④《三国志》卷 32《蜀书·先主传》评,第 892 页。
⑤《三国志》卷 35《蜀书·诸葛亮传》,第 918 页。
⑥(清)王夫之:《读通鉴论》卷 9《汉献帝》,第 260 页。

权力的作用。不过这种限制,只是在刘备驻跸成都时才会发生作用。由于蜀汉人才匮乏,找不到能与诸葛亮比肩的俊杰,一旦刘备领兵外出征战,尚书台只能派出少数人跟随前往,即建立随军的"行台"。镇守益州与成都尚书台的主持工作,还是要交给诸葛亮来负责,使其成为刘备在后方的全权代理人。

　　章武二年(222年)闰六月,先主在猇亭兵败后退守永安(今重庆市奉节县),并未撤回成都。他在当地大建宫城,调兵遣将加强峡口的防务,还想伺机收复荆州的失地。洪武雄认为"刘备初似有长驻永安之意"[1],可以信从。另外,刘备又将尚书令刘巴召至永安,谭良啸据此指出:"刘备驻白帝城后既建行宫,同时将尚书台移来,作为自己身边处理朝政事务的机构。"[2] 也就是说,设在永安的已经不是过去临时性质的随军行(尚书)台,而是正式的尚书机构。后来刘巴去世,刘备又召李严来继任此职。"章武二年,先主征严诣永安宫,拜尚书令。"[3] 罗开玉对此评论道:"刘备要在身边重新建立一个处理全国军政事务的'尚书'机构,这机构就由李严总负责,诸葛亮在成都对军政事务的处理意见,要通过李严的机构后,才能到达刘备那里。刘备的旨意,要先通过李严的机构,才能到达诸葛亮的机构里!这对诸葛亮及其在成都的'尚书'班子都是重大威胁!刘备这一举动,不仅含有要培植李严力量,要他与诸葛亮分权之味,也是当时蜀汉朝廷中重大人事变动的信号……东汉尚书令取代丞相之事,方离去不远,完全可能在蜀汉重

① 洪武雄:《蜀汉政治制度史考论》,第 110 页。
② 谭良啸:《刘备在白帝城论析》,《成都大学学报(社会科学版)》2010 年第 6 期。
③《三国志》卷 40《蜀书·李严传》,第 999 页。

演。"① 如果说刘备出征时让诸葛亮在后方主持尚书台工作是形势所迫,不得不这样做,那么先主回国后即调尚书令到永安的用意很明显,就是要将最高军政中枢机构留在自己身边,以便就近控制,不受他人操纵,而诸葛亮"录尚书事"的职权遭到了削弱。

三、蜀汉丞相府的建立

章武三年(223年)四月先主病逝,他在临终前将国事托付给诸葛亮。刘备戎马一生,先后与吕布、曹操、袁绍、刘表、孙权等枭雄合作或交手,具有丰富的政治经验,对于身后的蜀汉政权人事安排作了煞费苦心的考虑,其内容如下:

第一,以诸葛亮为首辅大臣。"先主于永安病笃,召亮于成都,属以后事。"② 当时随同刘备起兵的旧部大多死丧凋零,从才能、资历和功绩等方面来看,诸葛亮是担任辅国重臣的惟一选择,蜀汉无人能出其右。如刘备所言:"君才十倍曹丕,必能安国,终定大事。"③ 先主死后,即由诸葛亮护送灵柩与皇帝印玺返回成都,监护刘禅继位。

第二,让刘禅、刘永兄弟与诸葛亮共参国事。汉末以来权臣盗持国柄、架空天子的现象屡见不鲜,刘备早年参加过讨伐董卓的战争,又与董承等受献帝谋诛曹操的衣带密诏,对此了然于胸,所以他在托孤的安排上并非让诸葛亮专制独断,而是希望刘禅兄弟也能积极地参与理政,与孔明进行协作。如他对后主诏敕:"汝与丞相从事,事之如

①罗开玉:《诸葛亮、李严权争研究》,《成都大学学报(社会科学版)》2006年第6期。
②《三国志》卷35《蜀书·诸葛亮传》,第918页。
③《三国志》卷35《蜀书·诸葛亮传》,第918页。

父。"① 这是要他跟随诸葛亮学习处理国务。先主还对鲁王刘永说："吾亡之后,汝兄弟父事丞相,令卿与丞相共事而已。"② 反映出刘备的意愿是在诸葛亮主政的前提下,让自己的子息参政议事,尽快熟悉与掌握治国之术,避免成为任人摆布的傀儡。

第三,让李严辅佐并牵制诸葛亮。刘备逝世前"托孤于丞相亮,尚书令李严为副"③。也就是说他托孤的对象是两位大臣,以诸葛亮为主,李严作为他的副手,而且委以兵权。"以严为中都护,统内外军事,留镇永安。"④ 刘备之所以作出诸葛亮理政,李严统军的安排,一方面是考虑到二人的能力各有所长,诸葛亮善于治理民政,但毕竟在此之前没有单独领兵作战的经历,故陈寿说他"理民之干,优于将略"⑤。而李严任犍为太守时,曾率郡兵五千平定马秦、高胜等数万人的叛乱,"斩秦、胜等首。枝党星散,悉复民籍。又越嶲夷率高定遣军围新道县,严驰往赴救,贼皆破走。"⑥ 表现出具有用兵才干,让他负责军事正是发挥其长处,与诸葛亮相得益彰。另一方面,李严兼任尚书令,主持蜀汉最高军政机构的日常工作,委任他作顾命大臣,可以在处理国务上给予"以丞相录尚书事"的诸葛亮一定的制衡,防止其独断专行,以免尾大不掉。李严自知责任重大,因此在给孟达的信中说:"吾与孔明俱受寄托,忧深责重,思得良伴。"⑦

但是就诸葛亮事后的作为来看,他显然对刘备的上述安排很不满

---

①《三国志》卷35《蜀书·诸葛亮传》,第918页。
②《三国志》卷32《蜀书·先主传》注引《诸葛亮集》,第891页。
③《三国志》卷32《蜀书·先主传》,第891页。
④《三国志》卷40《蜀书·李严传》,第999页。
⑤《三国志》卷35《蜀书·诸葛亮传》,第930页。
⑥《三国志》卷40《蜀书·李严传》,第999页。
⑦《三国志》卷40《蜀书·李严传》,第999页。

意,以致在五月返回成都之后,马上利用"相父"的身份迫使刘禅将蜀汉的军国要务全部移交给他处置,后主则被排除到决策领域之外。如《魏略》所言:"及禅立,以亮为丞相,委以诸事,谓亮曰:'政由葛氏,祭即寡人。'亮亦以禅未闲于政,遂总内外。"① 从历史记载来看,诸葛亮建立丞相府并总揽全国军政大权的过程经历了以下三个步骤。

（一）创建相府

"(章武)三年夏四月,先主殂于永安宫。五月,后主袭位于成都,时年十七。"② 刘禅在即位改元之后,随即批准诸葛亮建立了丞相府,并开始处理国务。"建兴元年,封亮武乡侯,开府治事。"③ 罗开玉对此评论道:"诸葛亮正式开府处理全国大小事务,这是蜀汉官制的一个转折点,刘备时期实际上存在的'尚书台'班子,被相府机构取代。"④ 刘禅身边虽然还有尚书台,但因政务全部移交给了丞相府,它只是个有名无实的机构。后主即位后,"封(李严)都乡侯,假节,加光禄勋。"⑤ 东汉光禄勋即西汉前期之郎中令,主管皇宫内部警备事务,"掌宿卫宫殿门户,典谒署郎更直执戟,宿卫门户,考其德行而进退之。"⑥ 封李严做光禄勋,这在表面上是遵照先主让他"统内外军事"的遗嘱,率领宫内的禁军,实际上李严坐镇永安,不在都城成都,他担任的尚书令和光禄勋这两个职务都无法履行职责,成了并无实际权力的空头职衔。后来,

---

① 《三国志》卷33《蜀书·后主传》注引《魏略》,第893—894页。
② 《三国志》卷33《蜀书·后主传》,第893页。
③ 《三国志》卷35《蜀书·诸葛亮传》,第918页。
④ 罗开玉:《诸葛亮、李严权争研究》,《成都大学学报(社会科学版)》2006年第6期。
⑤ 《三国志》卷40《蜀书·李严传》,第999页。
⑥ 《后汉书·百官志二》,第3574页。

诸葛亮又委派陈震接替了李严的尚书令职务，"建兴三年，入拜尚书，迁尚书令。"[1] 使李严与尚书台彻底断绝了联系。从后来的情况来看，李严也对开府治事非常渴望，但始终未能实现。建兴八年（230 年）诸葛亮调李严来汉中督办后方事务，李严（已改名李平）却提出要仿效曹魏大臣那样开府治事，"言魏大臣陈群、司马懿并开府"[2]，遭到诸葛亮的拒绝。孔明在次年给后主的上奏中提到："去年臣欲西征，欲令（李）平主督汉中，平说司马懿等开府辟召。臣知平鄙情，欲因行之际逼臣取利。"[3] 这是因为李严一旦开府治事，统管军政，就是在国内又形成了一座与诸葛亮丞相府分庭抗礼的军府，相当于一个独立的小型地方政权，这是诸葛亮绝对不能允许的。

（二）领益州牧

诸葛亮建立丞相府之后，"顷之，又领益州牧。政事无巨细，咸决于亮。"[4] 按照汉朝制度，丞相为朝廷百官之长，"掌丞天子助理万机。"[5] 相府属于三公的公府，管理的是中央政府的各种事务。诸葛亮身兼益州牧以后，则成为该州也就是蜀汉全国郡县的直属长官，丞相府兼有公府与州府的双重职能，有权处治地方政府的政务与人事安排，孔明通过郡县官员的任免活动，逐步控制了各地的基层行政组织。刘备统治蜀汉时期，重用跟随他入川的荆楚人士与刘璋手下的东州集团成员，而益州土著人士则往往不受擢用。诸葛亮主政期间改变了这一政

---

① 《三国志》卷 39《蜀书·陈震传》，第 984 页。
② （晋）常璩撰，刘琳校注：《华阳国志校注》卷 7《刘后主志》，第 557 页。
③ 《三国志》卷 40《蜀书·李严传》，第 1000 页。
④ 《三国志》卷 35《蜀书·诸葛亮传》，第 918 页。
⑤ 《汉书》卷 19 上《百官公卿表上》，第 724 页。

策,他大力提拔益州士人出任郡县长官。洪武雄对此作过详细统计和比较,指出:"此期郡守百分之八十以上由益州人士出任,宦达之途为之一宽,无怪'西土咸服诸葛亮能尽时人之器用也'。"① 这一举措明显缓和了益州土著势力与蜀汉政权的矛盾,"建兴五年(227)至十二年(234),诸葛亮远离成都,北驻汉中,无需忧虑国内反侧,诸葛亮的用人方针实得其效。"②

其次,诸葛亮还利用州牧职务之便,将相府工作称职的官吏派往各郡去做太守,借以安定地方。如董恢,"辟为丞相府属,迁巴郡太守。"③ 马齐,"建兴中,从事丞相掾,迁广汉太守。"④

再次,诸葛亮出任益州牧,可以调动任免李严在江州等辖区的郡县长官,致使李严在当地只有军权而不能掌控地方的行政权,他的职责因此受到了很大的局限,对此李严也是很不甘心。建兴八年(230年),诸葛亮要调江州的二万部队前往汉中,李严趁机提出要将附近的五郡另组成巴州,由自己担任刺史。亦见诸葛亮给后主表奏:"臣当北出,欲得平兵以镇汉中,平穷难纵横,无有来意,而求以五郡为巴州刺史。"⑤ 诸葛亮识破其图谋,使其愿望未能得逞。

(三)出征南中

"南中"是汉晋时期四川盆地西南部与云贵高原少数民族居住的地区,刘备去世前后,"南中诸郡,并皆叛乱,(诸葛)亮以新遭大丧,故

---

① 洪武雄:《蜀汉政治制度史考论》,第205页。
② 洪武雄:《蜀汉政治制度史考论》,第205页。
③《三国志》卷39《蜀书·董允传》注引《襄阳记》,第987页。
④《三国志》卷45《蜀书·杨戏传》附《季汉辅臣赞》,第1087页。
⑤《三国志》卷40《蜀书·李严传》,第1000页。

未便加兵。"① 在与东吴和好,解除峡口方面的外患之后。蜀汉在建兴二年(224年)"务农殖谷,闭关息民。"② 做好充分的物资储备,诸葛亮在次年三月领兵南征平叛,获胜并安定各地后,于十二月回到成都。

关于这次作战,当时的丞相长史王连表示反对,认为孔明没有必要亲征。"时南方诸郡不宾,诸葛亮将自征之,(王)连谏以为'此不毛之地,疫疠之乡,不宜以一国之望,冒险而行'。亮虑诸将才不及己,意欲必往。"③ 现代史学界也多有人对诸葛亮率师平定南中的部署提出质疑,如罗开玉说:"在其后整个南征大战中,看不到李严活动的踪影。本来,李严与诸葛亮既同为托孤大臣,按理说诸葛亮外出南征时,便应把后方政事交李严。但诸葛亮根本没这样做。"④ 李殿元指出:"诸葛亮南征南中,北伐曹魏,在这些理应由'统内外军事'的李严负责的军事行动中,李严要么是没有参与,要么是下降为一个负责粮草的二等角色,这与他领受的'托孤'之命是完全不相符的。"⑤ 孙鹏辉则认为诸葛亮亲自南征是为了从李严手中夺取兵权。"……此时的亲征与其说是对其他将领才能的不信任,不如说是直接掌控军队、插手军事的初始。而以国事为依托更彰显其殚精竭虑,李严为代表的东州集团也毫无可以阻止的理由,诸葛亮成功地实现了掌控军权的第一步。"⑥ 对此笔者也发表一些自己的看法。

首先,诸葛亮在开府治事以后,已经掌控了蜀汉的军国大权,如洪

①《三国志》卷35《蜀书·诸葛亮传》,第918页。
②《三国志》卷33《蜀书·后主传》,第894页。
③《三国志》卷41《蜀书·王连传》,第1009页。
④罗开玉:《诸葛亮、李严权争研究》,《成都大学学报(社会科学版)》2006年第6期。
⑤李殿元:《读〈三国志·李严传〉的困惑》,《文史杂志》2008年第2期。
⑥孙鹏辉:《诸葛亮"夺权"》,《文史天地》2012年第6期。

饴孙所言："军国事无大小皆听裁决。"[1] 他可以调动与新编各地的部队,任免将领;如果说他通过南征才掌握军权,恐怕是与实际情况不相符合的。

其次,诸葛亮是否通过南征调走了李严麾下的部分军队、夺走了他的兵权? 历史对此并没有明确记载,而孔明南征军队的规模与来源也无证可寻,但是可以看一看李严所辖军队的数量在诸葛亮南征以后有没有明显的减少。李严在永安统率的是刘备遗留下来的部队,先主在夷陵战役中损失惨重,"土崩瓦解,死者万数。"[2] 他带回永安的军队不多,且经历惨败后身心俱疲,士气低落,故急需补充兵力,以确保夔门不失。据史籍所载,前来永安的蜀汉援军主要有两支。其一是镇守江州的赵云所部,刘备率众东征时,"留云督江州。先主失利于秭归,云进兵至永安,吴军已退。"[3] 其二是巴西太守阎芝派来的兵马,"先主东征,败绩猇亭,巴西太守阎芝发诸县兵五千人以补遗阙,遣忠送往。"[4] 学术界有关研究认为,刘备所剩败兵大约有 1.5 万左右,赵云援军可能有 2 万人,加上阎芝派来的 5 千人,这样当时永安的驻军将有 4 万左右[5],先主死后由李严指挥。后来吴蜀重新和好,边境局势缓和,李严将所部主力后撤至江州(今重庆市渝中区)[6],任命陈到为永安都督[7],他麾下兵马的具体数量,史籍

---

① (清)洪饴孙:《三国职官表》,《后汉书三国志补表三十种》,第 1265 页。
②《三国志》卷 58《吴书·陆逊传》,第 1347 页。
③《三国志》卷 36《蜀书·赵云传》注引《(赵)云别传》,第 950 页。
④《三国志》卷 43《蜀书·马忠传》,第 1048 页。
⑤ 参见刘华、胡剑《永安都督与蜀汉东部边防》,载《湖北教育学院学报》2007 年第 6 期。
⑥《三国志》卷 33《蜀书·后主传》:"(建兴)四年春,都护李严自永安还住江州,筑大城。"第 894 页。
⑦《三国志》卷 45《蜀书·杨戏传》附《季汉辅臣赞》载陈到:"自豫州随先主,名位常亚赵云,俱以忠勇称。建兴初,官至永安都督、征西将军,封亭侯。"第 1084 页。

缺乏明确的记载,据刘华、胡剑估算约有 1.5 万人左右[1],仍接受李严的指挥[2]。李严在江州统领的军队数量不详,建兴八年(230 年),由于对魏前线局势紧张,诸葛亮从江州一次就调兵两万增援。"以曹真欲三道向汉川,亮命(李)严将二万人赴汉中。"[3]这两万人应是江州都督部下的机动作战部队,他们调走后,当地还需留有驻防巴郡和准备增援永安的一些兵马。由此判断,江州原有军队至少在 4 万以上,这也与李严最初在永安接手的兵力数目大致相当。由此看来,李严所部的军队数量并没有因为诸葛亮南征以及后来北赴汉中而被抽调削弱,比起先主驻跸永安期间的情况,李严在江州和永安陈到的部队合起来还要增加了一些(合计约 5.5 万)。诸葛亮南征的军队规模不详,他后来在汉中的北伐大军约有十万左右,街亭之役后孔明处决马谡,"于时十万之众为之垂涕。"[4]此后他又在前线实行编制十分之二的兵员轮流"更休","十二更下,在者八万。"[5]其中除了原来魏延驻扎汉中的少数守军,大多数人应是平时驻成都附近的"中军"和新组建的队伍,看来并没有从李严部下调走多少部队,诸葛亮与李严的关系也还算融洽。直到建兴八年(230 年)汉中形势严峻,诸葛亮要求李严带两万兵北上,双方的矛盾才开始激化起来。

诸葛亮亲自南征的原因,笔者认为较为复杂,并非仅仅是为了掌控兵权。他不能委派别人领兵南征,其主要缘故应如前述,即"虑诸将才不及己"。这是由于此次战争并非单纯的军事行动,还要处理复杂的

民族问题,使当地大姓豪族畏威怀德,不复反叛。如马谡所言:"南中恃其险远,不服久矣,虽今日破之,明日复反耳。……夫用兵之道,攻心为上,攻城为下,心战为上,兵战为下,愿公服其心而已。"①完成这项任务不仅需要作战才略,还得具备高超的政治智慧,在击败敌人后安抚民心,缓和多年积累的民族矛盾,因而诸葛亮势必亲征。若委派一介武夫率师前往,单凭武力镇压反叛势力,恐怕难以保证南中地区的长期稳定。从诸葛亮南征的处置手段与结果来看,应该是相当满意的;他采纳了马谡"攻心为上"的建议,"赦孟获以服南方。故终亮之世,南方不敢复反。"②

另外,诸葛亮的丞相府刚刚成立,随即又领益州牧,由于统兵南征,他的相府兼有公府、州府及军府结合起来的的三重性质。孔明此前没有直接指挥过大规模战役行动,他的丞相府在处理军务方面是比较陌生、薄弱的,无论在部门设置还是人员调配上都还有许多不足。诸葛亮在南征出发时与马谡作了深谈。《襄阳记》曰:"建兴三年,亮征南中,谡送之数十里。亮曰:'虽共谋之历年,今可更惠良规。'"马谡对曰:"今公方倾国北伐以事强贼,彼知官势内虚,其叛亦速。若殄尽遗类以除后患,既非仁者之情,且又不可仓卒也。"③随即提出了"攻心为上"的建议。这场谈话反映的问题之一,即诸葛亮已决定要全力攻打曹魏,"方倾国北伐以事强贼",南征是为将来的北伐稳定后方。反映的问题之二,是先南征、后北伐的战略构想在建兴二年(224年)就已经确定,诸葛亮与马谡等亲信商议了很久,"共谋之

①《三国志》卷39《蜀书·马良附弟谡传》注引《襄阳记》,第983—984页。
②《三国志》卷39《蜀书·马良附弟谡传》注引《襄阳记》,第984页。
③《三国志》卷39《蜀书·马良附弟谡传》注引《襄阳记》,第983页。

历年。"此番南征虽然也是大战，但南中各地土豪大姓的势力分散，相对较弱，蜀汉方面可以通过这次军事行动来锻炼提高队伍的战斗能力，以及检验与完善相府指挥机构（详情请见下文），以便尽快适应将来对抗强敌曹魏的作战要求。

四、诸葛亮南征前后相府人事、官职的重要变化

诸葛亮在建兴二年（224 年）末段准备南征，次年三月出行，获胜后，"十二月，亮还成都。"[①]大军休整一年多后，又于建兴五年（227 年）春北赴汉中，次年即开始了兵出祁山的作战。在此期间，他的丞相府进行了若干重要的人事与官职调整，以保证蜀汉的最高军政机构在前线与后方的正常运转。

蜀丞相府建立之初，继承汉朝制度设置长史一职。西汉自文帝以后，"置一丞相。有两长史，秩千石。"[②]哀帝时更丞相名为大司徒，东汉仍称司徒，设"长史一人，千石"[③]。"史"即"吏"，长史"盖众史之长也，职无不监"[④]，是相府的总管，协助丞相署理日常军政事务。诸葛亮开府后设长史一人，为蜀人王连。"建兴元年，拜屯骑校尉，领丞相长史，封平阳亭侯。"[⑤]其人性情执拗，如前所述，曾坚决反对诸葛亮出征南中，孔明拗他不过，只得暂停出兵，由此可见长史地位之重要。"而（王）

---

① 《三国志》卷 33《蜀书·后主传》，第 894 页。
② 《汉书》卷 19 上《百官公卿表上》，第 724—725 页。
③ 《后汉书·百官志一》，第 3561 页。
④ （唐）杜佑撰，王文锦等点校：《通典》卷 21《职官三》，第 543 页。
⑤ 《三国志》卷 41《蜀书·王连传》，第 1009 页。

连言辄恳至,故停留者久之。"① 王连的阻挠使南征至少推迟了数月。笔者按:诸葛亮的相府也属于军府,他领兵出征时,相府一分为二,部分官员随丞相出征,在前线军营,亦称作"府营"②,即随军相府。另有一些官吏留守成都,称为"留府",即留守相府。早年刘备出征时,成都的左将军府由诸葛亮与董和共"署府事",一正一副,主持军府的留守工作。此时诸葛亮外出征战,也是要把惟一的长史留在成都,与一名"署府事"的参军协作,共同署理后方的军政庶务,并为前线补充兵员和给养。当时相府"署府事"的参军为张裔,张裔原是益州郡太守,被当地叛乱首领雍闿俘获送至东吴。诸葛亮深知此人才堪重用,因而在派遣邓芝出使吴国时嘱托他向孙权请求归还张裔。"裔自至吴数年,流徙伏匿,(孙)权未之知也,故许芝遣裔……既至蜀,丞相亮以为参军,署府事,又领益州治中从事。"③ 由于诸葛亮对张裔有救命之恩,所以张裔任职后尽力报答。鉴于长史王连反对诸葛亮亲征南中,孔明也就不能强行领兵南下,因为要把留守成都的重任交给与自己政见不一的王连,大军的后勤供应或许会难以保障,有可能得不到后方的全力支援,孔明不敢冒这样的风险,所以被迫暂停了南征的军事行动。直到建兴三年(225年)初王连去世(死因不详),孔明任命同乡襄阳向朗接任领丞相长史,仍由"署府事"参军张裔辅佐,没有了后顾之忧,这才得以发兵。"丞相亮南征,(向)朗留统后事。"④

蜀汉丞相府建立后增设了参军一职,即高级幕僚,与诸葛亮参

---

① 《三国志》卷41《蜀书·王连传》,第1009—1010页。
② 《三国志》卷33《蜀书·后主传》建兴七年:"冬,亮徙府营于南山下原上。"第896页。
③ 《三国志》卷41《蜀书·张裔传》,第1012页。
④ 《三国志》卷41《蜀书·向朗传》,第1010页。

谋议论军国要务,例如孔明"以(马)谡为参军,每引见谈论,自昼达夜"①。相府的参军有好几名,例如后来诸葛亮奏请罢免李严的公文上,署名就有"行中参军昭武中郎将臣胡济、行参军建义将军臣阎晏、行参军偏将军臣爨习、行参军裨将军臣杜义、行参军武略中郎将臣杜祺、行参军绥戎都尉臣盛勃"② 等多人。诸葛亮利用兼任益州牧的职务之便,将地方官员中的精英调至丞相府出任参军。洪武雄曾考证云:"参军地位犹高于郡太守,如张裔、杨仪、马谡、廖化、李邈、马忠、姚伷、马齐等人在任参军前皆曾任郡守。"③汉末三国的参军有时会临时担任某支军队的主将,例如,"刘备遣将吴兰屯下辩,太祖遣曹洪征之,以(曹)休为骑都尉,参洪军事。太祖谓休曰:'汝虽参军,其实帅也。'洪闻此令,亦委事于休。"④ 另如街亭之役中的马谡等担任先锋,"统大众在前。"⑤蜀汉相府参军中地位最高的是挂"署府事"职衔者,大军出征时通常在前线与后方各设一人。如诸葛亮南征时,留守成都有"署府事"参军张裔,随军相府则任命弘农太守杨仪担任此职。"建兴三年,丞相亮以为参军,署府事,将南行。"⑥ 即代行随军相府长史的职责,负责分派军队各部驻地、补充粮草器械等庶务。杨仪为人精明强干,调度有方。"亮数出军,仪常规画分部,筹度粮谷,不稽思虑,斯须便了。军戎节度,取办于仪。"⑦洪武雄曰:"参军而署府事,所任较一般参军为重,有如副长史,故长史缺,常由参军署府事者升任,如张裔、杨仪、蒋琬皆

①《三国志》卷39《蜀书·马良附弟谡传》,第983页。
②《三国志》卷40《蜀书·李严传》注引诸葛亮公文上尚书曰,第1000页。
③洪武雄:《蜀汉政治制度史考论》,第152页。
④《三国志》卷9《魏书·曹休传》,第279页。
⑤《三国志》卷39《蜀书·马良附弟谡传》,第984页。
⑥《三国志》卷40《蜀书·杨仪传》,第1004页。
⑦《三国志》卷40《蜀书·杨仪传》,第1005页。

是也。"①

南征结束后,诸葛亮在北伐之前调整了相府的官员与机构,为了加强随军相府的管理而增设一名长史。他在建兴五年(227年)北赴汉中时,让长史向朗与参军"署府事"杨仪随行,提拔蜀人"(张)裔以射声校尉领留府长史"②,张裔工作相当称职,《华阳国志》称其:"丞相北征,居府统事,足食足兵。"③洪武雄评论道:"丞相留府长史一职,'处要职,典后事',颇有丞相以下一人的重要性。亮以益州人士担任,其转变先主用人方向的用心相当明显。"④同时,孔明又任命参军"(蒋)琬与长史张裔统留府事"⑤。蒋琬早年即引起了诸葛亮的重视,他对刘备说:"蒋琬,社稷之器,非百里之才也。其为政以安民为本,不以修饰为先,愿主公重加察之。"⑥他作为留府长史张裔的副手,工作亦相当称职。

建兴六年(228年)马谡在街亭兵败后畏罪潜逃,"(向)朗知情不举,(诸葛)亮恨之,免官还成都。"⑦随军相府长史一职空缺,两年后由"署府事"参军杨仪转为正职,并加将军号以便领兵。"(建兴)八年,迁长史,加绥军将军。"⑧当年留守成都的长史张裔病故,也是由其副手"署府事"参军蒋琬接替他的职务,亦加将军号⑨,完成任务也很

①洪武雄:《蜀汉政治制度史考论》,第156页。
②《三国志》卷41《蜀书·张裔传》,第1012页。
③(晋)常璩撰,刘琳校注:《华阳国志校注》卷10上《先贤士女总赞论》,第731页。
④洪武雄:《蜀汉政治制度史考论》,第204页。
⑤《三国志》卷44《蜀书·蒋琬传》,第1057页。
⑥《三国志》卷44《蜀书·蒋琬传》,第1057页。
⑦《三国志》卷41《蜀书·向朗传》,第1010页。
⑧《三国志》卷40《蜀书·杨仪传》,第1004—1005页。
⑨《三国志》卷44《蜀书·蒋琬传》:"(建兴)八年,代(张)裔为长史,加抚军将军。"第1057页。

出色。"（诸葛）亮数外出，琬常足食足兵以相供给。"① 因而颇受孔明的好评，并向后主推荐他为自己的接班人。"臣若不幸，后事宜以付琬。"② 建兴九年（231年），诸葛亮调李严之子江州都督李丰到成都，"以（行事）中郎参军居（相）府"③，作为蒋琬的副手，并叮嘱他"与公琰推心从事"④。

　　如前所述，诸葛亮北伐的大军在十万左右，兵员器械粮草诸事的料理繁忙紧急，因此随军相府长史的工作要比留府长史劳累得多。诸葛亮去世后，由长史杨仪统领诸军回到四川，但后主遵从诸葛亮遗教，任命蒋琬为尚书令、益州刺史，总统国务。杨仪和蒋琬原来都是长史，但前者认为自己随军辛劳，且资历才能优先，却沦为下级，因而忿懑不平。"（杨）仪每从行，当其劳剧，自惟年宦先琬，才能逾之，于是怨愤形于声色，叹咤之音发于五内。"⑤ 综上所述，随军与留府的两位长史为蜀汉丞相府内最重要的吏员，平时署理前线或后方的日常事务，其地位明显要高于其他僚属。

　　建兴八年至九年（230—231年），由于汉中前线局势紧张与诸葛亮要西征陇右，致使蜀汉的政局与相府设置发生了较大的变化。首先，魏国图谋入侵汉中。曹真建议数道伐蜀，在汉中会师，得到魏明帝的首肯。"（建兴）八年秋，魏使司马懿由西城，张郃由子午，曹真由斜谷，欲攻汉中。丞相亮待之于城固、赤阪，大雨道绝，真等皆还。"⑥ 另一方面，

---

① 《三国志》卷44《蜀书·蒋琬传》，第1057页。
② 《三国志》卷44《蜀书·蒋琬传》，第1058页。
③ 《三国志》卷40《蜀书·李严传》注引诸葛亮与李平子丰教曰，第1001页。
④ 《三国志》卷40《蜀书·李严传》注引诸葛亮与李平子丰教曰，第1001页。
⑤ 《三国志》卷40《蜀书·杨仪传》，第1005页。
⑥ 《三国志》卷33《蜀书·后主传》，第896页。

诸葛亮乘陇右敌军虚弱,命令魏延、吴懿出兵试探,准备向该地大举进攻。如果蜀军主力西征祁山,汉中兵力空虚,则难以抵抗魏军的侵略,因此需要一位重臣领兵北上支援。此外,诸葛亮率军远赴陇右,距离汉中数百里,其粮草、兵员、器械的补给必须有得力干将调配运输,以保证大军的后勤供应。为此诸葛亮决定将江州都督李严调到汉中相府来主持这项工作。"八年,(李严)迁骠骑将军。以曹真欲三道向汉川,亮命严将二万人赴汉中。亮表严子丰为江州都督督军,典严后事。亮以明年当出军,命严以中都护署府事。"[①]建兴九年(231年)诸葛亮发兵赴祁山后,丞相府分为三处,即陇右前线的随军相府,汉中、成都的两处留守相府。《华阳国志》卷7曰:"丞相亮以当西征,因留(李)严汉中,署留府事。"刘琳注曰:"自汉中征凉州为西征,'北'字衍,[留府]指留在汉中的丞相府(同时成都亦设留府)。"[②]

　　李平(即李严)对于领兵北上的任务很不情愿,向诸葛亮反复提出做巴州刺史和仿效司马懿等开府治事等要求,使自己升任中都护,其子李丰继任江州都督。后来诸葛亮向后主上奏道:"去年臣欲西征,欲令(李)平主督汉中,平说司马懿等开府辟召。臣知平鄙情,欲因行之际逼臣取利也,是以表平子丰督主江州,隆崇其遇,以取一时之务。"[③]诸葛亮在出征之前,将相府留守事务与汉中军政大权统统交给了李平(严),曾引起部下的非议。"平至之日,都委诸事,群臣上下皆怪臣待平之厚也。"[④]但李平还是辜负了诸葛亮的厚望,未能及时向陇右前线供

---

① 《三国志》卷40《蜀书·李严传》,第999页。
② (晋)常璩撰,刘琳校注:《华阳国志校注》卷7《刘后主志》,第557—558页。
③ 《三国志》卷40《蜀书·李严传》,第1000页。
④ 《三国志》卷40《蜀书·李严传》,第1000页。

应粮草,事后又向后主谎报军情以推卸责任,被诸葛亮上奏解职为民。后来孔明兵出五丈原,汉中是否设立留守相府未见记载。

五、丞相府的其他僚属

蜀汉丞相府成立于建兴元年(223年),当年五月后主即位,随即下令由诸葛亮开府治事。建兴六年(228年)诸葛亮因街亭兵败上表请求自贬三等,"于是以亮为右将军,行丞相事,所总统如前。"[①] 但丞相府依旧存在。次年诸葛亮遣陈式攻占武都、阴平二郡,后主下诏褒奖并恢复孔明原职,"今复君丞相,君其勿辞。"[②] 建兴十二年(234年)八月诸葛亮在五丈原去世,"(杨)仪率诸军还成都。大赦。以左将军吴壹为车骑将军,假节督汉中。以丞相留府长史蒋琬为尚书令,总统国事。"[③] 丞相府随即撤销,历时共11年。在此期间相府除了长史和参军以外,还设有以下僚属:

(一)军师

胡三省云:"蜀置中军师、前军师、后军师。"[④] 笔者按:诸葛亮任丞相时,刘琰曾任卫尉中军师后将军,"然不豫国政,但领兵千余,随丞相亮讽议而已。"[⑤] 可见此职务并无明确具体的职责,只是议论军政事务。后来诸葛亮病逝,长史杨仪率兵回国,"拜为中军师,无所统领,从容而

---

① 《三国志》卷35《蜀书·诸葛亮传》,第922页。
② 《三国志》卷35《蜀书·诸葛亮传》,第924页。
③ 《三国志》卷33《蜀书·后主传》,第897页。
④ 《资治通鉴》卷72魏明帝青龙二年八月胡三省注,第2296页。
⑤ 《三国志》卷40《蜀书·刘琰传》,第1001页。

已。"① 情况与刘琰相同。建兴八年(230年),魏延在阳溪大破魏雍州刺史郭淮,"迁为前军师征西大将军,假节,进封南郑侯。"② 不过,他的前军师只是加衔,能够参与相府军谋的讨论,平时仍在自己统领部队的营内,并不在相府值勤,例如诸葛亮死后费祎曾到前军去探望魏延。魏延死后,蜀汉"以(杨)仪为中军师,司马费祎为后军师,征西姜维为右监军、辅汉将军,邓芝前军师、领兖州刺史,张翼前领军,并典军政"③。洪饴孙对此评论道:"案此时丞相亮已卒,此官盖踵前制不变。"④ 表明虽然诸葛亮死后丞相府被撤销,前、中、后军师等官职仍然得到延续。洪武雄考证云:"杨仪、邓芝、费祎之后,蜀制不复见军师职。"⑤ 反映出上述官职的沿用仅仅是一种短暂的过渡,很快就消失了。

若与曹魏方面相比,蜀汉的军师很少,作用也不大。曹操帐下有"中军师陵树亭侯荀攸、前军师东武亭侯钟繇、左军师凉茂、右军师毛玠"⑥,还有军师祭酒。曹丕称帝后,魏国的军师设置更加普遍,中军与外军都可以见到。《通典》卷29称魏晋军师(后避司马师讳称军司),"凡诸军皆置之,以为常员,所以节量诸宜,亦监军之职也。"⑦ 例如,"青龙二年,诸葛亮率众出渭南。先是,大将军司马宣王数请与亮战,明帝终不听。是岁恐不能禁,乃以(辛)毗为大将军军师,使持节;六军皆肃,准毗节度,莫敢犯违。"⑧

---

① 《三国志》卷40《蜀书·杨仪传》,第1005页。
② 《三国志》卷40《蜀书·魏延传》,第1002页。
③ (晋)常璩撰,刘琳校注:《华阳国志校注》卷7《刘后主志》,第564页。
④ 洪饴孙:《三国职官表》,《后汉书三国志补表三十种》,第1269页。
⑤ 洪武雄:《蜀汉政治制度史考论》,第224页。
⑥ 《三国志》卷1《魏书·武帝纪》建安十八年五月注引《魏书》,第40页。
⑦ (唐)杜佑撰,王文锦等点校:《通典》卷29《职官十一》,第805页。
⑧ 《三国志》卷25《魏书·辛毗传》,第699页。

（二）军祭酒

蜀汉丞相府设置军祭酒，任职者有来敏，"后主践阼，为虎贲中郎将。丞相亮住汉中，请为军祭酒、辅军将军，坐事去职。"注引《亮集》有教曰："后主即位，吾暗于知人，遂复擢为将军祭酒，违议者之审见，背先帝所疏外。"[1] 洪武雄认为"来敏为'将军祭酒'应系'军祭酒、辅汉将军'之连称"[2]。有尹默，"后主践阼，拜谏议大夫。丞相亮住汉中，请为军祭酒。亮卒，还成都，拜太中大夫，卒。"[3] 有射援，刘备本传《群下上先主为汉中王表》中有"议曹从事中郎军议中郎将臣射援"，注引《三辅决录注》曰："援亦少有名行，太尉皇甫嵩贤其才而以女妻之，丞相诸葛亮以援为祭酒，迁从事中郎，卒官。"[4] 笔者按：祭酒一职应为丞相府幕僚中之尊长者。司马迁曰："齐襄王时，而荀卿最为老师。齐尚修列大夫之缺，而荀卿三为祭酒焉。"司马贞《索隐》注："礼食必祭先，饮酒亦然，必以席中之尊者一人当祭耳，后因以为官名，故吴王濞为刘氏祭酒是也。"[5] 军祭酒简称祭酒，源于东汉初年。光武帝命邓禹分兵入关，"令自选偏裨以下可与俱者。于是以韩歆为军师，李文、李春、程虑为祭酒……"[6] 孔衍《汉魏春秋》引献帝诏曰："昔在中兴，邓禹入关，承制拜军祭酒李文为河东太守……"[7] 可证"军祭酒"亦可简称为"祭酒"。

---

①《三国志》卷42《蜀书·来敏传》，第1025—1026页。

②洪武雄：《蜀汉政治制度史考论》，第222页。

③《三国志》卷42《蜀书·尹默传》，第1026页。

④《三国志》卷32《蜀书·先主传》注引《三辅决录注》，第886页。

⑤《史记》卷74《孟子荀卿列传》，第2348—2349页。

⑥《后汉书》卷16《邓禹传》，第601页。

⑦《三国志》卷1《魏书·武帝纪》建安二十年九月注引孔衍《汉魏春秋》，第46页。

　　洪饴孙认为"军祭酒"全称应为"军师祭酒",与魏丞相府是官相同。"案系陈寿避晋讳所改之。"[①] 洪武雄反对曰:"蜀未见'军师祭酒'的称谓。饴孙所谓'系陈寿避晋讳所改',亦未可信。如避'师'字,何以又有军师将军、中军师等称谓。蜀制应作军祭酒,简称祭酒。"[②] 笔者按:洪氏之分析合理有据。曹操任司空、丞相时,帐下有军师祭酒、军谋祭酒;亦有"军祭酒"。如袁涣,"后征为谏议大夫、丞相军祭酒。"[③] 王朗,"魏国初建,以军祭酒领魏郡太守,迁少府、奉常、大理。"[④] 郭嘉,"表为司空军祭酒。"[⑤] 需要指出的是,《魏书》载群臣劝曹操进九锡者有"军师祭酒千秋亭侯董昭";又有"(军)祭酒王选、袁涣、王朗、张承、任藩、杜袭"[⑥]。可见二者不得互称;文中"祭酒"是"军祭酒"的简称,亦与避晋司马师讳无涉。建安三年(198年)正月,曹操"初置军师祭酒"[⑦]。《晋书》卷24《职官志》说他,"及当涂得志,克平诸夏,初有军师祭酒,参掌戎律。"表明军师祭酒的职责是掌管军法,但军祭酒的职责不明,不知道是否也与此有关。

(三)司马

　　司马属于军职,本来是军府即将军府内的官员,如前述左将军府有司马庞羲、留营司马赵云。诸葛亮的相府起初只是公府和州府的统一体,因此没有司马职务。自南征时起,蜀汉丞相府开始具有军府的成

①(清)洪饴孙:《三国职官表》,《后汉书三国志补表三十种》,第1268页。
②洪武雄:《蜀汉政治制度史考论》,第222页。
③《三国志》卷11《魏书·袁涣传》,第334页。
④《三国志》卷13《魏书·王朗传》,第407页。
⑤《三国志》卷14《魏书·郭嘉传》,第431页。
⑥《三国志》卷1《魏书·武帝纪》建安十八年五月注引《魏书》,第40页。
⑦《三国志》卷1《魏书·武帝纪》,第15页。

分。其北赴汉中以后,后方的民政基本上由成都留府官员处置,位处前线的相府实际上含有更多的军事色彩,因而出现了司马官职,由勇将魏延担任。"(建兴)五年,诸葛亮驻汉中,更以(魏)延为督前部,领丞相司马、凉州刺史。"① 建兴八年(230年),魏延率军在阳溪大破敌兵,晋升为前军师、征西大将军,其司马职务由费祎接任。后者在"建兴八年,转为中护军,后又为司马"②。费祎不直接带兵,没有将军头衔,只是在相府参赞军务,调节纠纷。"值军师魏延与长史杨仪相憎恶,每至并坐争论,延或举刃拟仪,仪泣涕横集。祎常入其坐间,谏喻分别。"③ 诸葛亮病危时,"密与长史杨仪、司马费祎、护军姜维等作身殁之后退军节度。"④ 他任职到诸葛亮去世后,升为后军师。

(四)从事中郎

原来左将军府中有糜竺、孙乾、简雍等数人任从事中郎,蜀汉丞相府只是在前线与后方各设一人,其地位高于军祭酒。丞相府最初任从事中郎者为射援,"丞相诸葛亮以援为祭酒,迁从事中郎,卒官。"⑤ 后由樊岐继任,建兴九年(231年)诸葛亮在汉中上公文请求解除李平(即李严)职务,文中列有"领从事中郎武略中郎将臣樊岐"⑥。李平罢职后,诸葛亮又将其子李丰调往成都相府任从事中郎参军⑦,并与教曰:"君

---

①《三国志》卷40《蜀书·魏延传》,第1002页。
②《三国志》卷44《蜀书·费祎传》,第1061页。
③《三国志》卷44《蜀书·费祎传》,第1061页。
④《三国志》卷40《蜀书·魏延传》,第1003页。
⑤《三国志》卷32《蜀书·先主传》注引《三辅决录注》,第886页。
⑥《三国志》卷40《蜀书·李严传》注引亮公文上尚书曰,第1000页。
⑦(晋)常璩撰;刘琳校注《华阳国志校注》卷7《刘后主志》建兴九年:"亮怒,表废平为民,徙梓潼;夺平子丰兵,以为从事中郎,与长史蒋琬共知居府事。"第560页。

以中郎参军居府,方之气类,犹为上家。"① 可见其职务较为重要,不是过去左将军府内从事中郎的闲职。

（五）主簿

西汉丞相府与东汉公府皆有主簿,按相府内事务繁多,如兵将吏员的奖惩增损,钱谷器械牲畜的使用出入,无不需要造册登记,主管官员即为主簿。如太尉府内有"黄阁主簿录省众事"②。所谓"黄阁（阁）"即丞相或三公办公所居的庭院,因门阁涂为黄色而称作"黄阁（阁）",主簿平时亦据此处伴随丞相办公。《汉旧仪》卷上载丞相府:"听事阁曰黄阁,无钟铃。掾有事当见者,主簿至曹请。"③ 在蜀汉丞相府先后担任过主簿者,据洪饴孙考证,有董厥、胡济、宗预、杨颙、杨戏五人④。主簿在相府诸吏中也具有较高身份地位,如汉哀帝赐丞相王嘉自尽,王嘉不肯服毒,是由主簿代表诸吏出来劝服。"主簿曰:'将相不对理陈冤,相踵以为故事,君侯宜引决。'"⑤ 曹操擒获吕布后,"意欲活之,命使宽缚。主簿王必趋进曰:'布,劲虏也。其众近在外,不可宽也。'太祖曰:'本欲相缓,主簿复不听,如之何?'"⑥ 于是处死了吕布。

（六）诸曹掾、属、令史

汉代公卿与郡府中秩俸较高之掾吏有专门办公的房屋,或称为"曹",官吏上班称"坐曹"。如薛宣任左冯翊,"及日至休吏,贼曹掾张

---

①《三国志》卷 40《蜀书·李严传》注引诸葛亮与平子丰教曰,第 1001 页。
②《后汉书·百官志一》,第 3559 页。
③（清）孙星衍等辑,周天游点校:《汉官六种》,第 67 页。
④（清）洪饴孙撰:《三国职官表》,《后汉书三国志补表三十种》,第 1276 页。
⑤《汉书》卷 86《王嘉传》,第 3501—3502 页。
⑥《三国志》卷 7《魏书·吕布传》注引《献帝春秋》,第 228 页。

扶独不肯休,坐曹治事。"① 按照分工职掌不同来划分诸曹,如东汉公府中:"西曹主府史署用。东曹主二千石长吏迁除及军吏。户曹主民户、祠祀、农桑。奏曹主奏议事。辞曹主辞讼事。法曹主邮驿科程事。尉曹主卒徒转运事。贼曹主盗贼事。决曹主罪法事。兵曹主兵事。金曹主货币、盐、铁事。仓曹主仓谷事。"② 诸曹办公的"吏舍"位置亦有不同,例如西曹、东曹可能是在相府正堂庭院的东西两侧,而其他诸曹吏舍应如《史记·曹相国世家》所言,是在相府后院附近,"相舍后园近吏舍"③。相当于郡守官寺设于廷北之"后曹"④。诸曹在府中的位置不同,应与各自职能的影响差异有所关联。西曹、东曹管理的事务最为重要,前者负责相府掾吏的录用,后者主二千石长吏迁除及军吏,因此受到重视,距离阁前较近且奏事为便。秦汉以居西而东向为尊,故西曹地位又略高。如汉末毛玠任丞相府东曹掾,"请谒不行,时人惮之,咸欲省东曹。乃共白曰:'旧西曹为上,东曹为次,宜省东曹。'"⑤ 蜀汉的丞相府由于史料缺乏,诸曹的记载很少。关于西曹、东曹掾吏可以看到的有李邵,"先主定蜀后,为州书佐部从事。建兴元年,丞相亮辟为西曹掾。"⑥ 蒋琬,"先主为汉中王,琬入为尚书郎。建兴元年,丞相亮开府,辟琬为东曹掾。"⑦ 另外,姜维投蜀后,"(诸葛)亮辟维为仓曹掾,加奉义将军,封当阳亭侯。"⑧ 未知属

---

①《汉书》卷83《薛宣传》,第3390页。

②《后汉书·百官志一》,第3559页。

③《史记》卷54《曹相国世家》,第2030页。

④《后汉书·百官志五》注引《汉官解诂》载岁末县吏诣郡上计,"负多尤为殿者,于后曹别责,以纠怠慢也。"第3623

⑤《三国志》卷12《魏书·毛玠传》,第375页。

⑥《三国志》卷45《蜀书·杨戏传》附《季汉辅臣赞》,第1086页。

⑦《三国志》卷44《蜀书·蒋琬传》,第1057页。

⑧《三国志》卷44《蜀书·姜维传》,第1063页。

于何曹的吏员有令史,如董厥,"丞相亮时为(丞相)府令史,亮称之曰:'董令史,良士也。吾每与之言,思慎宜适。'"①掾、属,有马齐,"建兴中,从事丞相掾,迁广汉太守。"②姚伷,"建兴元年,为广汉太守。丞相亮北驻汉中,辟为掾。"③还有董恢,"(出使孙吴)还未满三日,辟为丞相府属,迁巴郡太守。"④

(七)记室

记室相当于后代的秘书档案部门,来往的公文、信件都要在那里存档保留,东汉公府有"记室令史主上章表报书记"⑤。官渡之战前,曹操部下多有和袁绍通信联络者,被他在战后搜寻敌人的记室时发现。"太祖北拒袁绍,时远近无不私遗笺记,通意于绍者。(赵)俨与领阳安太守李通同治,通亦欲遣使。俨为陈绍必败意,通乃止。及绍破走,太祖使人搜阅绍记室,惟不见通书疏,阴知俨必为之计,乃曰:'此必赵伯然也。'"⑥另外,记室官员也负责公文、信件的起草工作。"太祖并以(陈)琳、(阮)瑀为司空军谋祭酒,管记室,军国书檄,多琳、瑀所作也。"⑦蜀汉丞相府主管记室者有霍弋,"后主践阼,除谒者。丞相诸葛亮北驻汉中,请为记室,使与子乔共周旋游处。亮卒,为黄门侍郎。"⑧可见他在丞相府记室任职时间很长。

---

① 《三国志》卷35《蜀书·诸葛亮传》,第933页。
② 《三国志》卷45《蜀书·杨戏传》附《季汉辅臣赞》,第1087页。
③ 《三国志》卷45《蜀书·杨戏传》附《季汉辅臣赞》,第1087页。
④ 《三国志》卷39《蜀书·董允传》注引《襄阳记》,第987页。
⑤ 《后汉书·百官志一》,第3559页。
⑥ 《三国志》卷23《魏书·赵俨传》注引《魏略》,第669页。
⑦ 《三国志》卷21《魏书·王粲附陈琳、阮瑀传》,第600页。
⑧ 《三国志》卷41《蜀书·霍弋传》,第1007页。

（八）门下督

门下督是相府的卫队长，汉朝京师公卿与郡国守相均设有门下督一职，率领卫兵驻在官府门旁。曹操部下邢颙，"除行唐令，劝民农桑，风化大行。入为丞相门下督。"[①] 又有徐宣："太祖辟为司空掾属，除东缗、发干令，迁齐郡太守，入为门下督。"[②] 胡三省注此事曰："门下督，督将之居门下者。"[③] 由于此官职负有保障相府安危的重要责任，往往是由亲信出任。像孙策俘获太史慈，为了拉拢人心，"即署门下督，还吴授兵，拜折冲中郎将。"[④] 蜀汉马忠，曾受先主器重。"建兴元年，丞相（诸葛）亮开府，以（马）忠为门下督。三年，亮入南，拜忠牂牁太守。"[⑤]

六、蜀汉丞相府的"霸府"性质

魏晋南北朝时代的一个重要历史特点，就是经常出现皇权衰微与权臣执政的现象，以及与其相适应的"霸府（霸朝）"政体形态。例如建安时期曹操架空汉献帝与朝廷，独揽国政的统治模式，史家袁宏称之为"霸朝"[⑥]，胡三省称其为"霸府"[⑦]。目前史学界对"霸府"的性质与含义的认识基本上趋于一致，即认为霸府是权臣建立的控制皇帝与朝

---

① 《三国志》卷12《魏书·邢颙传》，第383页。
② 《三国志》卷22《魏书·徐宣传》，第645页。
③ 《资治通鉴》卷66汉献帝建安十六年三月胡三省注，第2106页。
④ 《三国志》卷49《吴书·太史慈传》，第1188页。
⑤ 《三国志》卷43《蜀书·马忠传》，第1048页。
⑥ 《晋书》卷92《袁宏传》："（荀）文若怀独见之照，而有救世之心，论时则人方涂炭，计能则莫出荀武，故委图霸朝，豫谋世事。"第2393页。
⑦ 《资治通鉴》卷74魏明帝景初二年末胡三省注："或曰赞，相也，凡出令使之赞相，因以为官名。盖魏武霸府所置也。"第2341页。

廷,作为国家实际权力中心的府署机构。它可以是丞相府,也可以是大将军府、大司马府、太尉府、骠骑将军府等各种非正式国家最高权力机关。霸府应该包括两方面的含义,一是宰相(或大将军、大司马等)和相府实际掌握最高权力,相权取代皇权。二是相府(或其他府署)的规模和组织系统相当庞大,有别于通常建制下的府署规模与组织系统,更像是个小朝廷①。魏晋南北朝的霸府通常以曹操的统治机构最为典型,从他在建安元年(196年)迁汉献帝于许都,建立司空府开始,到建安二十五年(220年)他以魏王身份去世,历时24年,可以根据其势力发展与统治形式的变化划分为三个阶段②,即(1)霸府发展时期,从公元196年到208年,曹操的司空府掌握实际权力,起初设在许都,与汉献帝及朝廷同城,中央政府在名义上设有三公中的司徒,不设太尉;曹操后来消灭河北袁氏,将司空府迁到邺城,与帝都分离;(2)霸府巩固时期,从公元208年到213年,曹操自命为丞相,废除旧有三公制度,并扩大了相府的规模,行使原来中央朝廷的职能。曹操不再返回许都,也不再朝见汉献帝;(3)霸府成熟时期,公元213年到220年,曹操封魏公受九锡,成立魏国,并在邺城修建社稷宗庙,置尚书、侍中、六卿及五曹,建立起中央政府机构,后又称王,采用近似皇帝的礼仪制度,准备完全取代汉献帝的朝廷。曹操开创了霸府政治的模式,为此后权臣篡夺政权提供了可以借鉴的范例。

　　蜀汉的丞相府共存在11年,其中前4年设在国都成都,诸葛亮南

---

① 参见陈长琦:《两晋南朝政治史稿》,河南大学出版社,1992年,第58页。柳春新:《曹操霸府述论》,《史学月刊》2002年第8期。陶贤都:《曹操霸府与曹丕代汉》,《唐都学刊》2005年第6期。

② 参见柳春新:《曹操霸府述论》,《史学月刊》2002年第8期。陶贤都:《曹操霸府与曹丕代汉》,《唐都学刊》2005年第6期。

征时派遣长史向朗、参军张裔留守,战事结束后即领兵返回。此后7年,诸葛亮率师北伐,丞相府常设于汉中,或随军开赴前线,成都设留守相府,由长史、(署府事)参军各一人主持。蜀汉丞相府的性质是个需要深入探讨的问题,诸葛亮的相府掌握国家的最高军事权力,又控制着中央和益州地方的行政权力,说它属于军府应该没有什么疑问。但是蜀汉的丞相府是否也属于"霸府"?学界尚未有人提出或讨论这个问题。因为前述霸府往往是由奸臣创立并主持的,这与孔明传统的忠臣形象不相符合。但如果用"霸府"概念的含义来衡量,"霸府,也叫霸朝,是权臣建立的控制皇帝和朝廷、作为国家实际权力中心的府署机构。"[1] 那么诸葛亮的丞相府在许多方面是基本吻合的(详见下文)。另外,传统意见认为诸葛亮是忠臣乃至"纯臣",而近年来学术界从他大权独揽的地位出发,有越来越多的人认为孔明是权臣[2]。笔者认为,诸葛亮的形象在后代受到人为的拔高,对他的评价多有溢美之辞。从当时的有关记载来看,诸葛亮无论在成都还是北驻汉中期间,都牢固地掌控着蜀汉政权,其身份地位高于普通的丞相,并对后主刘禅实行严密的监视与限制,因此称他为权臣并不过分。另外,权臣也有忠臣,像周公、霍光,说诸葛亮是权臣并不意味着他是奸臣。以下进行详述。

(一)独持国柄,代行君事

诸葛亮在成都时,以"相父"之尊处理朝政,"事无巨细,亮皆专

---

① 陶贤都:《魏晋南北朝霸府与霸府政治研究》,湖南人民出版社,2007年,第5页。
② 参见朱子彦:《诸葛亮忠于蜀汉说再认识》,《文史哲》2004年第5期;把梦阳:《"白帝托孤"与诸葛亮权臣之路》,《许昌学院学报》2017年第3期;陈小赤:《诸葛亮与蜀汉政权的关系及其忠臣与权臣的思考》,《陕西理工大学学报(社会科学版)》2017年第3期。江建忠:《中国古代的权臣》,上海古籍出版社,2007年。

之"①,与周公摄政相仿佛。邓芝出使吴国时,也曾对孙权说:"吴、蜀二国四州之地,大王命世之英,诸葛亮亦一时之杰也。"②是把这两个人作为国家首脑来相提并论。诸葛亮担任丞相、开府治事后曾经自称为"孤",这是值得注意的现象。如谯周身高八尺,被人戏称为"长儿"③。《蜀记》曰:"(谯)周初见(诸葛)亮,左右皆笑。既出,有司请推笑者,亮曰:'孤尚不能忍,况左右乎!'"④古代诸侯割据时自称为"孤",如田横谓其客曰:"横始与汉王俱南面称孤,今汉王为天子,而横乃为亡虏而北面事之,其耻固已甚矣。"⑤汉末三国时期,割据一方的军阀如曹操、刘备、孙权皆自称为"孤"。如曹操曰:"设使国家无有孤,不知当几人称帝,几人称王。"⑥孙权谓周瑜曰:"今数雄已灭,惟孤尚存,孤与老贼,势不两立。"⑦刘备对庞统说:"孤以仲谋所防在北,当赖孤为援,故决意不疑。"⑧诸葛亮此时对刘禅称臣,对其他臣民却自称"孤",可见他当时的身份已经不是普通大臣,而是一人之下、万人之上的权臣了。

诸葛亮领兵北伐的那七年,主要在前线处置军务,没有回过成都,后方相府的日常政务由留府长史与参军处理,但国内与国际间的重大事项,仍然是要禀报他来作决断。设在成都的朝廷与留守相府通过驿传和汉中的随军相府保持着紧密的联系,来往沟通讯息,并能及时地传达诸葛亮的指示。例如建兴六年(228年)街亭之役失败后,孔明秣

①《三国志》卷35《蜀书·诸葛亮传》,第930页。
②《三国志》卷45《蜀书·邓芝传》,第1071—1072页。
③《三国志》卷45《蜀书·杨戏传》,第1078页。
④《三国志》卷42《蜀书·谯周传》注引《蜀记》,第1027页。
⑤《史记》卷94《田儋列传》,第2648页。
⑥《三国志》卷1《魏书·武帝纪》注引《魏武故事》,第33页。
⑦《三国志》卷54《吴书·周瑜传》,第1262页。
⑧《三国志》卷37《蜀书·庞统传》注引《江表传》,第955页。

马厉兵,准备再战,可是朝内官员对此颇有非议,不主张再次北伐。如诸葛亮所言:"臣非不自惜也,顾王业不得偏全于蜀都,故冒危难以奉先帝之遗意也,而议者谓为非计。"[1]那些大臣的反对意见传到汉中后,诸葛亮专门给朝廷写了《后出师表》来进行批驳,维持了以往的作战方针,从而继续进行他的北伐事业。建兴七年(229年)孙权称帝,遣使告知蜀汉,成都朝廷的百官对此坚决反对,并提出要与东吴绝交,废除盟约。"议者咸以为交之无益,而名体弗顺,宜显明正义,绝其盟好。"[2]由于朝内群情激奋,留府长史、参军对此不好处理,只得传报汉中丞相府。诸葛亮又作了详细的指示,说明与吴国结盟抗魏的好处。"若就其不动而睦于我,我之北伐,无东顾之忧,河南之众不得尽西,此之为利,亦已深矣。(孙)权僭之罪,未宜明也。"[3]他决定派遣卫尉陈震赴东吴祝贺,并重新订立对曹魏的作战盟约。"孙权与(陈)震升坛歃盟,交分天下:以徐、豫、幽、青属吴,并、凉、冀、兖属蜀,其司州之土,以函谷关为界。"[4]由此可见诸葛亮虽然身处边陲,但仍与后方保持着密切的联络,并能够有力地贯彻自己的政治意图,使朝廷与百官服从。

三国时曹操在担任丞相之后曾进爵魏公,受"九锡"。《礼含文嘉》曰:"九锡谓一曰车马,二曰衣服,三曰乐器,四曰朱户,五曰纳陛,六曰虎贲士百人,七曰斧钺,八曰弓矢,九曰秬鬯。"[5]这是位极人臣,比拟周公的礼器。孙权诈降曹魏后,曹丕"使太常邢贞持节拜权为大将军,封

[1]《三国志》卷35《蜀书·诸葛亮传》注引《汉晋春秋》,第923页。
[2]《三国志》卷35《蜀书·诸葛亮传》注引《汉晋春秋》,第924页。
[3]《三国志》卷35《蜀书·诸葛亮传》注引《汉晋春秋》,第925页。
[4]《三国志》卷39《蜀书·陈震传》,第985页。
[5]《后汉书》卷9《献帝纪》建安十八年注引《礼含文嘉》,第387页。

吴王,加九锡"①。如刘晔所言,受九锡、称王,在礼仪服饰上距离天子也就是一步之遥了。"夫王位,去天子一阶耳,其礼秩服御相乱也。"②自王莽代汉以来,权臣篡夺帝位,改朝换代,往往是从受九锡、封王开始,然后循序渐进,再登上皇帝的宝座。而诸葛亮驻扎汉中以后,李严曾给他去信:"劝亮宜受九锡,进爵称王。"③可见孔明当时的权势之盛。李严是蜀汉的托孤重臣,应该忠心辅佐后主刘禅,为什么要劝诸葛亮进九锡、称王呢?朱子彦认为他在试探诸葛亮是否将走王莽、曹操的道路,准备取代刘氏而夺取帝位。"按理来说,作为托孤重臣的诸葛亮对此应该表示极大的愤慨,除严厉斥责李严外,也应郑重表明自己一心事主、效忠汉室的心迹。"④但诸葛亮没有那样做,他虽然拒绝了李严的建议,但解释其原因说是由于功业未立,如果消灭了曹魏,进据中原,那么就是"十锡"也可以接受。"今讨贼未效,知己未答,而方宠齐、晋,坐自贵大,非其义也。若灭魏斩睿,帝还故居,与诸子并升,虽十命可受,况于九邪!"⑤由此可以看出,孔明的志向甚至不止于称王受九锡,只不过他认为尚未具备必要的条件,时机不到而已。

(二)任命亲信,监控后主

诸葛亮远赴汉中前,对后方的事务作了妥善安排,其重点一是"府中",即处理国内庶务的留守相府;二是"宫中",即刘禅居住的皇宫,对后主进行保护与监控。如前所述,成都的留守相府由长史张裔、参军蒋

①《三国志》卷2《魏书·文帝纪》黄初二年八月丁巳,第78页。
②《三国志》卷14《魏书·刘晔传》注引《傅子》,第447页。
③《三国志》卷40《蜀书·李严传》注引《诸葛亮集》,第999页。
④朱子彦:《诸葛亮忠于蜀汉说再认识》,《文史哲》2004年第5期。
⑤《三国志》卷40《蜀书·李严传》注引《诸葛亮集》,第999页。

琬署理,宫中事务则委派董允等数位官员负责。诸葛亮在《前出师表》中对刘禅进行了详尽的告诫,若有事情要办,无论大小都要先向那几位监护者咨询,获得同意后方可去做。"侍中、侍郎郭攸之、费祎、董允等,此皆良实,志虑忠纯,是以先帝简拔以遗陛下。愚以为宫中之事,事无大小,悉以咨之,然后施行,必能裨补阙漏,有所广益。"[①] 主持宫中事务和保卫工作的官员是董允,他的父亲董和早年曾与诸葛亮共同署理左将军府和大司马府。董允原任黄门侍郎。"丞相亮将北征,住汉中,虑后主富于春秋,朱紫难别,以允秉心公亮,欲任以宫省之事。"后来费祎迁为参军,北赴前线。"(董)允迁为侍中,领虎贲中郎将,统宿卫亲兵。(郭)攸之性素和顺,备员而已。献纳之任,允皆专之矣。"[②] 诸葛亮临行前给董允等人下了命令,若不尽职就要被定为死罪。"若无兴德之言,则戮允等以彰其慢。"[③] 因此董允对宫内事务的管理非常严格,丝毫不敢放纵刘禅,就连扩充后宫嫔妃采女之事也予以否决,使刘禅心怀忌惮,不敢妄为。"允处事为防制,甚尽匡救之理。后主常欲采择以充后宫,允以为古者天子后妃之数不过十二,今嫔嫱已具,不宜增益,终执不听。后主益严惮之。"[④]

　　成都地区的军队由向宠负责,他是随军相府长史向朗的侄子,"先主时为牙门将,秭归之败,宠营特完。建兴元年封都亭侯,后为中部督,典宿卫兵。"[⑤] 诸葛亮临行时嘱托刘禅,京师的军务都要找向宠咨询。"将军向宠,性行淑均,晓畅军事,试用于昔日,先帝称之曰能,是

① 《三国志》卷35《蜀书·诸葛亮传》,第919页。
② 《三国志》卷39《蜀书·董允传》,第985—986页。
③ 《三国志》卷39《蜀书·董允传》,第985页。
④ 《三国志》卷39《蜀书·董允传》,第986页。
⑤ 《三国志》卷41《蜀书·向朗传》,第1011页。

以众议举宠为督。愚以为营中之事，悉以咨之，必能使行陈和睦，优劣得所。"① 此外，还有取代李严出任尚书令的陈震，负责传递让刘禅阅览和签署的文书，地位也很重要。诸葛亮提醒刘禅要特别亲近与信从董允、陈震、张裔、蒋琬这四个人，"侍中、尚书、长史、参军，此悉贞良死节之臣，愿陛下亲之信之，则汉室之隆，可计日而待也。"② 以上情况反映，诸葛亮尽管远离后方，但是在留守相府与皇宫内外安排了多位可靠的代理人，依赖他们来处置国内的军政事务，并对刘禅的各种活动作了周密安排与严格限制，使他既不能够插手政务，也无法恣意享乐，挥霍无度，借以保障后方局势的稳定。

曹操将司空府和丞相府设在邺城后，在许都亦设有相府的留守官员，由丞相长史领兵监控皇帝与百官。"魏王操使丞相长史王必典兵督许中事。时关羽强盛，京兆金祎睹汉祚将移，乃与少府耿纪、司直韦晃、太医令吉本、本子邈、邈弟穆等谋杀必，挟天子以攻魏，南引关羽为援。"胡三省注："魏王操犹领汉丞相而居邺，故以必为长史典兵督许。"又云："司直，即丞相司直。"③ 和曹操霸府不同的是，蜀汉成都留守相府仍主管国内政务，监控后主的任务主要由侍中董允等人负责。而曹操则在邺城相府处置天下军政事务，许都的相府官员不理政务，像"典兵督许中"的丞相长史王必平时住在军营里，属官有武将帐下督④。

---

①《三国志》卷35《蜀书·诸葛亮传》，第919—920页。

②《三国志》卷35《蜀书·诸葛亮传》，第920页。

③《资治通鉴》卷68汉献帝建安二十二年，第2154页。

④《三国志》卷1《魏书·武帝纪》："(建安)二十三年春正月，汉太医令吉本与少府耿纪、司直韦晃等反，攻许，烧丞相长史王必营。"注引《三辅决录注》曰："(王)必欲投(金)祎，其帐下督谓必曰：'今日事竟知谁门而投人乎？'扶必奔南城。会天明，必犹在，文然等众散，故败。"第50页。

（三）拥兵在外，不肯朝见皇帝

诸葛亮在建兴五年（227年）春率领大军北赴汉中，军队总数约有八万到十万之间（前文已述），占据蜀汉全国兵力大半。从此时到他在建兴十二年（234年）病逝五丈原，其间整整七年都没有回到成都去朝见后主。如果说是因为战事繁忙的话，那么建兴九年（231年）他从祁山回师后，到建兴十二年（234）兵出斜谷，有三年时间没有作战，在此其间孔明也没有回过蜀中。就连诸葛亮去世时也留下遗嘱，把尸体埋在定军山，不愿归葬成都。"亮遗命葬汉中定军山，因山为坟，冢足容棺，敛以时服，不须器物。"[1] 这就令人感觉很反常了。据陈寿所言，"当此之时，亮之素志，进欲龙骧虎视，苞括四海，退欲跨陵边疆，震荡宇内。"[2] 说明当时他的志向是久驻汉中，伺机伐魏，并未想回到成都去安度晚年。他的这种做法，并不合乎传统的封建礼制，因而后来受到某些蜀汉大臣的责难。如诸葛亮死后，李邈上书曰："亮身杖强兵，狼顾虎视，五大不在边，臣常危之。"[3] 笔者按："五大不在边"，典出《左传·昭公十一年》，孔颖达疏引贾逵云："五大谓大（太）子、母弟、贵宠公子、公孙、累世正卿也。"[4] 是说这几种人权势过盛，长期居边则容易反叛朝廷，因此李邈说他常常为此替朝廷担心。诸葛亮领兵在外、久不朝见，这一点也与曹操类似。曹操在建安九年（204年）攻占冀州后，就把他的司空府即后来的丞相府设置在邺城，此后直到他在建安二十五年（220年）去世，再也没有回到许都去朝见汉献帝。建安二年（197年）初，曹操曾经面见献帝，留下了紧张

①《三国志》卷35《蜀书·诸葛亮传》，第927页。
②《三国志》卷35《蜀书·诸葛亮传》，第930页。
③《三国志》卷45《蜀书·杨戏传》注引《华阳国志》，第1086页。
④（清）阮元校刻：《十三经注疏》，中华书局，1980年，2061页。

恐惧的印象,结果是他从此不再入宫见君。"旧制,三公领兵入见,皆交
戟叉颈而前。初,公将讨张绣,入觐天子,时始复此制。公自此不复朝
见。"① 曹操"名为汉相,实为汉贼",与献帝及朝廷百官的矛盾很深,随时
会爆发尖锐的冲突。如果曹操住在许都或是前去朝见,很可能遭到献帝
及其党羽的暗杀或逮捕,为了保护自己的人身安全,曹操平时住在他的
封国都城邺城中,不与傀儡献帝会面。

　　刘禅对诸葛亮虽然言听计从,但两人的关系并非是君臣和睦、亲
密无间。例如诸葛亮死后各地请求为其立庙祭祀,按照他对蜀汉国家
的贡献与声望影响,以及刘禅曾受先主"父事丞相"的遗嘱,本来这是
顺理成章的事情,但出人意料地遭到朝廷拒绝。"百姓遂因时节私祭之
于道陌上。言事者或以为可听立庙于成都者,后主不从。"② 后来屡经
大臣们的请求,才勉强答应在汉中为他立庙。"景耀六年春,诏为亮立
庙于沔阳。"③ 此时距离诸葛亮逝世已有 29 年之遥了。学界认为此事
表明刘禅对孔明具有猜忌和怨恨,是借立庙之事来发泄不满④。诸葛亮
死后,刘禅废除了丞相制度,任命蒋琬为尚书令、大将军,后又任命费
祎为尚书令、大将军,蒋琬为大司马。"琬卒,禅乃自摄国事。"⑤ 柳玉东
评论:"这表明在刘禅心目中,绝不允许再出现第二个诸葛亮,以免再
次出现大权旁落的危机。"⑥ 由此可见,诸葛亮在汉中多年不回朝面君,

---

① 《三国志》卷 1《魏书·武帝纪》建安二年正月注引《世语》,第 15 页。
② 《三国志》卷 35《蜀书·诸葛亮传》注引《襄阳记》,第 928 页。
③ 《三国志》卷 35《蜀书·诸葛亮传》,第 928 页。
④ 参见朱子彦:《诸葛亮忠于蜀汉说再认识》,《文史哲》2004 年第 5 期;罗开玉、谢晖:《三国蜀
　　后主刘禅新论》,《成都大学学报(社会科学版)》2009 年第 6 期;柳玉东:《从朝议立庙看诸葛
　　亮与后主刘禅的君臣关系及其成因》,《南都学坛》2015 年第 5 期。
⑤ 《三国志》卷 33《蜀书·后主传》注引《魏略》,第 898 页。
⑥ 柳玉东:《从朝议立庙看诸葛亮与后主刘禅的君臣关系及其成因》,《南都学坛》2015 年第 5 期。

是有一定原因和理由的。

（四）子息随军，不留在成都

三国时期，为了防止前线将士叛逃，他们的家属往往被扣押在后方做人质，称作"质任"。而诸葛亮似乎对刘禅有所防备，为了避免后方发生政变，亲属被扣押做人质，孔明把子息带到了汉中，留在自己身边。诸葛亮入川后在成都置有家产，他曾向后主上表曰："成都有桑八百株，薄田十五顷，子弟衣食，自有余饶。"①但是诸葛亮在建兴五年（227年）北赴汉中，养子诸葛乔也随军前往。其本传曰："初，（诸葛）亮未有子，求乔为嗣，（诸葛）瑾启孙权遣乔来西，亮以乔为己适子，故易其字焉。拜为驸马都尉，随亮至汉中。年二十五，建兴六年卒。"②他生前在前线担任运输工作，诸葛亮与兄瑾书曰："乔本当还成都，今诸将子弟皆得传运，思惟宜同荣辱。今使乔督五六百兵，与诸子弟传于谷中。"③他惟一的亲生儿子诸葛瞻出生很晚，"建兴十二年，亮出武功，与兄瑾书曰：'瞻今已八岁，聪慧可爱，嫌其早成，恐不为重器耳。'"④古人虚岁，诸葛瞻应是生于建兴五年（227年），按照常理应是留在成都家中。但是诸葛亮自建兴五年离家再未返回四川，如果诸葛瞻在成都，诸葛亮走后就终身不得相见，其发育情况只能是听别人称赞才能得知，那么他给诸葛瑾的信中就会写到是听某某言传诸葛瞻如何聪慧，就像刘备临终前称赞刘禅那样说，"射君到，说丞相叹卿智量，甚大增修，过于所望，审能如此，吾复何忧！"⑤

①《三国志》卷35《蜀书·诸葛亮传》，第927页。
②《三国志》卷35《蜀书·诸葛亮传》，第931页。
③《三国志》卷35《蜀书·诸葛亮传》裴松之注，第932页。
④《三国志》卷35《蜀书·诸葛亮传》，第932页。
⑤《三国志》卷32《蜀书·先主传》注引《诸葛亮集》，第891页。

但诸葛亮不是那样讲,而是直接说幼子"聪慧可爱",按此判断应是亲眼得见,表明小儿在其身旁近侧。另外,诸葛亮死后,魏延不愿撤兵,他对费祎说:"丞相虽亡,吾自见在。府亲官属便可将丧还葬,吾自当率诸军击贼。"[1] 句中提到的"府亲官属"可以理解为丞相府内的家小亲戚与相府官吏,所以笔者推测,诸葛瞻很可能也是在汉中相府之内,或随同诸葛亮的大军在前线,而不是在成都家中。按照李邈的说法,诸葛亮拥兵久居边境,很可能遭到朝廷的猜疑而祸及宗族,只是由于他的夭亡才避免了悲剧发生。"今亮殒殁,盖宗族得全,西戎静息,大小为庆。"[2] 所以诸葛亮让直系亲属随军在外恐怕是有深刻原因的,他一生谨慎,自然会为儿子的安全考虑周详,而不冒任何风险。

诸葛亮的上述做法也与曹操有类似之处。曹操在早年作战时,几个儿子都带在身边,教以骑射之术,并没有留在许都;其目的也是怕后方局势不稳而发生叛乱,子嗣被敌人杀害,或是被捕获当作人质,会被用来要挟自己。如曹丕《典论·自叙》所言:"余时年五岁,上以世方抚乱,教余学射;六岁而知射,又教余骑马,八岁而能骑射矣。以时之多故,每征,余常从。建安初,上南征荆州,至宛,张绣降。旬日而反,亡兄孝廉子修、从兄安民遇害。时余年十岁,乘马得脱。"[3] 直到曹操占据冀州,有了可靠的根据地之后,才让家小留在邺城。

上述种种迹象表明,蜀汉丞相府与曹操霸府的第一阶段及第二阶段的某些特点有许多类似之处,例如相府不设在都城,都城只设置留守相府;丞相对国君称臣,对其他人称"孤",不到都城去朝见国君,利

---

① 《三国志》卷 40《蜀书·魏延传》,第 1003 页。
② 《三国志》卷 45《蜀书·杨戏传》注引《华阳国志》,第 1086 页。
③ 《三国志》卷 2《魏书·文帝纪》注引《典论·自叙》,第 89 页。

用遥控的手段操纵朝廷,控制皇帝,国家的实际权力中心不在都城而在外地的丞相府,因此称其为"霸府"应该是合理的。但是前者又保留了某些自己的特点,例如留守相府处置国内庶务,另有官员负责监控皇帝,其专权的程度亦不及曹操相府。

刘禅是个十足的傀儡,蜀汉由诸葛亮总揽大权,事无巨细都要由相府处理。诸葛亮架空刘禅,包揽国政,称他是权臣应当是合理的。不过诸葛亮仍属于周公、霍光之类专权的忠臣,他对蜀汉政权尚无明显的篡逆之心,基本上恪守臣道,对刘禅以礼相待,与虐待献帝,残杀董妃、伏皇后及其二子的曹操有根本的区别。《袁子》说他"摄一国之政,事凡庸之君,专权而不失礼,行君事而国人不疑"[1]。即称孔明是执行国君的使命,虽然专断独行,但没有篡位的野心。从史书记载来看,当时蜀汉与邻国都没有人怀疑他要谋逆。蜀汉批评诸葛亮最严厉的李邈,上奏"亮身杖强兵,狼顾虎视,五大不在边,臣常危之"[2]。也只是讲他对刘禅的统治构成威胁与隐患,并未说他企图篡国称帝。就连这些话,后主也认为李邈说的太过分,将其下狱处死。

三国割据政权的建立发展途径最初是两种模式,第一种是曹魏的建国模式,曹操的霸府与汉献帝朝廷并存二十余年,他的霸府经历了发展、巩固、成熟三个阶段,然后取代汉室。第二种是孙吴、蜀汉的建国模式,它们由地方军府(包含州府)扩张领土后逐渐演变为割据政权。但是蜀汉政治形态在刘备病逝、诸葛亮开府后发生变化,丞相府成为最高军政中心,它与徒具虚名的皇帝、朝廷形成了所谓"二元权力架

---

[1]《三国志》卷35《蜀书·诸葛亮传》注引《袁子》,第934页。
[2]《三国志》卷45《蜀书·杨戏传》注引《华阳国志》,第1086页。

构",丞相府相当于霸府,并演变到它的第一阶段(发展时期)与第二阶段(巩固时期)之间,具备了它们的某些特点。诸葛亮的相府之所以没能进入霸府的第三个阶段(成熟时期),即受九锡、称王建国,是由于种种客观因素的限制。例如诸葛亮未能长寿,其战功与威望、权势远不及曹操,儿子诸葛瞻年龄太小,刘禅在朝内还有一定的支持势力等等,所以没有按照前述曹魏的建国模式发展下去。随着诸葛亮的病逝,丞相府在霸府演变过程中半途夭折。诸葛亮死后,刘禅废除了丞相制度,不再设立丞相府,先后任命蒋琬、费祎二人前后担任尚书令、大将军,国家的最高军政中心又回到了受制于皇帝的尚书台,即刘备称帝后的那种政治体制。

三国蜀魏战争中的武都

汉末三国时期,偏处西隅的武都郡成为蜀魏双方往来征伐的热点区域。其地先属曹魏,后主建兴七年(229年),丞相诸葛亮遣陈式攻取武都、阴平,遂归蜀汉。"魏将夏侯渊、张郃、徐晃征伐常由此郡;而蜀丞相亮及魏延、姜维等多从此出秦川。"[①]景元四年(263年)魏国灭蜀之役,雍州刺史诸葛绪率偏师三万自祁山南下,穿越武都郡境后攻取阴平桥头,由此打开了蜀汉的国门。武都在魏晋时代的历史上具有重要的影响,如顾祖禹所言:"诸葛武侯图兼关、陇,先取武都,为北伐之道。晋之衰也,仇池氏杨氏窃据武都,北侵陇西、天水,南扰汉中,纵横且百余年。盖虽僻在西陲,而控扼喉要,用之得其道,未始不可以有为也。"[②]学界对于武都郡的军事地位与作用罕有探讨,故撰此文以求指正。

一、武都郡的设置由来

据《汉书·地理志下》记载,武都郡最初是汉武帝在元鼎六年(前

---

①(晋)常璩撰,刘琳校注:《华阳国志校注》,巴蜀书社,1984年,第157页。
②(清)顾祖禹:《读史方舆纪要》卷59《陕西八·阶州》,2848页。

111 年）设立的，下设九县（道），为武都（即郡治）、上禄、故道、河池、沮县与平乐道、嘉陵道、循成道、下辨道，班固云："（县）有蛮夷曰道。"① 其中的循成道，《华阳国志》卷 2《汉中志》作"修成县"；《汉书补注》引王念孙曰："循，当为修，隶书循、修二字相似，传写易讹。《魏志》《隋志》《漾水注》并作修城。"②《续汉书·郡国志五》载东汉武都郡裁撤平乐道、嘉陵道、循成道 ③，又从陇西郡割取了羌道，故其郡境有所增加，共有七县（道），为郡治下辨（治今甘肃成县西抛沙镇）、武都道（治今甘肃西和县西南）、上禄（治今甘肃西和县东）、故道（治今甘肃两当县杨村镇）、河池（治今甘肃徽县西北）、沮县（治今陕西略阳县东南）、羌道（治今甘肃舟曲县北）。谢钟英考证蜀汉武都郡境曰："汉置，东界汉中，西界阴平，南界梓潼，北与魏接。有今陕西汉中府之略阳、凤（县），甘肃阶州之成（县），秦州之两当、徽（县）。"④ 即今甘肃陇南市所辖成县、宕昌、康县、西和、两当、徽县与武都区，以及甘南藏族自治州的迭部、舟曲二县，陕西省南部的略阳和凤县部分区域。

　　武都地区在周秦两汉时期主要为氐、羌少数民族居住，大抵氐族居其东部，羌族在其西部。《太平寰宇记》言成州是古西夷之地，至战国"戎、羌、氐居之，后为白马氐国。又按《史记·西南夷传》云：'自筰以东北，君长以什数，冉駹最大。在蜀之西，自冉駹以东北，君长以什数，白马最大，皆氐类。'今州南八十里有山曰仇池，其地险固，即白马

---

① 《汉书》卷 19 上《百官公卿表上》，第 742 页。

② （清）王先谦撰：《汉书补注》卷 28 下《地理志下》，中华书局，1983 年，第 792 页。

③ 李晓杰《东汉政区地理》指出："平乐道等三县，位于武都郡南境，成一线排列。三县当于永和五年前废弃。三县皆称道，当是治理少数民族之区域，盖东汉初年所附参狼羌反，三县已无设置之必要，故废。"山东教育出版社，1999 年，第 195 页。

④ （清）谢钟英：《三国疆域表》，《二十五史补编·三国志补编》，北京图书馆出版社，2005 年，第409 页。

氏之处……秦逐西戎,遂统有其地,昭王二十八年置陇西郡"[1]。据周振鹤考证,秦汉之际的下辨道、武都道属于陇西郡,而当时的故道县,"疑秦时属内史,项羽封十八诸侯时,以属雍王章邯。"[2] 至汉武帝征服西南夷,当地的氏、羌遭受驱逐,被强迫迁徙到陇东、陇西一带。"自汉开益州,置武都郡,排其种人,分窜山谷间,或在福禄,或在汧、陇左右。"[3]《华阳国志》亦载武都地势险阻,当地的氏、羌经常发动叛乱。"汉世数征讨之。分徙其羌远至酒泉、敦煌,其攻战垒戍处所亦多。"[4] 例如武帝元封三年(前 108 年)七月,"武都氏人反,分徙酒泉郡。"[5] 光武帝建武十一年(35 年)十月:"马成平武都,因陇西太守马援击破先零羌,徙致天水、陇西、扶风。"[6] 又安帝时邓太后任命虞诩为武都太守,赴郡平定羌乱。"大破之,斩获甚众,贼由是败散,南入益州。"[7] 东汉时期武都地区的羌乱屡屡爆发,朝廷多次派兵镇压,但经久不绝。

二、武都郡的地理环境与水陆交通

武都郡所在的陇南山地,属于秦巴山地、陇中黄土高原与青藏高原三大区域延伸交汇的结合地带。西秦岭分为南北两条支脉,伸入武都地区,其北脉所在今宕昌、西和县境,为浅丘陵黄土梁峁地形,地势

---

①(宋)乐史撰,王文楚等点校:《太平寰宇记》卷 150《陇右道一·成州》,中华书局,2007 年,第 2905 页。

②周振鹤:《西汉政区地理》,人民出版社,1987 年,第 149 页。

③《三国志》卷 30《魏书·乌丸鲜卑东夷传》注引《魏略·西戎传》,第 858 页。

④(晋)常璩撰,刘琳校注:《华阳国志校注》,第 155 页。

⑤《汉书》卷 6《武帝纪》,第 194 页。

⑥《后汉书》卷 1 下《光武帝纪下》,第 58 页。

⑦《后汉书》卷 58《虞诩传》,第 1869 页。

较为平缓。发源于嶓冢山(今天水市东南齐寿山)西汉水,向西南流入武都郡境内,经过今西和、成县、康县,上游河谷开阔,有西礼盆地等山间小平原与浅山可供耕种,深山则有茂密的森林。其南脉与迭岷山地的东延部分交汇,在今武都区与康县一带,山势较高,沟壑纵横,土地相当分散,但有大面积的草地,峡谷内又多有狭窄的冲积平原,面积最大的武都平原,绵长近50公里,宽不过1公里,可用于垦殖。东部的徽成盆地包括今两当、徽县、成县,介于南北秦岭支脉中间,长100余公里,宽10余公里,川坝地散布于山丘之间,土厚水丰,利于农垦业的发展。由于武都地区纬度较低,加上海拔高度与其他自然因素的影响,当地大部分区域属于暖温带与北亚热带范围,气候温暖湿润,降水量多,水热条件好,有利于农作物和林草的生长,并适宜于畜牧业的开展,因此当地在新石器时代就有了人类活动的遗迹,有仰韶文化、齐家文化和寺洼文化等类型,出土了彩、灰、红陶器皿的残片与石斧、石刀等用具[①]。汉魏六朝时期,武都地区的氐族即利用丰富资源从事多种经济活动。范晔称武都郡,“土地险阻,有麻田,出名马、牛、羊、漆、蜜。”[②]《魏略·西戎传》载氐族“俗能织布,善田种,畜养豕牛马驴骡”[③]。《梁书》则记述武都地区的氐族,“地植九谷。婚姻备六礼。知书疏。种桑麻。出䌷、绢、精布、漆、蜡、椒等。山出铜铁。”[④]建安二十一年(216年),夏侯渊“还击武都氐羌下辩,收氐谷十余万斛”[⑤]。可见那里垦殖的发达。当地最著名的农业区域,是位于汉武都县境的“瞿堆”,即仇池山,在今

---

① 参见甘肃省武都地区文化教育局编:《武都地区文物概况》,西安市第三印刷厂,1982年,第1页。
② 《后汉书》卷86《西南夷传·白马氏》,第2859页。
③ 《三国志》卷30《魏书·乌丸鲜卑东夷传》注引《魏略·西戎传》,第858页。
④ 《梁书》卷54《诸夷传·武兴国》,中华书局,1973年,第817页。
⑤ 《三国志》卷9《魏书·夏侯渊传》,第272页。

西和县城南 60 余公里的大桥乡。《华阳国志》称武都县"有瞿堆百顷险势,氐僇常依之为叛"①。是说仇池山上的小平原有百顷良田,地势险峻。《水经注·漾水》曰:"汉水又东南径瞿堆西,又屈径瞿堆南,绝壁峭峙,孤险云高,望之形若覆壶。高平地方二十余里,羊肠蟠道三十六回,《开山图》谓之仇夷,所谓积石嵯峨,嵚岑隐阿,者也。上有平田百顷,煮土成盐,因以百顷为号。"②据郦道元所言,仇池山上水源丰富,有百顷池泽,古人云水聚处为"都",而这就是"武都"名称的来历。"山上丰水泉,所谓清泉涌沸,润气上流者也。汉武帝元鼎六年开,以为武都郡,天池大泽在西,故以都为目矣。……常璩、范晔云,郡居河池,一名仇池,地方百顷,即指此也。"杨守敬疏:"《禹贡》,大野既猪,彭蠡既猪,荥波既猪,《史记·夏本纪》并作都。《广雅·释诂》,都,聚也。"③《汉书·地理志下》班固自注曰:"天池大泽在县西。"颜师古注:"以有天池大泽,故谓之都。"④关于武都县之天池,杨守敬等以为就是瞿堆上的仇池,但周宏伟认为是面积远超仇池的大型湖泊,后来逐渐消失⑤。

　　武都地区之所以受到兵家的重视,是由于它处于陇右、关中、汉中、川蜀等几个经济区域之间,道路四通八达,属于《孙子兵法》所称的"衢地"。顾祖禹曾谓当地"控扼噤要",说它"接壤羌、戎,通道陇、蜀,山川险阻,自古为用武之地"⑥。《华阳国志》则称武都郡"东接汉中,南接梓潼,北接天水,西接阴平"⑦。该郡境内的水陆干道分布如下:

---

①(晋)常璩撰,刘琳校注:《华阳国志校注》,第 155 页。
②(北魏)郦道元注,(民国)杨守敬、熊会贞疏:《水经注疏》卷 20《漾水》,第 1694—1695 页。
③(北魏)郦道元注,(民国)杨守敬、熊会贞疏:《水经注疏》卷 20《漾水》,第 1695—1696 页。
④《汉书》卷 28 下《地理志下》,第 1609 页。
⑤参见周宏伟:《汉初武都大地震与汉水上游的水系变迁》,载《历史研究》2010 年第 4 期。
⑥(清)顾祖禹:《读史方舆纪要》卷 59《陕西八·阶州》,2848 页。
⑦(晋)常璩撰,刘琳校注:《华阳国志校注》,第 155 页。

（一）祁山道

武都境内沟通陇、蜀两地的重要道路,目前学术界将祁山道分为三段,北段是从上邽(今甘肃天水市)西南行,经铁堂峡支道或木门支道过礼县以东的盐官镇、祁山堡,抵达长道镇,另有偏西的阳溪支道可供通行[①]。中段和南段处在武都郡境,其交汇处位于汉魏武都郡治下辨(今甘肃成县西抛沙镇)。中段是由下辨(笔者按:史书或作"下辩")西北行,过纸坊镇、西高山、石峡镇,经青羊峡到达汉武都道(今甘肃西和县西南),然后北过石堡、祁家峡(古称寒峡),顺漾水河北上,再渡西汉水可达长道镇、祁山堡[②],这就是诸葛亮兵出祁山的行军路线。另外,蜀军的北伐还可以利用舟船,从武兴(今陕西略阳县)溯西汉水而行,到达祁山前线[③]。如诸葛亮二出祁山、与司马懿对峙时,负责后勤补给的李平"恐漕运不给,书白亮宜振旅"[④],致使无功而还。魏将邓艾分析姜维进军时曾说:"彼以船行,吾以陆军,劳逸不同。"[⑤]胡三省曰:"言蜀船自涪成白水,可以上沮水,由沮水入武都下辨,自此而西北,水路渐峻狭,小舟犹可入也,魏军度陇而西,皆陆行。"[⑥]祁山道的南段,也称作"覆津道",由于经过唐代覆津县城而得名,是从下辨西行,经过今小川镇,渡过西汉水后西南经其支流平洛河、白龙江支流北峪河到达武街(或称"武阶",在今甘

① 参见苏海洋《祁山古道北段研究》,《三门峡职业技术学院学报》2009年第4期。

② 参见苏海洋《祁山古道中段研究》,《西北工业大学学报(社会科学版)》2010年第1期。

③ 高天佑《陇蜀古道考略》:"祁山道起于西北秦州(天水),至于陕南汉中,亦为水陆兼行道。水路以西汉水为主干,通过西汉水沿岸各渡口与陇南各条陆路相连。"《文博》1995年第2期。

④ (晋)常璩撰,刘琳校注:《华阳国志校注》卷7《刘后主志》,第559页。

⑤ 《三国志》卷28《魏书·邓艾传》,第778页。

⑥ 《资治通鉴》卷77魏高贵乡公髦甘露元年胡三省注,第2432页。

肃陇南市武都区),然后顺白龙江而下,到桥头(今甘肃文县东南玉垒乡)与阴平道相接,通往四川[1]。此外,也可以从汉武都道(今甘肃西和县西南)南下 60 余公里抵仇池,"仇池向南,渡西汉水至覆津(今武都东北盖约三十里福津沟中),悬崖险绝,偏阁单行,为军道之要。又西南至武阶郡(今武都治),在羌水(今白龙江)东北岸,唐置覆津县。再沿羌水南下至葭芦城,在羌水东岸(今武都县东南七十里……),唐置盘堤县。又南至桥头,当羌水与白水(今文县河)合流处之稍西,接阴平道入蜀。"[2] 东汉建武十八年(42 年),蜀郡守将史歆在成都反叛,光武帝刘秀遣吴汉与臧宫率万余人讨伐。"(吴)汉入武都,乃发广汉、巴、蜀三郡兵围成都,百余日城破,诛歆等。"[3] 便是由此道进入蜀地。马超兵败陇右后投奔汉中张鲁,"鲁将杨白等害其能,超遂从武都逃入氐中,转奔往蜀。是岁,建安十九年也。"[4] 看来走的也是覆津道。

(二)沮道

这是由沮县(治今陕西略阳县东黑河坝)到下辨的道路,也是武都郡通往汉中郡的交通干线。从沮县沿沮水南下抵达汉江,再沿汉水河谷东行,过阳平关、沔阳(治今陕西勉县),即到达汉中郡治南郑(今陕西汉中市)。由沮县西北行,到达武兴(今陕西略阳县)后,沿嘉陵江河谷北上,至今白水镇南,向西沿青泥河谷西北行,即可抵达武都郡治下辨。这条道路在汉末称作"沮道",建安二十三年(218 年)刘备进攻汉中时，"遣张飞、马超等从沮道趣下辩"[1]，即由此道路通行。由于此道穿过青泥河谷，所以又称作"青泥道"。这条道路也是水陆兼通，东汉安帝时，虞诩出任武都太守，由于这条道路崎岖难行，被迫开凿航道以通船运。"先是运道艰险，舟车不通，驴马负载，僦五致一。诩乃自将吏士，案行川谷，自沮至下辩数十里中，皆烧石翦木，开漕船道，以人僦直雇借佣者，于是水运通利，岁省四千余万。"注引《续汉书》曰："下辩东三十余里有峡，中当泉水，生大石，障塞水流，每至春夏，辄溢没秋稼，坏败营郭。（虞）诩乃使人烧石，以水灌之，石皆坼裂，因镌去石，遂无氾溺之患。"[2] 汉灵帝建宁年间，李翕出任武都太守，又在沮县西嘉陵江西岸郙阁崖险处造析里大桥，并"缘崖凿石，处隐定柱，临深长渊，三百余丈，接木相连，号为万柱"。方便了车队往来，"常车迎布，岁数千两（辆）"[3]，可见这条道路货运的繁盛。

（三）故道

由武都郡通往关中的道路，由于历史悠久而称作"故道"，途中又有秦汉所设置的故道县。此道路是从郡治下辩东行，过河池（治今甘肃徽县）、故道（治今甘肃两当县杨村镇）两县城后，沿嘉陵江河谷东北行，过散关，经陈仓（治今陕西宝鸡市西南）而进入关中平原，故又名为"陈仓道"。谭宗义称从汉中经下辩到陈仓的这条道路为"南郑武都道"，并说："自南郑沿沔水西行入武都，出散关、陈仓，此汉王还定三秦之道也。"[4] 事见《史记·曹相国世家》："从至汉中，迁为将军。从还定

① 《三国志》卷25《魏书·杨阜传》，第704页。
② 《后汉书》卷58《虞诩传》，第1869—1870页。
③ 高文：《汉碑集释·郙阁颂》，河南大学出版社，1985年，第391页。
④ 谭宗义：《汉代国内陆路交通考》，香港：新亚研究所，1967年，第29页。

三秦,初攻下辩、故道、雍、斄。"① 即反映了汉王军队是从汉中经沮道进入武都,攻克下辩、故道后,由陈仓进入关中,占领雍(今陕西凤翔县)和斄(今陕西武功县)的。建安二十年(215年)曹操征汉中张鲁,认为穿越秦岭大山峡谷过于艰险,因此也通过这条道路攻入汉中。"夏四月,公自陈仓以出散关,至河池……秋七月,公至阳平。"② 在击败张卫等军队的防守后,顺利进占了汉中郡治南郑。

　　综上所述,武都郡位于秦、陇、蜀、汉之间,道路通达交汇,地势险阻而物产丰富,又处在魏蜀两国的边境地带,因而引起了兵家的觊觎,经常利用那里的通道来投送军队和给养,以求开疆拓土及打击对手。

三、随同马超起兵反曹的"武都氐"

　　汉末董卓之乱爆发后朝廷失势,各地军阀豪强纷纷自立称雄,西南地区的刘焉、刘璋父子相继统治益州,"(张)鲁遂据汉中,以鬼道教民,自号'师君'。"③ 与其相邻的武都郡也摆脱了汉朝的统治,早年被迁徙到陇右的氐族大姓杨氏等又带领部众返回了仇池故居。《水经注·漾水》曰:"汉献帝建安中,有天水氐杨腾者,世居陇右,为氐大帅,子驹,勇健多计,徙居仇池,魏拜为百顷氐王。"④《宋书·氐胡传》亦载其事,并称"(杨)驹后有名千万者,魏拜为百顷氐王"⑤。杨千万继承了父亲的首领职位和封号,并在建安十六年(211年)与另一位氐族豪帅

---

① 《史记》卷54《曹相国世家》,第2024页。
② 《三国志》卷1《魏书·武帝纪》,第45页。
③ 《三国志》卷8《魏书·张鲁传》,第263页。
④ (北魏)郦道元注,(民国)杨守敬、熊会贞疏:《水经注疏》卷20《漾水》,第1696页。
⑤ 《宋书》卷98《氐胡传》,第2403页。

阿贵领兵到关中参加了马超、韩遂等反抗曹操的战争。见《魏略·西戎传》：

> 近去建安中，兴国氐王阿贵、白项氐王千万各有部落万余，至十六年，从马超为乱。超破之后，阿贵为夏侯渊所攻灭，千万西南入蜀，其部落不能去，皆降。国家分徙其前后两端者，置扶风、美阳，今之安夷、抚夷二部护军所典是也。其本守善，分留天水、南安界，今之广魏郡所守是也。①

这段记载有几个问题需要说明：

其一，氐王阿贵所在的"兴国"位于今甘肃天水市秦安县兴国镇。卢弼曰："《一统志》：兴国城在甘肃秦州秦安县东北，后汉初平中，略阳氐帅阿贵自称兴国氐王。建安十八年，马超据冀，氐王千万应超，屯兴国。"②表明杨千万是在马超关中失败逃到陇右两年后再一次跟随他与韩遂起兵反曹，与阿贵同驻在兴国。见曹操本纪建安十八年（213年）十一月，"马超在汉阳，复因羌、胡为害，氐王千万叛应超，屯兴国。使夏侯渊讨之。"③

其二，文中的"白项氐王千万"，应是"百顷氐王千万"之讹写，曹操方面称其为"武都氐"。见张郃本传："从破马超、韩遂于渭南。围安定，降杨秋。与夏侯渊讨鄜贼梁兴及武都氐。"④

---

① 《三国志》卷30《魏书·乌丸鲜卑东夷传》注引《魏略·西戎传》，第858页。
② 卢弼：《三国志集解》卷1《魏书·武帝纪》，第51页。
③ 《三国志》卷1《魏书·武帝纪》，第42页。
④ 《三国志》卷17《魏书·张郃传》，第525页。

其三，氐王杨千万在兵败兴国后投奔马超，此前马超已经赴汉中归顺张鲁，杨千万应该也是到了汉中，后来他入蜀很可能是与马超结伴而行，共同投靠刘备。事见曹操本纪建安十九年（214年）正月："南安赵衢、汉阳尹奉等讨（马）超，枭其妻子，超奔汉中。韩遂徙金城，入氐王千万部，率羌、胡万余骑与夏侯渊战，击，大破之，遂走西平。渊与诸将攻兴国，屠之。"[1] 又见夏侯渊本传："乃鼓之，大破（韩）遂军，得其旌麾，还略阳，进军围兴国。氐王千万逃奔马超，余众降。"[2] 这次战役之后，曹操委派苏则为武都太守，赴郡任职[3]。

四、曹操攻取汉中战役期间的武都

建安十九年（214年）刘备占领成都，统治了整个益州。这件事对曹操的震动很大，为了防备刘备势力向北扩张，曹操于次年发动了汉中战役，力图消灭张鲁割据集团，以汉中作为关中平原的前沿屏障。曹操大军抵达长安后，没有从就近的傥骆道、褒斜道穿越秦岭，是因为沿途地形过于险峻，害怕受到张鲁军队的阻击而停滞不前。他后来曾说："南郑直为天狱中，斜谷道为五百里石穴耳。"[4] 曹操选择了由故道（陈仓道）进军武都再攻打汉中的迂回路线，这样做的好处有二：第一，遇到的抵抗较弱。曹操虽然委任了苏则为武都太守，但其号令仅限于郡

---

①《三国志》卷1《魏书·武帝纪》，第42页。
②《三国志》卷9《魏书·夏侯渊传》，第271页。
③《三国志》卷16《魏书·苏则传》曰："起家为酒泉太守，转安定、武都，所在有威名。太祖征张鲁，过其郡，见则悦之……"第490—491页。表明苏则是在建安二十年（215年）曹操征汉中之前，即建安十九年消灭马超势力后出任武都太守的。
④《三国志》卷14《魏书·刘放传》注引《孙资别传》，第458页。

治下辨附近,稍远的氐族部落并不服从曹氏的统治,但是氐人力量分散,对曹操大军的抵抗相对薄弱,难以构成严重的障碍。第二,当地有粮饷补给。当时正是麦熟时节,由此路线进军,可以沿途抢掠氐人的粮食,减少后勤的远程供应。如曹操的雍州刺史张既,"从征张鲁,别从散关入讨叛氐,收其麦以给军食。"[1]

氐王窦茂听说曹军要来,就率众阻塞了散关以南的道路,曹操派遣张郃等将为先锋将其击溃。建安二十年(215年)三月,"(曹)公西征张鲁,至陈仓,将自武都入氐;氐人塞道,先遣张郃、朱灵等攻破之。"[2]张郃本传亦曰:"太祖征张鲁,先遣郃督诸军讨兴和氐王窦茂。"[3]曹操大军随后出动,并消灭凭险固守的窦茂所部。"夏四月,公自陈仓以出散关,至河池。氐王窦茂众万余人,恃险不服。五月,公攻屠之。"[4]曹操兵过河池后与太守苏则会面,并让他担任军队的向导。当时下辨附近的氐族骚动不宁,直到曹操占领汉中后才得以安定。事见苏则本传:"太祖征张鲁,过其郡,见则悦之,使为军导。鲁破,则绥安下辨诸氐,通河西道,徙为金城太守。"[5]另外,武都仇池等地的"山氐"反叛不服,曹操大军由武都东征汉中时,特意留下徐晃率领一支偏师在当地平叛,顺利地完成了任务。见其本传:"从征张鲁。别遣晃讨攻椟、仇夷诸山氐,皆降之。"[6]曹操本纪未曾提到大军到下辨,有可能是从河池南下,沿嘉陵江河谷到武兴(今陕西略阳县),东行至沮县(今陕

---

① 《三国志》卷15《魏书·张既传》,第472页。
② 《三国志》卷1《魏书·武帝纪》,第45页。
③ 《三国志》卷17《魏书·张郃传》,第525页。
④ 《三国志》卷1《魏书·武帝纪》,第45页。
⑤ 《三国志》卷16《魏书·苏则传》,第491页。
⑥ 《三国志》卷17《魏书·徐晃传》,第528—529页。

西略阳县东),然后沿沮水而下至阳平关。

当年七月,曹军主力在阳平关打败据守的张卫所部后,再没有受到激烈的抵抗。"卫等夜遁。(张)鲁溃奔巴中。公军入南郑,尽得鲁府库珍宝。"[1]汉中战役得以胜利结束。曹军自陈仓过散关后,历故道、河池、沮县、阳平关等地,"军自武都山行千里,升降险阻,军人劳苦。"[2]通过这次军事行动,曹操不仅占领了汉中,还顺便巩固了武都郡的统治,可谓是一举两得。

五、曹刘争夺汉中之战期间的武都

曹操占据汉中后,派遣张郃等南下至巴中,"降巴东、巴西二郡,徙其民于汉中。"[3]后被张飞击败。为了消除曹军对巴蜀的威胁,法正、黄权等向刘备提出攻占汉中的建议。法正看到张郃被张飞所破,"郃弃马缘山,独与麾下十余人从间道退"[4],几乎全军覆没,认为乘此机会北伐很有把握取得汉中。"曹操一举而降张鲁,定汉中,不因此势以图巴、蜀,而留夏侯渊、张郃屯守,身遽北还,此非其智不逮而力不足也,必将内有忧逼故耳。今策渊、郃才略,不胜国之将帅,举众往讨,则必可克。"[5]黄权本传则曰:"然卒破杜濩、朴胡,杀夏侯渊,据汉中,皆(黄)权本谋也。"[6]建安二十二年(217年)冬,刘备兴师北征汉中,他

---

①《三国志》卷1《魏书·武帝纪》,第45页。
②《三国志》卷1《魏书·武帝纪》注引《魏书》,第45页。
③《三国志》卷17《魏书·张郃传》,第526页。
④《三国志》卷36《蜀书·张飞传》,第943页。
⑤《三国志》卷37《蜀书·法正传》,第961页。
⑥《三国志》卷43《蜀书·黄权传》,第1043页。

采取了两路分兵的策略,自己率领主力进攻夏侯渊、张郃镇守的汉中西边门户阳平关,而张飞、马超、吴兰等将领率偏师先行占领武都郡,借此保护刘备主力侧翼的安全,以免在蜀军大众攻入汉中后被武都曹军截断粮道及退路。张飞据守阆中(今四川阆中市)时,部下有精兵万余人^①他领兵溯嘉陵江北上,到沮县与马超、吴兰等会师,估计总兵力在二万以上,然后沿"沮道"西行,占领了武都郡治下辨,并且获得了附近氐族部落的支持。事见杨阜本传,"会刘备遣张飞、马超等从沮道趣下辨,而氐雷定等七部万余落反应之。"^②曹操对此相当重视,随即派遣亲信曹洪等将前去救援。曹操本纪载建安二十二年(217年)十月,"刘备遣张飞、马超、吴兰等屯下辨;遣曹洪拒之。"^③待刘备攻入汉中斩夏侯渊后,曹操才亲率大军,"自长安出斜谷,军遮要以临汉中,遂至阳平。(刘)备因险拒守。"^④值得关注的是,曹洪部下曹休、曹真率领的"虎豹骑"是魏军最精锐的部队^⑤,蜀军因此抵敌不住。建安二十三年(218年)正月,曹洪进攻武都时,吴兰、任夔据守下辨,张飞则率兵占领固山(今甘肃成县北),扬言要截断魏军的后路。但是曹休识破了他的计策,对曹洪说:"贼实断道者,当伏兵潜行,今乃先张声势,此其不

---

① 参见《三国志》卷36《蜀书·张飞传》:"(张郃)进军宕渠、蒙头、荡石,与(张)飞相拒五十余日。飞率精卒万余人,从他道邀郃军交战。"第943页。又曰:"先主伐吴,飞当率兵万人,自阆中会江州。"第944页。
② 《三国志》卷25《魏书·杨阜传》,第704页。
③ 《三国志》卷1《魏书·武帝纪》,第50页。
④ 《三国志》卷1《魏书·武帝纪》,第52页。
⑤ 《三国志》卷9《魏书·曹休传》:"常从征伐,使领虎豹骑宿卫。刘备遣将吴兰屯下辨,太祖遣曹洪征之,以休为骑都尉,参洪军事。"第279页。《三国志》卷9《魏书·曹真传》:"太祖壮其鸷勇,使将虎豹骑……以偏将军将兵击刘备别将于下辨,破之,拜中坚将军。"第280—281页。

能也。宜及其未集,促击兰,兰破则飞自走矣。"① 曹洪于是强攻下辨,"破吴兰,斩其将任夔等。"② 张飞、马超被迫撤出武都,吴兰则向南撤退,企图从阴平道回到蜀地,结果被当地氐族武装所杀。建安二十三年(218 年)三月,"张飞、马超走汉中,阴平氐强端斩吴兰,传其首。"③ 但是张飞、马超所部并未遭受重创,仍在武都、汉中之间坚持战斗,阻击曹洪的精锐部队,使其未能赶赴阳平关前线增援夏侯渊,因而基本上达到了此前规划的作战目的④,保证了刘备所率主力进入汉中,并最终逼退了曹操的大军。

建安二十四年(219 年),曹操从汉中撤兵返回长安,他在班师前担心刘备会占领武都以威胁关中和陇右,于是接受了雍州刺史张既的建议,在武都实行大规模的迁徙居民,以充实关中陇右两地。"(张)既曰:'可劝使北出就谷以避贼,前至者厚其宠赏,则先者知利,后必慕之。'太祖从其策,乃自到汉中引出诸军,令既之武都,徙氐五万余落出居扶风、天水界。"⑤ 当时的武都太守杨阜也参与了这项徙民行动。"及刘备取汉中以逼下辩,太祖以武都孤远,欲移之,恐吏民恋土。(杨)阜威信素著,前后徙民、氐,使居京兆、扶风、天水界者万余户,徙郡小槐里,百姓襁负而随之。"⑥ 小槐里在今陕西武功县界内。

①《三国志》卷 9《魏书·曹休传》,第 279 页。
②《三国志》卷 1《魏书·武帝纪》,第 51 页。
③《三国志》卷 1《魏书·武帝纪》,第 51 页。
④参见李承畴、孙启祥:《张飞"间道"进兵汉中考辨》:"张飞从固山退走后,去向如何,史书虽未明确记载,但是,度当时之势,张飞可能在武都与汉中之间继续狙击曹洪军。因为张飞、马超的目的是切断武都曹兵与汉中的联系,而在整个战斗中,均未见武都的曹洪援救汉中的夏侯渊,说明张飞、马超尽管在初期失败了,但仍起到了阻止武都曹兵南下的作用。"《汉中师范学院学报》1991 年第 1 期。
⑤《三国志》卷 15《魏书·张既传》,第 472—473 页。
⑥《三国志》卷 25《魏书·杨阜传》,第 704 页。

经过这次迁徙居民,在武都郡境形成了广袤的无人地带,《华阳国志》称该郡"遂荒无留民"①。曹军的对蜀防线后撤到陈仓与天水郡的祁山堡一带,武都郡内只有少数的斥候与警戒戍所,以致数年后诸葛亮兵出祁山,在武都郡境内来去无阻,没有遭到任何抵抗。

六、诸葛亮北伐期间的武都与"断陇道"之作战计划

刘备在夷陵之战中惨败归川,驻于永安(今重庆市奉节县)不久后郁郁而终,由诸葛亮掌管了蜀汉的军政大权。他在平定南中、筹备数年之后,在建兴五年(227年)春率领大军进驻汉中,随即开始频繁地北伐曹魏,至建兴十二年(234年)病死于五丈原,其间共有7年。在这一历史阶段,蜀汉军队进攻曹魏共有6次,后人所说的"六出祁山"(实际只有两次)即源于此。分别为:

(1)初出祁山之役。建兴六年(228年)春,诸葛亮从汉中出兵祁山,"南安、天水、安定三郡叛魏应亮,关中响震。"② 由于马谡率领的前军在街亭大败,"士卒离散。(诸葛)亮进无所据,退军还汉中。"③赵云、邓芝所率吸引敌方注意的"疑军"也在箕谷被曹真击败。

(2)陈仓之役。建兴六年(228年)冬,"(诸葛)亮复出散关,围陈仓。"④ 遇到守将郝昭的坚决抵抗,"昼夜相攻拒二十余日,亮无计,救至,引退。"⑤并在归途设伏打败了追击的魏军,斩杀敌将王双。

---

①(晋)常璩撰,刘琳校注:《华阳国志校注》,第157页。
②《三国志》卷35《蜀书·诸葛亮传》,第922页。
③《三国志》卷39《蜀书·马良附弟谡传》,第984页。
④《三国志》卷35《蜀书·诸葛亮传》,第924页。
⑤《三国志》卷3《魏书·明帝纪》注引《魏略》,第95页。

（3）攻取武都、阴平之役。建兴七年（229年）春，"（诸葛）亮遣陈式攻武都、阴平，遂克定二郡。"[①]魏雍州刺史郭淮领兵救援，欲与陈式交战。"（诸葛）亮自出至建威，（郭）淮退还，遂平二郡。"[②]任乃强按照《水经注》的有关记述，判断建威位于武都郡北部，"其城当在今西和县境，或即西和县治地。武都郡所辖沮、下辨、河池、故道诸县，当亮进军祁山与陈仓时，应已收复。此时亮至建威，已在下辨（成县）西北。然则陈式所取，但阴平郡与武都郡之西部数县耳。《陈志》为叙述省便，云'遂平二郡'也。"[③]

（4）南安阳溪之役。建兴八年（230年），诸葛亮派魏延、吴懿出兵北伐到"羌中"，即羌族居住区。"魏后将军费瑶、雍州刺史郭淮与（魏）延战于阳溪，延大破淮等，迁为前军师征西大将军，假节，进封南郑侯。"[④]蜀汉杨戏所作的《辅臣赞》则记载吴壹（懿）和魏延进入到曹魏的南安郡境。"建兴八年，与魏延入南安界，破魏将费瑶，徙亭侯，进封高阳乡侯，迁左将军。"[⑤]由此可知阳溪在魏国南安郡境内，位于武都郡西北。阳溪的具体位置，刘琳推测"当在武山西南一带"[⑥]。康世荣《阳溪辨》指出，"据实地考察，今礼县北有四礼公路通武山，起于礼县城，沿崖城河北上，越木树关即至武山界的杨河，迄于洛门南的四门，全长60公里。……值得探讨的是，木树关以北峡谷今名杨河，木树关以南峡谷亦称阳河，因崖城河位于西汉水之阳，故名。今公路沿

①《三国志》卷33《蜀书·后主传》，第896页。
②《三国志》卷35《蜀书·诸葛亮传》，第924页。
③（晋）常璩著，任乃强校注：《华阳国志校补图注》，上海古籍出版社，1987年，第397页。
④《三国志》卷40《蜀书·魏延传》，第1002页。
⑤《三国志》卷45《蜀书·杨戏传》附《辅臣赞》，第1083页。
⑥（晋）常璩撰，刘琳校注：《华阳国志校注》，第559页。

线地域,三国时基本为南安郡辖地,窃疑以木树关为界的南北峡谷,即建兴八年魏延、吴懿入西羌,于南安郡境内破费曜的阳溪。"[①] 其说可以信从。

（5）再出祁山之役。

建兴九年（231年）二月,诸葛亮再次率领大军进攻陇右。"围将军贾嗣、魏平于祁山。"[②] 曹魏派遣司马懿出任雍凉都督,"使（费）曜、（戴）陵留精兵四千守上邽,余众悉出,西救祁山。"[③] 魏将费曜、郭淮等阻击蜀军,"亮破之,因大芟刈其麦,与宣王遇于上邽之东。"[④] 由于司马懿固守避战,诸葛亮率众撤退到祁山附近的卤城（今甘肃礼县东盐官镇）,并迎击司马懿的进攻,"大破之,获甲首三千级,玄铠五千领,角弩三千一百张,宣王还保营。"[⑤] 双方僵持到夏天,蜀军因为粮运不继而被迫退兵,并在木门设伏射杀魏将张郃。

（6）五丈原之役。建兴十二年（234年）春,诸葛亮经过近三年的筹备,率大军走褒斜道出斜谷,在五丈原与司马懿统领的魏军对峙百余日,双方未曾进行大规模的战斗。当年八月,诸葛亮病逝,蜀军匆忙撤回汉中。

以上6次军事行动,蜀军有5次穿越武都郡境,其中两次祁山之役和攻取武都、阴平自不待言,第（4）次蜀军在南安郡阳溪战斗,康世荣分析道："魏延、吴懿西入南安郡的必经路线,一定是沿西汉水而上,经下辨、建威而至今礼县东南部。再沿西汉水北上而到达今礼县城关

---

①康世荣:《"六出祁山"辨疑》,《陇右文博》1997年第1期。

②《晋书》卷1《宣帝纪》,第6页。

③《三国志》卷35《蜀书·诸葛亮传》注引《汉晋春秋》,第925页。

④《三国志》卷35《蜀书·诸葛亮传》注引《汉晋春秋》,第925页。

⑤《三国志》卷35《蜀书·诸葛亮传》注引《汉晋春秋》,第925—926页。

镇。然后北向入南安郡界。"① 可见也路过了武都郡。此外还有第（2）次陈仓之役，文献缺乏进军路线的详细记载。按当时的交通状况，蜀军从汉中进攻陈仓有两条道路可行。其一，是前述之沮道，从汉中出阳平关再到沮县，走"沮道"西至武兴，经下辨、河池、故道至散关。此外还有一条较为近便的古道，据郭清华勘测考证，是由沔阳北上，"从勉县关山梁起，沿途经今两河口、长沟河、汪家河、越九台子到茅坝，过二沟火烧关，又经留坝营盘、闸口石、箭锋垭、凤县油房咀、连云寺、留凤关、酒奠沟、酒奠梁到双石铺。"这条道路与下辨、河池、故道而来的道路在今凤县双石铺汇合，"又从双石铺沿故道河（嘉陵江上游）北上大散关，出宝鸡市东的古陈仓县。"② 现在还不能肯定诸葛亮进攻陈仓走的是哪条路线，从情理上判断，走第二条近便的道路可能性会更大一些。但不管是哪条道路，从双石铺至大散关一段仍然属于武都郡境，所以说上述6次军事行动中有5次经过了武都郡。

武都郡成为诸葛亮北伐的主要用兵途径，是因为该地北邻曹魏的陇右地区（天水、南安、广魏、安定等郡）。从上述诸葛亮的6次进军来看，其中3次是兵指陇右，即第（1）、（4）、（5）次，第（3）次则是为北进陇右扫清侧翼的障碍。而第（2）、（6）两次是企图兵进关中，看来他北伐的主要进攻目标是陇右。诸葛亮在初出祁山之前，曹魏在关中和陇右的防御力量都不是很强，魏延因此提出由自己带领奇兵直出子午谷，"闻夏侯楙少，主婿也，怯而无谋。今假延精兵五千，负粮五千，直从褒中出，循秦岭而东，当子午而北，不过十日可到长

① 康世荣：《"六出祁山"辨疑》，《陇右文博》1997 年第 1 期。
② 郭清华：《陈仓道初探——兼论"暗度陈仓"与陈仓道有关问题》，《成都大学学报（社会科学版）》1989 年第 2 期。

安。綝闻延奄至,必乘船逃走。长安中惟有御史、京兆太守耳,横门邸阁与散民之谷足周食也。"建议诸葛亮率大军走褒斜道,从斜谷到关中与魏延在长安会师。"如此,则一举而咸阳以西可定矣。"① 但是孔明认为此举风险较大,因而否定了他的主张。"亮以为此县危,不如安从坦道,可以平取陇右,十全必克而无虞,故不用延计。"② 王夫之在《读通鉴论》中对此有一段精彩的论述。首先,他指出魏延的计划是有可能实现的,"夏侯楙可乘矣,魏见汉兵累岁不出而志懈,卒然相临,救援未及,小得志焉。"③ 可是万一攻长安而不下,则会面临魏国的全力救援,形势将会非常被动。"弥旬淹月,援益集,守益固,即欲拔一名都也且不可得,而况魏之全势哉?"④ 王夫之提出:关中及长安对曹魏来说是不可放弃的战略要地,"魏所必守者长安耳"⑤,而天水、南安、安定等则不是,"秦、陇者,非长安之要地。"⑥ 在魏强蜀弱的总体形势下,诸葛亮"知魏之不可旦夕亡,而后主之不可起一隅以光复也"⑦。蜀汉即使侥幸袭取了长安,面对曹魏的倾国之师也未必能够守住。当年孙权意图北伐徐州,吕蒙就向他指出,徐州的守备虽然不强,但却是曹操的必争必保之地,如果倾力来攻,吴国是很难防卫的。"徐土守兵,闻不足言,往自可克。然地势陆通,骁骑所骋,至尊今日得徐州,操后旬必来争,虽以七八万人守之,犹当怀忧。"⑧ 孙权于是

---

① 《三国志》卷 40《蜀书·魏延传》注引《魏略》,第 1003 页。
② 《三国志》卷 40《蜀书·魏延传》注引《魏略》,第 1003 页。
③ (清)王夫之:《读通鉴论》卷 10《三国》,第 270—271 页。
④ (清)王夫之:《读通鉴论》卷 10《三国》,第 271 页。
⑤ (清)王夫之:《读通鉴论》卷 10《三国》,第 270 页。
⑥ (清)王夫之:《读通鉴论》卷 10《三国》,第 271 页。
⑦ (清)王夫之:《读通鉴论》卷 10《三国》,第 271 页。
⑧ 《三国志》卷 54《吴书·吕蒙传》,第 1278 页。

撤销了进攻徐州的计划。关中的情况与徐州有类似之处,因此对曹魏来说,陇右的地位价值显然要略逊一筹,蜀汉占领那里的可能性要比关中更大一些。还有一点,就是陇右地区对蜀汉的北部边境构成威胁,"乃西蜀之门户也。"[1] 若是能够攻占该地,则能明显提升国防的安全系数,即所谓"以攻为守"。"天水、南安、安定,地险而民强,诚收之以为外蔽,则武都、阴平在怀抱之中,魏不能越剑阁以收蜀之北,复不能绕阶、文以捣蜀之西,则蜀可巩固以存,而待时以进,公之定算在此矣。"[2]

笔者按:先贤的看法灼然烛照,这里要作两点补充。其一,诸葛亮夺取陇右与"断陇道"的战略规划有关。关中与陇右之间有六盘山、陇山阻隔,两地的交往主要依靠陇山间的道路,即全长一百八十余里的"陇道"来进行。陇山又称陇坂、陇坻,地势险峻难登。张衡《西京赋》言关中,"右有陇坻之隘,隔阂华戎"。[3] 顾祖禹曰:"按汉初张良亦云'关中右陇、蜀',盖以陇坂险阻与蜀道并称也。"[4]《元和郡县图志》曰:"小陇山,一名陇坻,又名分水岭。隗嚣时,来歙袭得略阳,嚣使王元拒之。陇坂九回,不知高几里,每山东人西役,升此瞻望,莫不悲思。"[5] 诸葛亮屡出祁山的战略目标,就是首先占领曹魏的天水、广魏等郡,然后依据陇山的险要地势来阻击曹魏自关中西来的优势援兵,以此实现割据陇右、增强边防的目的。若是让魏国援军抢先登上陇坂,蜀军的形势就会转为被动。如魏陇西太守游楚对蜀帅说:"卿能断陇,使东兵不

---

① (清)王夫之:《读通鉴论》卷10《三国》,第271页。

② (清)王夫之:《读通鉴论》卷10《三国》,第271页。

③ (梁)萧统编,(唐)李善等注:《文选》卷2《京都上·西京赋》,第37页。

④ (清)顾祖禹:《读史方舆纪要》卷52《陕西一》,第2465页。

⑤ (唐)李吉甫:《元和郡县图志》卷39《陇右道上·秦州》,第982页。

上,一月之中,则陇西吏人不攻自服;卿若不能,虚自疲弊耳。"① 诸葛亮初出祁山时本来形势大好,但是冀县(今甘肃甘谷县)与上邽两城固守不降,牵制了蜀军在天水的兵力与进军速度,使诸葛亮未能迅速派兵截断陇道,致使局面突变。魏军及时赶到陇西,并在街亭打败蜀军,迫使诸葛亮撤回汉中。如《袁子》所言:"诸葛亮始出陇右,南安、天水、安定三郡人反应之,若亮速进,则三郡非中国之有也,而亮徐行不进;既而官兵上陇,三郡复,亮无尺寸之功,失此机。"② 此后曹魏方面对陇右加强了防备,蜀汉再也未能遇到这么好的机会。

其二,诸葛亮"平取陇右"与出兵关中的计划相辅相成,而并非是一成不变的。当孔明认为敌人在关中的势力较强时,他会出兵相对较弱的陇右,吸引敌军长途跋涉前来支援,自己则反客为主,迎击魏兵。但是从汉中经过武都郡到陇右毕竟路途遥远曲折,补给难继。因此当他觉得自己形势占优时,就会采用走陈仓道或褒斜道直出关中的作战方案,以求近捷。例如太和二年(228年)冬,诸葛亮"闻孙权破曹休,魏兵东下,关中虚弱"③。认为是进攻曹魏的良机,所以出兵陈仓,以图进入关中。青龙二年(234年)春,诸葛亮与孙权约定共同北伐,他在汉中筹备了三年,自忖凭自己的实力能够打败司马懿的关中魏军,因此从褒斜道直出斜谷,陈兵五丈原,就不再利用武都郡境来运输军队和粮草了。

---

①《三国志》卷15《魏书·张既传》注引《魏略》,第473页。
②《三国志》卷35《蜀书·诸葛亮传》注引《袁子》,第934页。
③《三国志》卷35《蜀书·诸葛亮传》注引《汉晋春秋》,第923页。

七、姜维统兵期间的武都与"断凉州之道"战略规划

诸葛亮于建兴十二年(234年)病逝后,蜀国相继由蒋琬、费祎出任大将军执政,二人治国均稳健持重,没有对曹魏发动过大规模战争,其间只有几次小型的边境作战。费祎曾对姜维说:"吾等不如丞相亦已远矣;丞相犹不能定中夏,况吾等乎!"[1] 姜维几次想大举用兵,"费祎常裁制不从,与其兵不过万人。"[2] 延熙十六年(253年)正月,费祎在汉寿(今四川广元市昭化镇)被魏国降人郭修刺死,此后姜维执掌兵权,开始率领大军北伐曹魏,至蜀汉灭亡前夕,他一共出征6次,其情况如下:

(1)南安之役。蜀汉延熙十六年(253年),"春,(费)祎卒。夏,(姜)维率数万人出石营,经董亭,围南安,魏雍州刺史陈泰解围至洛门,维粮尽退还。"[3] 姜维围攻的是魏南安郡治獂道(今甘肃陇西县东南)。

(2)狄道、襄武之役。延熙十七年(254年),"夏六月,(姜)维复率众出陇西。冬,拔狄道、河关、临洮三县民,居于绵竹、繁县。"[4] 在此其间还围攻过曹魏的陇西郡治襄武(今甘肃陇西县西)。

(3)洮西、狄道之役。延熙十八年(255年),"春,姜维还成都。夏,复率诸军出狄道,与魏雍州刺史王经战于洮西,大破之。(王)经退保狄道城,(姜)维却住钟题。"[5] 刘琳曰:"[钟题]县名,在今甘肃临洮县西。"[6]

---

① 《三国志》卷44《蜀书·姜维传》注引《汉晋春秋》,第1064页。
② 《三国志》卷44《蜀书·姜维传》,第1064页。
③ 《三国志》卷44《蜀书·姜维传》,第1064页。
④ 《三国志》卷33《蜀书·后主传》,第899页。
⑤ 《三国志》卷33《蜀书·后主传》,第899页。
⑥ (晋)常璩撰,刘琳校注:《华阳国志校注》,第584页。

（4）上邽、段谷之役。延熙十九年（256年），"与镇西大将军胡济期会上邽，济失誓不至，故维为魏大将邓艾所破于段谷，星散流离，死者甚众。"[1]

（5）骆谷之役。延熙二十年（257年），"魏征东大将军诸葛诞反于淮南，分关中兵东下。维欲乘虚向秦川，复率数万人出骆谷，径至沈岭。"[2] 魏将司马望与邓艾固守不战，姜维未能进入关中。次年闻诸葛诞败亡，姜维收兵还成都。

（6）侯和之役。景耀五年（262年），"姜维复率众出侯和，为邓艾所破，还住沓中。"[3] 侯和地望在今甘肃临潭县西南。魏方记载为当年"冬十月，蜀大将姜维寇洮阳，镇西将军邓艾拒之，破维于侯和，维遁走"[4]。

这6次进攻中，有4次是在天水以西位于魏雍、凉二州交界的陇西、南安郡作战，仅有1次进攻祁山所在的天水郡，另1次从骆谷进攻关中。值得注意的是，姜维从武都郡境发动进攻能够确定者仅有两次，首先为（1）南安之役，姜维是从下辨（今甘肃成县西）至建威（今甘肃西和县北）北上渡过西汉水，然后"出石营，经董亭，围南安"[5]。胡三省曰："石营在董亭西南，（姜）维盖自武都出石营也。"[6]《读史方舆纪要》卷59曰："石营，在（西和）县西北二百里。三国汉延熙十六年，姜维自武都出石营围狄道。又十九年姜维围祁山不克，出石营，经董亭趋南安，即此。"[7] 其次为（4）上邽、段谷之役，也是经武都郡走祁山道至上邽

---

① 《三国志》卷44《蜀书·姜维传》，第1064—1065页。
② 《三国志》卷44《蜀书·姜维传》，第1065页。
③ 《三国志》卷33《蜀书·后主传》，第899页。
④ 《三国志》卷4《魏书·三少帝纪·陈留王奂》景元三年，第149页。
⑤ 《三国志》卷44《蜀书·姜维传》，第1064页。
⑥ 《资治通鉴》卷76魏邵陵厉公嘉平五年四月胡三省注，第2405页。
⑦ （清）顾祖禹：《读史方舆纪要》卷59《陕西八·巩昌府》，第2825页。

等地。其余（2）狄道、襄武之役，（3）洮西、狄道之役与（6）侯和之役都是在陇西郡的洮水两岸附近作战，考虑到延熙十二年（249年）魏军迫降蜀汉在陇西东南境的麴山（又称为翅，在今甘肃岷县东）二城，随后在麴城留兵屯驻，"因置戍守于此，为拒蜀要地。"[1] 姜维不太可能再从武都郡境走石营、董亭西行穿过麴山至洮水流域。笔者推测他应是走阴平道、溯白龙江而上到达沓中（今甘肃舟曲县大峪乡、武坪乡）、甘松（今甘肃迭部县），然后北渡洮水至洮阳（今甘肃临潭县），在洮水西岸羌族活动区北上，然后东渡洮水到达狄道（今甘肃临洮市）、临洮（今甘肃岷县）的。姜维此前数次由此道进兵都很顺利，但是在段谷之役后被邓艾预判到蜀军的下次进攻方向，所以扩大了陇西郡的防御范围，在洮西地区的南部驻军戍守，结果相当成功。景耀五年（262年），姜维渡洮北上受阻于洮阳，邓艾随后率主力在侯和挫败了蜀军的进攻，迫使姜维返回沓中。

　　从上述统计来看，姜维的主要进攻地点是在天水以西的陇西、南安郡境，祁山方向只有1次，他利用武都郡境投送兵力、粮草也只有2次，与诸葛亮北伐时期相比则大相径庭。这是什么原因？笔者认为是蜀汉后期北伐战略发生变化的缘故。详见下述：

　　诸葛亮死后，执政的蒋琬仍心有北伐之志。延熙元年（238年），他乘司马懿征伐辽东之际，领兵来到汉中，企图与吴国联系共同乘虚伐魏，但孙权对此并不热心。蒋琬认为，原来蜀汉出兵陇右的军事行动劳师远征，粮运不继，并非理想的进攻方案。他向朝廷建议从汉中顺沔水乘舟东下，攻击魏国的荆州西部边境。"（蒋）琬以为昔诸葛亮数窥

―――――――――――

[1]（清）顾祖禹：《读史方舆纪要》卷60《陕西九·岷州卫》，第2898页。

秦川,道险运艰,竟不能克,不若乘水东下。乃多作舟船,欲由汉、沔袭魏兴、上庸。"[1] 蜀汉大臣朝议时认为此方案也有明显的缺陷,"如不克捷,还路甚难,非长策也。"[2] 朝廷于是派遣费祎和姜维到汉中与蒋琬商讨,制订了新的作战计划,即放弃攻打敌军守备坚固的关中与天水地区,将进攻方向朝西转移,以夺取凉州为战略目标。曹魏的凉州有金城、武威、张掖、酒泉、敦煌、西海、西郡和西平八郡,辖今甘肃兰州以西的河西走廊、青海海晏、湟源以东之湟水流域及内蒙古额尔济纳旗等地,汉族与羌胡杂居。由于地处偏远,防备力量更为薄弱,蜀军进攻相对比较容易。另外,西北的羌族普遍存在着拥汉反魏的心理倾向,对蜀军的北伐大多表示支持,是可以借助的力量。例如,"(建兴)八年,使(魏)延西入羌中"[3],就取得了阳溪之战的胜利。蒋琬、费祎提议由熟悉西方风俗民情的姜维遥领凉州刺史,率先带领偏师进行试探性的进攻,如果得手,就派遣大军前往接应。其具体内容见蒋琬上疏:

> 辄与费祎等议,以凉州胡塞之要,进退有资,贼之所惜;且羌、胡乃心思汉如渴,又昔偏军入羌,郭淮破走,算其长短,以为事首,宜以姜维为凉州刺史。若维征行,衔持河右,臣当帅军为维镇继。[4]

由于孔明去世后蜀汉国势渐趋衰弱,对魏国的进攻只好舍近求远,

---

① 《三国志》卷 44《蜀书·蒋琬传》,第 1058—1059 页。
② 《三国志》卷 44《蜀书·蒋琬传》,第 1059 页。
③ 《三国志》卷 40《蜀书·魏延传》,第 1002 页。
④ 《三国志》卷 44《蜀书·蒋琬传》,第 1059 页。

避强击弱,选择位处西北偏僻地段的凉州,企图使曹魏内地的屯兵难以救援。蜀汉北境与凉州之间,有魏之陇西、南安两郡相隔,所以那里就成为姜维进军的目标。朝廷批准蒋琬、费祎的方案后,延熙五年(242年),"监军姜维督偏军,自汉中还屯涪县。"①开始作北伐的准备。此后直到费祎去世的11年内,蜀汉"以(姜)维为司马,数率偏军西入"②,在洮水、湟水流域展开一系列攻击行动。由于投入的兵力较少(不过万人),姜维没有取得显著的战果。费祎死后,姜维得以统率数万大军出征南安、陇西,仍是在执行上述作战方案,即攻占雍州西陲,再进一步占领凉州,也就是魏将陈泰所说的"断凉州之道,兼四郡民夷"③。由于魏军在陇西郡东南的麹山一带防备严密,姜维若从武都郡北境向西行军难以越过,于是他改从阴平道入沓中,再从甘松等地北渡洮水,进入陇西郡的西南境界。这样一来,武都郡境就少有蜀国大军经过,与诸葛亮北伐期间频频穿越武都的情景迥然不同。

　　需要说明的是,姜维曾在兵学将略方面受过诸葛亮的悉心培育,他也赞同孔明断绝陇道、割据陇右的作战方针。其本传云:"(姜)维自以练西方风俗,兼负其才武,欲诱诸羌、胡以为羽翼,谓自陇以西可断而有也。"④不过,他也认清了当时魏强蜀弱的形势,没有冒然进攻陇右天水地区,还是坚持在陇西郡的洮水流域作战。直到延熙十八年(255年),姜维"大破魏雍州刺史王经于洮西,经众死者数万人"⑤。形势转为对蜀军有利,他才在次年发动上邽、段谷之役。即便如此,他也明白单

①《三国志》卷33《蜀书·后主传》,第897页。
②《三国志》卷44《蜀书·姜维传》,第1064页。
③《三国志》卷22《魏书·陈泰传》,第641页。
④《三国志》卷44《蜀书·姜维传》,第1064页。
⑤《三国志》卷44《蜀书·姜维传》,第1064页。

凭自己的部队难以在陇右获胜,所以联络汉中守将胡济,让他带兵助战。结果,"(胡)济失誓不至,故维为魏大将邓艾所破于段谷,星散流离,死者甚众。"① 经过此番挫折,姜维最终放弃了兵进祁山的构想,后又出征洮阳、侯和,依然是在洮水流域战斗。

景耀元年(258 年),姜维在骆谷之役结束后回到成都,向朝廷建议调整汉中、武都两郡的防御部署,获得准许。他采用的方案是:

(一)汉中军队主力后撤。"令(都)督汉中胡济却住汉寿"②,汉寿在今四川广元市昭化镇。汉中驻军平时约有二万余人,如延熙七年(244)曹爽伐蜀,"时汉中守兵不满三万,诸将大惊。"③ 胡济率领部分军队撤走后,汉中驻军的数量大约减少了一半。

(二)放弃汉中外围,戍守汉、乐二城。在汉中外线收缩集中兵力,主要守备两个据点。"蜀监军王含守乐城,护军蒋斌守汉城,兵各五千。"④ 姜维认为原先拒敌于汉中外围秦岭峡谷地段的做法虽然有效,但是不能获得大胜。他主张坚壁清野,诱敌深入盆地平原,在阳平关等要塞施行阻击,待敌军粮尽撤退,然后出击予以消灭。"不若退据汉、乐二城,积谷坚壁,听敌入平,且重关镇守以御之。敌攻关不克,野无散谷,千里悬粮,自然疲退,此殄敌之术也。"⑤

(三)武都、阴平设立七围。在毗邻汉中的武都、阴平两郡设置要塞。"又于西安、建威、武卫、石门、武城、建昌、临远皆立围守。"⑥ 任乃

---

① 《三国志》卷 44 《蜀书·姜维传》,第 1064—1065 页。
② 《三国志》卷 44 《蜀书·姜维传》,第 1065 页。
③ 《三国志》卷 43 《蜀书·王平传》,第 1050 页。
④ 《三国志》卷 28 《魏书·钟会传》,第 787—788 页。
⑤ (晋)常璩撰,刘琳校注:《华阳国志校注》,第 585—586 页。
⑥ 《三国志》卷 44 《蜀书·姜维传》,第 1065 页。

强曰："所举围守七处,可考者:'建威',在祁山东南,'武城',即武城山,在天水陇西二郡间。'武卫'疑即武街,在武都郡;石门,在武都天水郡间,并见《晋书·张骏载记》。西安、建昌、临远虽无考,顾名思义,亦当在武都、阴平、西羌地界,不在汉中。"[1] 刘琳亦曰:"[建威]在今甘肃西和县南……诸葛亮曾出建威,延熙中张翼曾为建威督,可见这些围有的是早已有之,非姜维始立。[武卫、石门]据《晋书·张骏传》,张骏据河西,'因前赵之乱,取河南地(青海、甘肃黄河以南地),至于狄道(甘肃临洮县西南),置武卫、石门、侯和、漒川、甘松五屯护军。据此可知武卫、石门都在今甘肃甘南藏族自治州境内。[武城]延熙十九年邓艾据武城山以拒姜维。山在今甘肃武山县西南,武城围守当即在山上。参《水经注·渭水》。[西安、建昌、临远]不详,当亦在甘南。'"[2]

任、刘二氏的考证结论基本上可以信从。但需要指出的是,关于"武城"的位置,两人都认为在今武山县的"武城山",恐怕有误。因为武城山在渭水北岸的魏境之内,远离蜀魏边界。姜维在段谷之战前曾进攻该地受阻,被迫撤走,此后蜀国的边防要戍皆在漾水(今西汉水)以南,距离今武山县甚远,不应在深入魏境的武城山建立围守,其具体地望仍待考证。

八、曹魏灭蜀之役中的武都

曹魏景元四年(263年),执政的司马昭下令出动三路大军伐蜀,其

---

[1]（晋）常璩撰,任乃强校注:《华阳国志校补图注》,第422页。
[2]（晋）常璩撰,刘琳校注:《华阳国志校注》,第587页。

中由钟会进攻汉中，邓艾赴甘松、沓中困住姜维，诸葛绪经武都攻占阴平桥头（今甘肃文县东玉垒乡），截断姜维回蜀的归路。"邓艾、诸葛绪各统诸军三万余人……（钟）会统十余万众，分从斜谷、骆谷入。"①令人费解的是，史籍对钟会、邓艾两路兵马沿途的作战情况都有记载，唯独诸葛绪所部在武都境内的行动缺乏叙述，只是用极简略的文字勾画了他的行军路线。概述如下：

首先，诸葛绪的军队是从祁山出发到达武街。"于是征四方之兵十八万，使邓艾自狄道攻姜维于沓中，雍州刺史诸葛绪自祁山军于武街，绝维归路。"②按照《水经注·漾水》的记载，武都郡境的武街（或作"武阶"）有东西两处，东边的武街即武都郡治下辨之别称，"浊水又东径武街城南，故下辨县治也。"③西边的武街则在下辨以西很远之处，《水经注·漾水》又曰："（西）汉水又东南径浊水城南，又东南会平乐水，水出武阶（街）东北四十五里。"④严耕望考证云："此段西汉水有一支源，发源于武都县东北地区，沿流尚有甘泉、平洛地名，当即古平洛水。则此武街城当在今武都县以东地区；与成县之武街故城，相去甚远。"又云："就《魏志·钟会传》及《通鉴》景元三年《纪》书诸葛绪进军路线而言，由祁山，经建威，至桥头。是由西汉水上源度入白龙江流域，其所经之武街，必即平洛水发源处之武街，非成县之武街也。"⑤其次，诸葛绪从祁山出发后，第一站是必经的蜀汉边境要塞建威（今甘肃西和县北）。廖化奉命前来援救姜维，"比至阴平，闻魏将诸葛绪向建

①《三国志》卷28《魏书·钟会传》，第787页。
②《晋书》卷2《文帝纪》，第38页。
③（北魏）郦道元注，（民国）杨守敬、熊会贞疏：《水经注疏》卷20《漾水》，第1700页。
④（北魏）郦道元注，（民国）杨守敬、熊会贞疏：《水经注疏》卷20《漾水》，第1698—1699页。
⑤严耕望：《唐代交通图考》第三卷《秦岭仇池区》，第847页。

威,故住待之。"① 再次,此番军事行动的终点是阴平桥头。"(邓)艾趣甘松、沓中连缀(姜)维,(诸葛)绪趣武街、桥头绝维归路。"② 看来他是从建威直接南下走覆津道至武街(或作"武阶"),转赴阴平。诸葛绪的进军非常顺利,他提前占领了阴平桥头(今甘肃文县东玉垒乡),等待姜维的到来。姜维摆脱邓艾部下的围困追击,赶到桥头,发现已有魏军严阵以待,他略施小计,领兵经孔函谷向北,佯装要截断诸葛绪的后路,诸葛绪果然中计北撤。"(姜)维入北道三十余里,闻(诸葛)绪军却,寻还,从桥头过,绪趣截维,较一日不及。"③ 使姜维勉强逃脱,回到蜀境。

　　史书没有记载诸葛绪在武都郡境的战斗情况,这意味着什么? 笔者按:这很有可能反映蜀汉在战前已经放弃了这一地带,对西安七围予以撤防,武都境内只留下少数斥候与警戒部队,和诸葛亮北伐前的情况类似,蜀军因为兵力很少,看到大敌来临便撤退到阴平以南了。这样的推测有以下一些根据:

　　其一,按照《三国志》《晋书》的写作体例,在大规模的战役行动中,倘若是攻陷某地或是接受某地某城的投降,都算是立有战功,史书通常要给予明确记载。但要是通过或占领无人防守的地区、城围,则称不上什么功劳,不值得载入史册。由此来判断,诸葛绪占领的武都郡境应当是属于后者,他并没有经历什么战斗,长驱直入穿过武都到达阴平,而且控制了桥头。

　　其二,任乃强指出,蜀汉景耀元年(258年)在武都郡撤销了前线的建威都督,改为普通围守,实际上是降低了防御的级别。"《三国

①《三国志》卷44《蜀书·姜维传》,第1066页。
②《三国志》卷28《魏书·钟会传》,第787页。
③《三国志》卷28《魏书·邓艾传》,第778页。

志·张翼传》：'延熙元年入为尚书,稍迁督建威,假节,封都亭侯,征西大将军。'盖亮殁后,祁山地区曾设都督,比于汉中,即以建威为治也。景耀中已废督,改为围守。"① 这样一来,西安七围没有设立统一指挥的主将,兵力又比较薄弱,魏国若有大军来攻是抵挡不住的,因此有可能在曹魏发动灭蜀之役前夕将其撤防。

其三,司马昭在战前曾对大臣们论述了对蜀作战的方略,"计蜀战士九万,居守成都及备他郡不下四万,然则余众不过五万。今绊姜维于沓中,使不得东顾,直指骆谷,出其空虚之地,以袭汉中。彼若婴城守险,兵势必散,首尾离绝。举大众以屠城,散锐卒以略野,剑阁不暇守险,关头不能自存。以刘禅之暗,而边城外破,士女内震,其亡可知也。"② 这段讲话中提到汉中和沓中两地,却没有涉及诸葛绪将要进军的武都郡境,看来他并不担心遇到激烈抵抗。

其四,从战前和开战以后蜀汉的防御部署来看,汉中和武都均是属于放弃外围据点,企图诱敌深入的地带。例如,钟会大军进入关中后,姜维闻讯上奏:"闻钟会治兵关中,欲规进取,宜并遣张翼、廖化督诸军分护阳安关口、阴平桥头以防未然。"③ 这就反映了蜀汉的北部防线准备设置在阳安关(即阳平关)和阴平桥头一带,而在阳安关东边的汉中盆地和阴平桥头以北的武都山地是要放弃给敌人、"听敌入平"的。曹魏三路大军侵入蜀国边境后,后主刘禅下令:"乃遣右车骑廖化诣沓中为维援,左车骑张翼、辅国大将军董厥等诣阳安关口以为诸围

---

① (晋) 常璩撰,任乃强校注:《华阳国志校补图注》,第 397 页。
②《晋书》卷 2《文帝纪》,第 38 页。
③《三国志》卷 44《蜀书·姜维传》,第 1065—1066 页。

外助。"① 同样没有发兵赴武都抵御诸葛绪的进攻。更有意味的是,当廖化领兵赶到阴平郡境时,听说诸葛绪已经进入武都境内,他并没有北上阻击,而是在阴平驻扎,等待姜维到来。"(廖化)比至阴平,闻魏将诸葛绪向建威,故住待之。月余,(姜)维为邓艾所摧,还住阴平。"②与廖化汇合。这也说明,在蜀汉末年的防御计划中,是准备舍弃武都而固守阴平的。而此时的阴平郡治阴平县城与桥头两地已被魏军占领,姜维、廖化驻扎抵抗的应是阴平郡的南境。后来钟会占领阳安关(今陕西勉县武侯镇)与关头(今陕西宁强县阳平关镇)后迅速进兵,姜维、廖化的侧翼暴露,形势不利,这才从阴平南境撤退到剑阁,与张翼、董厥所部会师。

蜀汉北部防线崩溃的原因很多,其中放弃汉中外围与武都郡的防御是最为致命的。姜维的计划原本是在阳安关和阴平桥头抵抗魏军的入侵,他在战前也曾上表请求朝廷加强两地的防御,但是后主听信宦官黄皓,不予理睬。等到大敌来临再调兵遣将,已经是措手不及了。阳安关守将蒋舒开城投降,阴平桥头缺乏驻军被诸葛绪轻易占领,国境门户洞开,形势就更加被动了。后来姜维、张翼虽然在剑阁阻止住钟会进军,而邓艾则在阴平左担道偷渡成功,迫使刘禅投降。诸葛亮曾说"全蜀之防,当在阴平"③,而武都正是阴平的北方屏障,它的弃守对蜀国的灭亡产生了重要影响。

---

①《三国志》卷44《蜀书·姜维传》,第1066页。
②《三国志》卷44《蜀书·姜维传》,第1066页。
③(清)顾祖禹:《读史方舆纪要》卷59《陕西八·阶州》,第2848页。

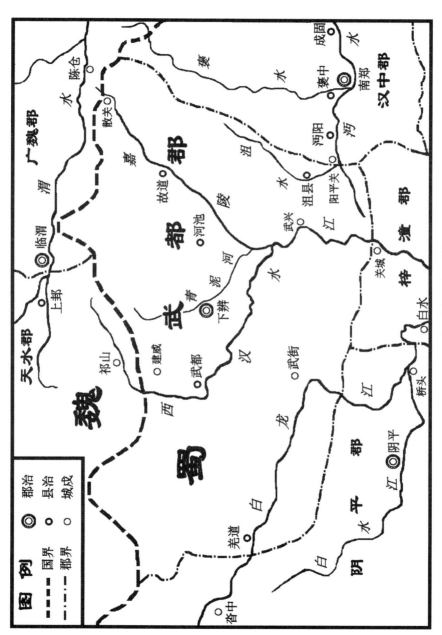

图三　蜀汉武都郡地理形势图

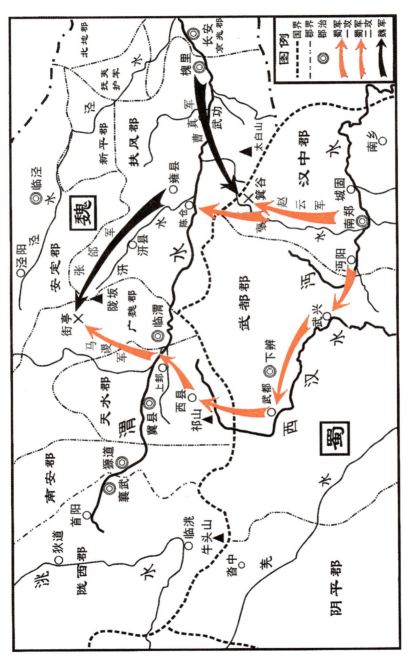

图四　诸葛亮第一、二次北伐示意图（公元 228 年）

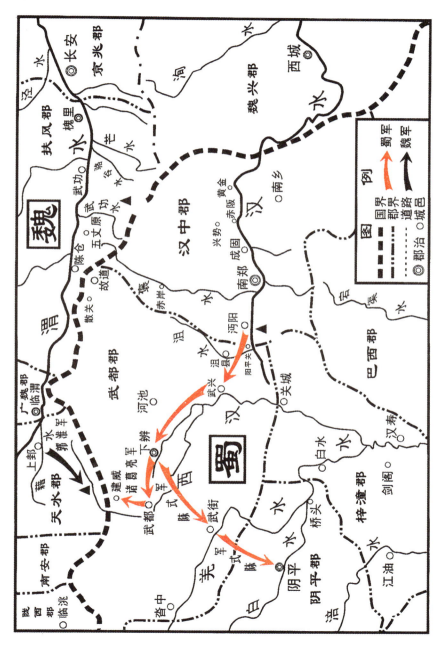

图五　诸葛亮第三次北伐示意图（公元229年）

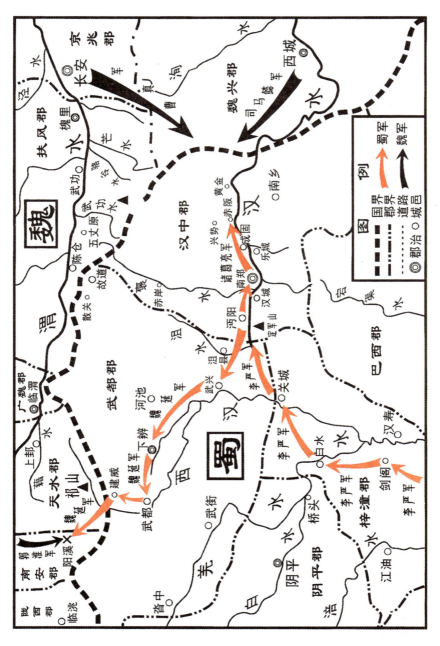

图六　诸葛亮第四次北伐示意图（公元230年）

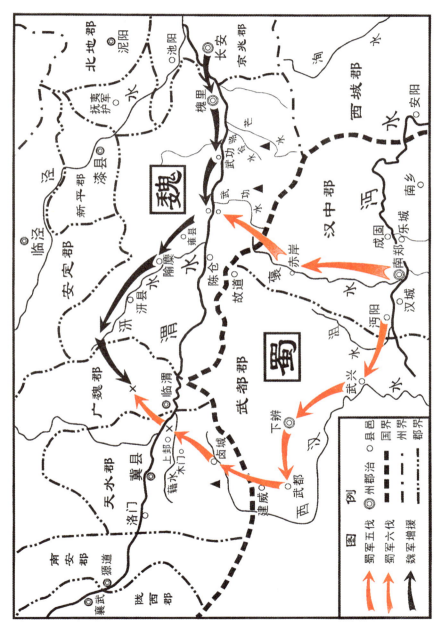

图七　诸葛亮第五、六次北伐示意图（公元 231 年、234 年）

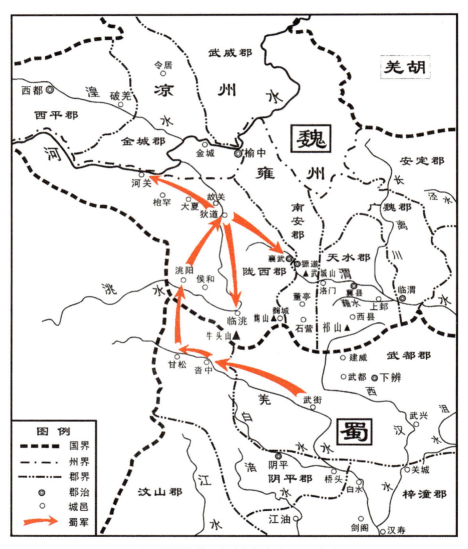

图八 姜维狄道、襄武之役（公元 254 年）

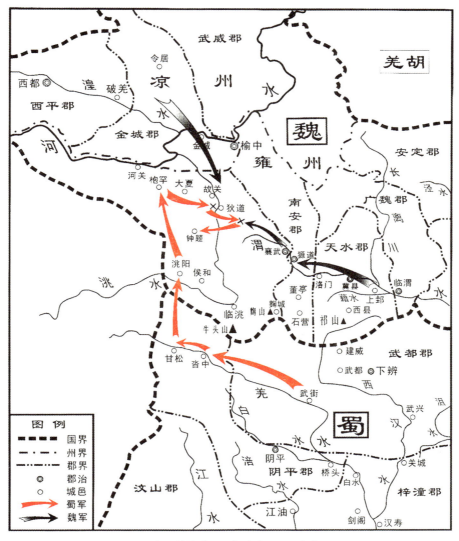

图九　姜维洮西之役（公元 255 年）

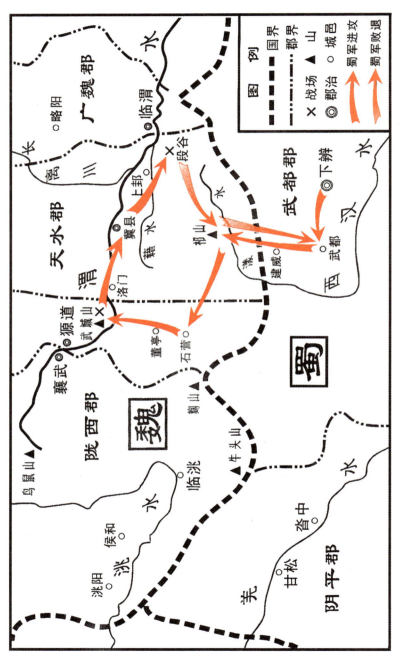

图一〇　姜维段谷之役（公元 255 年）

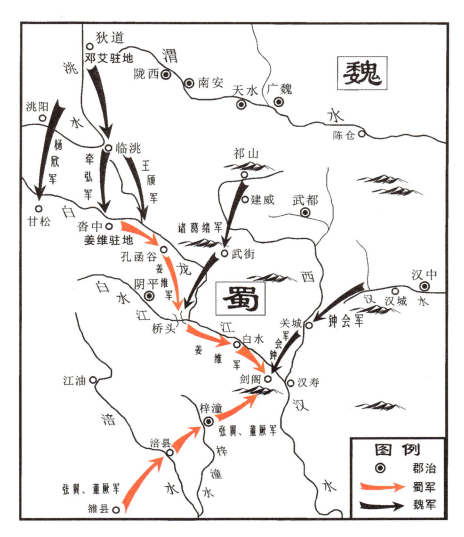

图一一 姜维退守剑阁示意图（公元263年）

孙策攻占江东的经过与方略

在三国鼎立局势的形成过程中,孙策占领江东是最为迅速的。他在兴平二年(195年)冬率军渡江,到次年秋天便相继打败了刘繇、笮融、王朗等敌手,攻占了丹阳、吴、会稽三郡,仅仅用了不到一年的时间。蛰伏三岁之后,他又在建安四年(199年)冬西征,连克庐江、豫章二郡,还击败了江夏的黄祖。孙策在短短数年内的巨大成功,不仅让奸雄曹操倍感惊诧[①],而且使苦斗半生的刘备相形见拙。北宋何去非曾云:"以刘备之间关转战,至于白首,不获中州一块之壤以寓其足。而(孙)策能以敝兵千余,渡江转斗,不数岁而席卷江东,此其过备远矣。"[②]那么,孙策在平定江东期间经历了哪些战斗?采用了何种作战部署与军政方略?前后变化如何?此前学术界虽有涉及[③],但仍有深

---

① 《三国志》卷13《魏书·王朗传》注引《汉晋春秋》:"建安三年,太祖表征(王)朗,策遣之。太祖问曰:'孙策何以得至此邪?'朗曰:'策勇冠一世,有俊才大志。张子布,民之望也,北面而相之。周公瑾,江淮之杰,攘臂而为其将。谋而有成,所规不细,终为天下大贼,非徒狗盗而已。'"第408页。

② 冯东礼译注:《何博士备论注译》,解放军出版社,1990年,第142页。

③ 参见田余庆:《孙吴建国的道路》,《历史研究》1992年第1期;周鹏飞:《试论孙策》,《汉中师范学院学报(哲学社会科学版)》1988年第1期;常强:《东吴基业开创者孙策》,《文史天地》2011年第6期;刘崑:《知人善任,胜利之本——论孙策的用人之道》,《海南大学学报(社会科学版)》1988年第3期。

入探讨的余地,故予以论述。

一、孙策的江都之行与起兵构想

　　孙策的少年时代是在淮泗间漂泊徙居中度过的,汉灵帝熹平元年（172 年）,其父孙坚被任命为盐渎（今江苏盐城市）县丞,携带家眷离开江东故乡赴任。"数岁徙盱眙丞,又徙下邳丞。"[①]孙策生于熹平三年（174 年）,应是降临在盐渎。中平元年（184 年）爆发黄巾起义,孙坚被将军朱儁调任佐军司马,开赴汝南、颖川与宛城（今河南南阳市）等地作战,将家属从下邳移居寿春（今安徽寿县）[②]。初平元年（190 年）,孙坚参加了关东诸侯讨伐董卓的联军,当时十六岁的孙策与其母、弟妹迁徙到舒县（治今安徽庐江县西南）,在挚友周瑜家居住[③]。

　　汉献帝初平二年（191 年）,孙坚奉袁术之命进攻刘表,在襄阳岘山战死,余部由其兄子孙贲率领,护送灵柩回后方,并到寿春继续跟随袁术[④]。孙策接到亡父遗骸后,率领全家奉灵柩渡江归葬,但在中途发生了两件出人意料的事情。其一,是没有返回故里下葬。孙坚原籍在吴郡富春县（今浙江杭州市富阳区）,按照汉代习俗,死于外地者尸骨

---

①《三国志》卷 46《吴书·孙坚传》,第 1093 页。

②《三国志》卷 46《吴书·孙策传》注引《江表传》曰："坚为朱儁所表,为佐军（司马）,留家著寿春。"第 1101 页。

③《三国志》卷 46《吴书·孙策传》注引《江表传》曰："有周瑜者,与策同年,亦英达夙成,闻策声闻,自舒来造焉。便推结分好,义同断金,劝策徙居舒,策从之。"第 1101 页。《三国志》卷 54《吴书·周瑜传》:"孙坚兴义兵讨董卓,徙家于舒。坚子策与瑜同年,独相友善,瑜推道南大宅以舍策,升堂拜母,有无通共。"第 1259 页。

④《三国志》卷 51《吴书·宗室传·孙贲》:"坚薨,贲摄帅余众,扶送灵柩。后袁术徙寿春,贲又依之。"第 1209 页。

通常要返葬本乡祖茔，而"坚薨，还葬曲阿"①。曲阿为今江苏丹阳市，即由淮南转赴富春的中途，葬于此处似乎不合情理，其具体原因史书无载。笔者推测，可能是受吴郡太守许贡的阻挠，许贡与孙氏家族不和，后来孙策占领吴郡诛杀许贡，而孙策又遭许贡门客暗害②。曲阿是吴郡属县，或许是许贡不让孙策南下返乡，故只得在曲阿暂时殡葬。另外，孙坚的长女嫁给了曲阿弘咨③，在当地下葬，墓地有亲属照料。田余庆认为曲阿是孙氏家族在江东的重要据点、利益所系之地④，孙坚遂葬于此。但笔者认为，从当时的礼俗和孙策葬后携带家属匆匆离去的情况来看，将孙坚尸骸葬在曲阿并不是他的初衷，恐怕是被迫的，即见返乡无望而为之。

其二，孙策办完丧事后没有回到淮南或故乡富春，而是立即带领全家赶往江都（今江苏扬州市江都区）居住。"已乃渡江居江都。"⑤当时率领孙坚旧部的孙贲仍在寿春，为袁术部将，可是孙策并未去投奔这位从兄，也没有返回舒县，这是什么原因？笔者分析有以下缘故。首先，是要使亲属安居。孙策有老母与年少的三弟（孙权、孙翊、孙匡）一妹（佚名），他非常注意亲属的安全保障，从来不在战乱风险较大之地居住。前述初平元年（190年）孙策即听从周瑜的建议将家属迁到舒县，从那时到建安元年（196年）孙策平定江东，其母吴夫人与弟妹先后徙居曲阿、江都、历阳、阜陵（今安徽全椒县）等地，最终定居吴县，六年之内凡

①《三国志》卷46《吴书·孙策传》，第1101页。
②《三国志》卷46《吴书·孙策传》："先是，（孙）策杀（许）贡，贡小子与客亡匿江边。策单骑出，卒与客遇，客击伤策。创甚，……至夜卒，时年二十六。"第1109页。
③《三国志》卷52《吴书·诸葛瑾传》："值孙策卒，孙权姊婿曲阿弘咨见而异之，荐之于权。"第1231页。
④田余庆：《孙吴建国的道路》，《历史研究》1992年第1期。
⑤《三国志》卷46《吴书·孙策传》，第1101页。

七迁。可见孙策在社会动荡期间审时度势,举家频繁迁移,趋利避害,最终保住亲属平安。当时江都县所在的广陵郡距离军阀混战的北方较远,战火尚未波及,比较安全,甚至有中原人士前来避难。例如许劭。"或劝劭仕,对曰:'方今小人道长,王室将乱,吾欲避地淮海,以全老幼。'乃南到广陵。"[1] 另外,初平三年(192 年),淮南局势发生动乱。"扬州刺史汝南陈温卒,袁绍使袁遗领扬州;袁术击破之,遗走至沛,为兵所杀。术以下邳陈瑀为扬州刺史。"[2] 次年正月,袁术为曹操所破,"术走九江,扬州刺史陈瑀拒术不纳。术退保阴陵,集兵于淮北,复进向寿春;瑀惧,走归下邳,术遂领其州。"[3] 袁术占领淮南后荒淫侈靡,搜敛无度,导致民不聊生,政局动荡,这应是孙策不愿带领家属返回的主要原因。

　　其次,是为了结交英豪。"及(孙)坚死,策年十七,还葬曲阿;已乃渡江,居江都,结纳豪俊,有复仇之志。"[4] 江都所在的广陵郡历史悠久,汉代吴王刘濞与广陵王国、江都王国曾在那里建都,当地经济、文化发达,人才辈出。关东诸侯起兵讨伐董卓时,臧洪对广陵太守张超曰:"今郡境尚全,吏民殷富,若动桴鼓,可得二万人。"[5] 孙坚残余的旧部多为武将,短少文人谋士,而这是孙策图谋举事不可或缺的,所以要亲自到江都寻访交结。后来他平定江东,其幕僚当中,"彭城张昭、广陵张纮、秦松、陈端等为谋主。"[6] 王永平曾撰文考述汉末流寓江东之广陵人士,在孙吴担任官职或闻名于世者有卫旌,张纮,秦松,陈端,吴硕,刘

①《后汉书》卷 68《许劭传》,第 2235 页。
②《资治通鉴》卷 60 汉献帝初平三年,第 1942 页。
③《资治通鉴》卷 60 汉献帝初平四年,第 1942 页。
④《资治通鉴》卷 61 汉献帝兴平元年,第 1957 页。
⑤《三国志》卷 7《魏书·臧洪传》,第 231 页。
⑥《三国志》卷 46《吴书·孙策传》,第 1104 页。

颖、刘略兄弟,徐彪,袁迪,杨竺、杨穆兄弟,范慎,吕岱,皇象,华融、华
谞父子,盛彦,韩建、韩绩父子,闵鸿等二十余人,"形成了一个地域士
人群体,诸人皆为仕宦显达者或文化精英分子。"① 可见其对东吴政治
影响颇深。孙策在江都频繁活动,以致引起了广陵郡县的注意和上报,
"徐州牧陶谦深忌策。"②

兴平元年(194年),江东局势发生了变化,袁术派遣孙策母舅吴
景领兵渡江占领了丹阳郡,并出任太守,孙贲则担任丹阳都尉③,这使
孙策产生了重返江东、割据称雄的意图;但是他年方二十,手下又无兵
将,上述宏愿能否实现尚无把握,需要有能人来参谋指点。孙策在江都
居住期间最重要的收获,就是结识了当地名士张纮。张纮早年游学洛
阳,还乡后多次受到公府的征辟,他清醒地看到京都政局的艰危,一概
予以谢绝④。孙策曾几次造访张纮谈论时务,与其成为知己,决心向他
抒发图取江东的规划以求指正,并准备在起兵前将家属托付给张纮,
与其结成生死之交。"初策在江都时,张纮有母丧。(孙)策数诣纮,咨
以世务,曰:'方今汉祚中微,天下扰攘。英雄俊杰各拥众营私,未有能
扶危济乱者也。先君与袁氏共破董卓,功业未遂,卒为黄祖所害。策虽
暗稚,窃有微志,欲从袁扬州求先君余兵,就舅氏于丹杨,收合流散,东
据吴会,报仇雪耻,为朝廷外藩。君以为何如?'"⑤ 孙策的起兵计划含

---

① 王永平:《汉末流寓江东之广陵人士与孙吴政权之关系考述》,氏著《孙吴政治与文化史论》,
　　上海古籍出版社,2005年,第323页。
② 《三国志》卷46《吴书·孙策传》,第1101页。
③ 《资治通鉴》卷61汉献帝兴平元年:"丹阳太守会稽周昕与袁术相恶,术上策舅吴景领丹阳
　　太守,攻昕,夺其郡,以策从兄贲为丹阳都尉。"第1957—1958页。
④ 《三国志》卷53《吴书·张纮传》注引《吴书》:"大将军何进、太尉朱儁、司空荀爽三府辟为
　　掾,皆称疾不就。"第1243页。
⑤ 《三国志》卷46《吴书·孙策传》注引《吴历》,第1102页。

有几个要点，特作分析以下：

第一，向袁术借兵，与吴景在丹阳聚会。孙策虽有大志，但身边没有可用的将士，临时招募军队则缺乏训练与实战经验，战斗力不强。如果到寿春去索要孙坚旧部，是子袭父业、名正言顺，袁术不好拒绝；如果获准即拥有一支精兵，而且能得到粮饷、器械等补给，再与吴景所部会合，以此为骨干来招集流民和散兵游勇，扩大武装，就会成为可观的力量。

第二，占据吴、会稽两郡，作为自己的根据地。长江自江西九江折而流向东北，过南京、镇江而东流入海，因此汉魏时期称这一河段的南岸地域为"江东"，又有狭义与广义之分。狭义的"江东"包括东汉丹阳、吴、会稽三郡，即今苏南、皖南、浙江全省与福建北部，它面临大海，西、北距长江，西南和南边为皖南丘陵山地、浙西丘陵和浙南山地所围绕，在地理上自成一个单元，可以成就霸业。如乌江亭长对项羽曰："江东虽小，地方千里，众数十万人，亦足王也。"[1] 其经济重心是吴郡的太湖平原和会稽郡的宁绍平原，简称"吴、会"，当地土沃水丰，物产丰富，人口密集，是孙策起兵要占领的主要目标。广义的"江东"在丹阳、吴、会稽三郡之外还包括汉朝的豫章郡，即今江西省地域，面积更加辽阔，因而被鲁肃称为"沃野万里"[2]。

第三，消灭黄祖以报父仇。汉代盛行血亲复仇，又受到儒学的鼓励和提倡。如《礼记·曲礼上》曰："父之仇，弗与共戴天。兄弟之仇，不反兵。"[3] 汉章帝曾立"轻侮法"，杀死侮辱父母者不获死罪。父仇不报，是莫大的耻辱，在社会上受人蔑视。所谓"《春秋》"之义，子不报仇，

①《史记》卷 7《项羽本纪》，第 336 页。
②《三国志》卷 54《吴书·鲁肃传》注引《吴书》，第 1267 页。
③（清）阮元校刻：《十三经注疏》，第 1250 页。

非子也"①。孙坚被黄祖部下所害,替他复仇对孙策来说是义不容辞之事,何况黄祖驻兵江夏,居长江中游,对江东构成了军事威胁,无论于公于私,他都是孙策必须消灭的对象。

第四,割据称雄。如果实现了上述目的,孙策将成为雄踞江东一隅的诸侯,所谓"为朝廷外藩",不过是在名义上服从汉室,实际则拥兵自重,分茅裂土,建立事实上的独立王国。

张纮起初借口服丧而不愿表态,孙策则"涕泣横流",一定要让张纮为之定夺。孙策说道:"君高名播越,远近怀归。今日事计,决之于君,何得不纡虑启告,副其高山之望? 若微志得展,血仇得报,此乃君之勋力,策心所望也。"②张纮被其诚恳慷慨的态度所感动,回答说:"今君绍先侯之轨,有骁武之名,若投丹杨,收兵吴会,则荆、扬可一,仇敌可报。据长江,奋威德,诛除群秽,匡辅汉室,功业侔于桓、文,岂徒外藩而已哉?"③这是说孙策的计划非但可行,其志向与目光还可以进一步扩展,不仅是占据江东,还能够西溯长江攻取荆州,统一江南的半壁河山,然后北进中原,争取在汉末动乱中成为齐桓公、晋文公那样"挟天子以令诸侯"的霸主。张纮这番话既巩固了孙策攻占江东的决心,更激发了他将来有机会就要逐鹿中原的壮志。后来"建安五年,曹公与袁绍相拒于官渡,(孙)策阴欲袭许,迎汉帝"④。就是他企图实现上述战略意图的反映。张纮还向孙策保证,将来他起兵成功,自己一定与志同道合者前去投奔。"方今世乱多难,若功成事立,当与同好俱南济也。"⑤孙

---

① 《后汉书》卷44《张敏传》,第1503页。
② 《三国志》卷46《吴书·孙策传》注引《吴历》,第1103页。
③ 《三国志》卷46《吴书·孙策传》注引《吴历》,第1103页。
④ 《三国志》卷46《吴书·孙策传》,第1109页。
⑤ 《三国志》卷46《吴书·孙策传》注引《吴历》,第1103页。

策便把亲属留给张纮照顾，自己动身赶赴寿春。他说："一与君同符合契，有永固之分。今便行矣，以老母弱弟委付于君，策无复回顾之忧。"[1]

二、渡江募兵失利与重整旗鼓

孙策到寿春向袁术索要亡父旧部人马，虽然深获袁术器重却并未成功。《江表传》曰："术甚贵异之，然未肯还其父兵。术谓策曰：'孤始用贵舅为丹杨太守，贤从伯阳为都尉，彼精兵之地，可还依召募。'"[2] 袁术老奸巨猾，他的推托之辞自有一番道理：现在丹阳郡任职的吴景与孙贲所率也是孙坚旧部，你到那里领兵就是了。"丹阳号为天下精兵处"[3]，民风彪悍，"俗好武习战，高尚气力"[4]；汉末何进、陶谦与曹操都曾募取"丹杨兵"[5]，在此地招募即可补充兵员。孙策无可奈何，只得遵命渡江投靠吴景，当时吴景已向东攻占曲阿。"（孙）策遂与汝南吕范及族人孙河迎其母诣曲阿，依舅氏。因缘召募。"[6] 但由于势力孤弱而缺乏影响，又不能提供优厚的条件，只有区区数百人应募。孙策在当地活动时还受到土豪武装的攻击，险些丧命。"策遂诣丹杨依舅，得数百人，而为泾县大帅祖郎所袭，几至危殆。"[7] 不得已又返回淮南去求见袁

---

①《三国志》卷46《吴书·孙策传》注引《吴历》，第1103页。

②《三国志》卷46《吴书·孙策传》注引《江表传》，第1103页。

③《资治通鉴》卷61汉献帝兴平元年胡三省注，第1958页。

④《三国志》卷64《吴书·诸葛恪传》，第1431页。

⑤参见《三国志》卷32《蜀书·先主传》："大将军何进遣都尉毌丘毅诣丹杨募兵，先主与俱行"；"时先主自有兵千余人及幽州乌丸杂胡骑，又略得饥民数千人。既到，（陶）谦以丹杨兵四千益先主，先主遂去（田）楷归谦。"第872—873页。《三国志》卷1《魏书·武帝纪》："太祖兵少，乃与夏侯惇等诣扬州募兵，刺史陈温、丹杨太守周昕与兵四千余人。"第8页。

⑥《资治通鉴》卷61汉献帝兴平元年，第1958页。

⑦《三国志》卷46《吴书·孙策传》注引《江表传》，第1103页。

术。"术以坚余兵千余人还策,表拜怀义校尉。"① 这支部队人数虽少,但有程普、黄盖、韩当等老将,作战经验丰富。袁术让孙策领兵去攻打庐江郡(治舒县,今安徽庐江县西南),结果一举攻陷,擒获太守陆康②,更使袁术刮目相看。此时扬州又发生了重大事件,为孙策重返江东提供了契机。

袁术为部下普遍求官未能得逞,因而扣押了朝廷的使者太傅马日磾。双方交恶后,汉廷派遣宗室刘繇为扬州刺史,不承认袁术在淮南及江东的统治。"州旧治寿春。寿春,(袁)术已据之,(刘)繇乃渡江治曲阿。"③ 并将作为袁术部下的吴景、孙贲从曲阿与丹阳郡驱逐出去。有当地大族的支持,加上南渡的彭城相薛礼、下邳相笮融率兵前来投靠,刘繇的势力迅速壮大。"汉命加繇为(扬州)牧,振武将军,众数万人。"④ 吴景等人的兵马节节败退,被迫渡江回到淮南,而刘繇所部追击过江后占据了西岸的两个重要渡口。"(吴)景、(孙)贲退舍历阳。繇遣樊能、于麋东屯横江津,张英屯当利口,以拒(袁)术。"⑤ 笔者按:历阳治今安徽和县历阳镇,横江津在历阳东南二十六里,与对岸的著名渡口牛渚(今安徽马鞍山市采石镇)隔江相对⑥,当利口则在历阳县东十二里,亦为江边的港湾⑦。袁术由于准备称帝,任命自己的故吏惠衢作扬州刺史,并提升吴景的官职,命令他和孙贲将刘繇所部逐回东岸,但是几度

---

① 《资治通鉴》卷61汉献帝兴平元年,第1958页。
② 参见《三国志》卷55《吴书·程普传》,第1283页。《后汉书》卷31《陆康传》,第1114页。
③ 《三国志》卷46《吴书·孙策传》,第1102页。
④ 《三国志》卷49《吴书·刘繇传》,第1184页。
⑤ 《三国志》卷46《吴书·孙策传》,第1102页。
⑥ (唐)李吉甫:《元和郡县图志》阙卷逸文卷2《淮南道·和州历阳县》:"横江,在县东南二十六里,直江南采石渡处。"1077页。
⑦ 《资治通鉴》卷61汉献帝兴平元年胡三省注:"当利浦,在今和州东十二里。"第1959页。

反击均告失利。"更以景为督军中郎将，与贲共将兵击（张）英等，连年不克。"① 孙策抓住这次机遇向袁术请求带兵到历阳，与吴景等会师后夺回横江津，然后渡江进攻刘繇。袁术由于战局不利而被迫同意，但是并不相信孙策能战胜强敌。《江表传》曰：

> 策说术云："家有旧恩在东，愿助舅讨横江；横江拔，因投本土召募。可得三万兵，以佐明使君匡济汉室。"术知其恨，而以刘繇据曲阿，王朗在会稽，谓策未必能定，故许之。②

孙策在寿春出发时仍率领此前袁术拨给他的旧部，"兵财（才）千余，骑数十匹，宾客愿从者数百人。"经过沿途的招募，"比至历阳，众五六千。"③ 值得注意的是，随从他南下的除了程普、黄盖、韩当等老将，还有在当地结识的几位勇士，如"蒋钦字公弈，九江寿春人也。孙策之袭袁术，钦随从给事。及策东渡，拜别部司马，授兵"④。"周泰字幼平，九江下蔡人也。与蒋钦随孙策为左右，服事恭敬，数战有功。"⑤ "陈武字子烈，庐江松滋人。孙策在寿春，武往修谒，时年十八，长七尺七寸，因从渡江，征讨有功，拜部司马。"⑥ 他们在后来的战斗中屡立战功，发挥了重要的作用。这支生力军到达历阳后，又得到周瑜所部的加入，马上改变了战场的形势，迅速击败了张英、于麋的部队。"会（孙）策将东

①《三国志》卷46《吴书·孙策传》，第1102页。
②《三国志》卷46《吴书·孙策传》注引《江表传》，第1103页。
③《三国志》卷46《吴书·孙策传》，第1102页。
④《三国志》卷55《吴书·蒋钦传》，第1286页。
⑤《三国志》卷55《吴书·周泰传》，第1287页。
⑥《三国志》卷55《吴书·陈武传》，第1289页。

渡，到历阳，驰书报（周）瑜，瑜将兵迎策。策大喜曰：'吾得卿，谐也。'遂从攻横江、当利，皆拔之。"① 将敌人逐回江东的牛渚。

孙策自兴平二年（195 年）冬领兵渡江作战，到建安五年（200 年）夏他去世时，占领了江东六郡②，其作战过程可以分为前后三个阶段。

第一，打败刘繇、王朗等汉朝官吏，占领丹阳、吴、会稽。

第二，扫平各地豪帅、山越，巩固三郡统治。

第三，出击广陵、庐江、江夏，迫降豫章，扩充疆域。

孙策在上述各阶段的作战经过与用兵谋略，笔者在下文分别论述。

三、击败刘繇与王朗，攻占江东三郡

孙策攻取江东三郡的作战相当迅速，据《资治通鉴》考订时间后记述，他在兴平二年（195 年）十二月东渡牛渚，至次年八月攻占会稽郡，前后历时不到一年。故陈寿说他"渡江转斗，所向皆破，莫敢当其锋"③。其中主要战斗是在丹阳郡及曲阿与刘繇所部进行的。在江东各地的武装集团中，要数刘繇官职最高，兵力最强，又有长江天险与沿江宁镇丘陵的复杂地势为自然障碍，因而是头号劲敌。孙策为打败刘繇诸部采用了以下步骤和策略。

（一）编制苇筏，抢渡长江

孙策领兵占领横江和当利口后，准备乘胜追击，立即渡江攻打对

①《三国志》卷 54《吴书·周瑜传》，第 1259 页。
②《资治通鉴》卷 64 汉献帝建安七年周瑜谓孙权曰："今将军承父兄余资，兼六郡之众，兵精粮多，将士用命。"胡三省注："六郡，会稽、吴、丹阳、豫章、庐陵、庐江也。"第 2047 页。
③《三国志》卷 46《吴书·孙策传》，第 1102 页。

岸的的牛渚。他的军队约有万余人，但是木船很少，无奈之下只得下令停驻江边，征集附近的民间船只。部将徐琨的母亲也在军中，闻讯后对他说："恐州家多发水军来逆人，则不利矣。如何可驻邪？宜伐芦苇以为浒，佐船渡军。"裴松之注："郭璞注《方言》曰：浒，水中薄也。"[1] 徐母的意见是说如果大兵停驻江边，恐怕刘繇会增派战船前来反击，孙策较弱的水军则无法抵挡，这不是好办法。应该砍伐芦苇编制筏排，协助船只载运军队尽快渡江。徐琨将此计汇报孙策，结果得到施行，顺利抢渡成功。"（徐）琨具启（孙）策，策即行之。众悉俱济，遂破（张）英，击走笮融、刘繇，事业克定。"[2]《江表传》曰："（孙）策渡江攻（刘）繇牛渚营，尽得邸阁粮谷、战具。"[3] 占领了这个重要的渡口，作为隔江联络淮南的据点，并且缴获了丰厚的战利品。

（二）迂回敌后，攻占秣陵

渡江战斗胜利结束后，孙策要往刘繇的治所曲阿进军，前面有薛礼、笮融两支兵马在秣陵县（今江苏南京市）拦路。"时彭城相薛礼、下邳相笮融依繇为盟主，礼据秣陵城，融屯县南。"[4] 孙策率先进攻笮融，"融出兵交战，斩首五百余级，融即闭门不敢动。"[5] 孙策并未强攻敌军的营垒，而是发挥其水军的作用，利用船队运兵顺江而下，绕过笮融的阵地，去攻打薛礼占据的秣陵。"因渡江攻礼，礼突走"[6]，这座被诸葛亮

---

①《三国志》卷 50《吴书·妃嫔传·吴主徐夫人》，第 1197 页。
②《三国志》卷 50《吴书·妃嫔传·吴主徐夫人》，第 1197 页。
③《三国志》卷 46《吴书·孙策传》注引《江表传》，第 1103 页。
④《三国志》卷 46《吴书·孙策传》注引《江表传》，第 1103 页。
⑤《三国志》卷 46《吴书·孙策传》注引《江表传》，第 1103 页。
⑥《三国志》卷 46《吴书·孙策传》注引《江表传》，第 1103 页。

称为"金陵钟山龙蟠,石头虎踞,帝王之宅"① 的城市被孙策轻易占领。

(三)诈死诱敌,击败笮融

　　孙策领兵进攻秣陵之时,刘繇的败将樊能、于麋等纠集余众乘虚袭击牛渚,企图夺回这座港口。"(孙)策闻之,还攻破(樊)能等,获男女万余人。"②

　　挫败了敌人的反扑,然后继续挥师北上进攻笮融。孙策在战斗中负伤,"为流矢所中。伤股,不能乘马,因自舆还牛渚营。"③附近投降的敌军闻讯后反叛,孙策命令吴景率部予以镇压④,又派遣间谍,"叛告(笮)融曰:'孙郎被箭已死。'融大喜,即遣将于兹乡(向)策。"⑤前来夺取牛渚,结果中了孙策的埋伏,"贼追入伏中,乃大破之,斩首千余级。策因往到融营,下令左右大呼曰:'孙郎竟云何!'贼于是惊怖夜遁。"⑥笮融被迫撤退,"更深沟高垒,缮治守备。"⑦孙策见其阵地易守难攻,而进军曲阿的道路已然打开,便不再浪费时间和兵力与其纠缠,"乃舍去。攻破(刘)繇别将于海陵,转攻湖孰、江乘,皆下之。"⑧笔者按:海陵在今江苏泰州市,与孙策此时作战区域相隔甚远,又处在江北,《江表传》的记载可能有误。《资治通鉴》作"又破繇别将于梅陵",胡三省注:

---

① (清)顾祖禹:《读史方舆纪要》卷20《南直二·应天府》,第921页。
② 《三国志》卷46《吴书·孙策传》注引《江表传》,第1103页。
③ 《三国志》卷46《吴书·孙策传》注引《江表传》,第1103页。
④ 《三国志》卷50《吴书·妃嫔传·孙破虏吴夫人附弟景》:"时(孙)策被创牛渚,降贼复反,景攻讨,尽禽之。"第1195页。
⑤ 《三国志》卷46《吴书·孙策传》注引《江表传》,第1103页。
⑥ 《三国志》卷46《吴书·孙策传》注引《江表传》,第1103页。
⑦ 《三国志》卷46《吴书·孙策传》注引《江表传》,第1104页。
⑧ 《三国志》卷46《吴书·孙策传》注引《江表传》,第1104页。

"唐书地理志,宣州南陵县有梅根镇,今有梅根港。"① 当为此处。顾祖禹曰:"湖熟城,在上元县东四十五里,(秦)淮水北,汉县,属丹阳郡。"② 又云:"江乘城,(应天)府东北七十里。本秦县,属鄣郡……汉亦曰江乘县,属丹阳郡。"③ 都是在今江苏南京市附近的城池。

（四）直取曲阿,瓦解敌军

在占领丹阳郡沿江各县后,孙策置笮融余众于不顾,采取擒贼先擒王的策略,径直向刘繇的巢穴州治曲阿进军。程普本传叙述了这一阶段的作战经过,"(孙)策到横江、当利,破张英、于麋等,转下秣陵、湖孰、句容、曲阿,(程)普皆有功。"④ 刘繇在曲阿曾经出兵抵抗,但是一触即溃。参见《后汉书·献帝纪》:"扬州刺史刘繇与袁术将孙策战于曲阿,繇军败绩。"⑤ 袁宏《后汉纪》亦曰:"袁术使孙策略地江东,军及曲阿。扬州刺史刘繇败绩。"⑥ 这次战斗的胜利影响很大,首先,江东各地许多汉朝官吏放弃城守离任逃跑,致使孙策不战而获取。"刘繇弃军遁逃,诸郡守皆捐城郭奔走。"⑦ 其次,孙策军纪严明,收获民心,取得百姓支持。"军士奉令,不敢虏略,鸡犬菜茹,一无所犯。民乃大悦,竞以牛酒诣军。"⑧ 再次,孙策进入曲阿后颁布公告,投降的敌兵不问前罪,愿意从军者给予优待,免除全家赋役。"发恩布令,告诸县:'其刘繇、笮

---

①《资治通鉴》卷 61 汉献帝兴平二年十月胡三省注,第 1971 页。

②(清)顾祖禹:《读史方舆纪要》卷 20《南直二·应天府》,第 942 页。

③(清)顾祖禹:《读史方舆纪要》卷 20《南直二·应天府》,第 941 页。

④《三国志》卷 55《吴书·程普传》,第 1283 页。

⑤《后汉书》卷 9《献帝纪》,第 377 页。

⑥(东晋)袁宏:《后汉纪》卷 27《孝献皇帝纪》,张烈点校:《两汉纪》,北京:中华书局,2002 年,第 526 页。

⑦《三国志》卷 46《吴书·孙策传》,第 1104 页。

⑧《三国志》卷 46《吴书·孙策传》注引《江表传》,第 1104 页。

融等故乡部曲来降首者,一无所问;乐从军者,一身行,复除门户;不乐者,勿强也。'"① 这一举措有力地瓦解了刘繇、笮融的部队,使他们纷纷前来投诚。"旬日之间,四面云集,得见兵二万余人,马千余匹。威震江东,形势转盛。"② 这与此前孙策对袁术所言"横江拔,因投本土召募,可得三万兵"③ 的预判基本相符。他的军队约有四、五万人,孙策认为这些兵力已足够使用,因而对周瑜说:"吾以此众取吴会平山越已足。卿还镇丹杨。"④

刘繇率领余众逃到丹徒(今江苏镇江市),准备南赴会稽联合王朗继续抵抗,后来接受了幕宾许劭的建议,乘船溯流向西逃往豫章郡彭泽县(今江苏彭泽县境)⑤。许劭判断出孙策下一步用兵计划是攻打富庶的会稽,那里是海滨,没有撤退的余地,并非理想的去处。"不如豫章,西接荆州,北连豫壤,若收合吏民,遣使贡献焉,与曹兖州相闻。"⑥ 危急时可以得到曹操与刘表的支援。刘繇因此接受了他的建议。笮融势单力孤,也放弃营守逃到了豫章。

吴郡是江东最富庶的地区,郡治吴县(今江苏苏州市)商业发达。班固曰:"吴东有海盐章山之铜,三江五湖之利,亦江东之一都会也。"⑦ 孙策占领该地没有经过大军讨伐,只是由朱治率领一支偏师攻占的。朱治原是孙坚部将,"会坚薨,(朱)治扶翼(孙)策,依就袁术。后知术

---

①《三国志》卷46《吴书·孙策传》注引《江表传》,第1105页。
②《三国志》卷46《吴书·孙策传》注引《江表传》,第1105页。
③《三国志》卷46《吴书·孙策传》注引《江表传》,第1103页。
④《三国志》卷54《吴书·周瑜传》,第1260页。
⑤参见《三国志》卷49《吴书·刘繇传》:"孙策东渡,破(张)英、(樊)能等,繇奔丹徒,遂溯江南保豫章,驻彭泽。"第1184页。
⑥(东晋)袁宏:《后汉纪》卷27《孝献皇帝纪》,张烈点校:《两汉纪》,第526页。
⑦《汉书》卷28下《地理志下》,第1668页。

政德不立,乃劝策还平江东。"[1] 汉朝使者太傅马日磾在寿春时,曾经应袁术的要求,"辟(朱)治为掾,迁吴郡都尉。"[2] 他随即带领部下赴任,治所在钱塘县(今浙江杭州市)[3]。孙策领兵渡江后,朱治随即与之策应,率领所部北攻吴县。"治从钱唐欲进到吴,吴郡太守许贡拒之于由拳,治与战,大破之。"[4] 秦汉由拳县治所在今浙江嘉兴市南湖区,班固曰:"由拳,柴辟(壁),故就李乡,吴、越战地。"注引应劭曰:"古之檇李也。"[5] 是著名的古战场,越王勾践曾在此大败吴师,使吴王阖闾伤重致死。许贡兵败后放弃郡治吴县,"南就山贼严白虎,(朱)治遂入郡,领太守事。"[6] 然后与孙策的大军会合。

孙策占领吴郡后,附近的反抗势力相当猖獗。"吴人严白虎等众各万余人,处处屯聚。"[7] 吴景等人建议先剿灭这些土豪武装,再进攻会稽。孙策则认为地方豪强目光短浅,不会构成威胁,以后可以手到擒来,还是应该迅速攻占会稽郡这个重要的战略目标。"策曰:'虎等群盗,非有大志,此成禽耳。'遂引兵渡浙江,据会稽。"[8]《三国志》程普本传提到孙策进军会稽之前,先占领了吴郡与其接壤的一些城镇。"进破乌程、石木、波门、陵传、余杭,(程)普功为多。"[9] 其中乌程县治今浙江湖州市,余杭县为今浙江杭州市余杭区。石木、波门、陵传等地名今已

①《三国志》卷56《吴书・朱治传》,第1303页。
②《三国志》卷56《吴书・朱治传》,第1303页。
③后来程普继任吴郡都尉,治所仍在钱塘。参见《三国志》卷55《吴书・程普传》:"(孙)策入会稽,以(程)普为吴郡都尉,治钱唐。"第1283页。
④《三国志》卷56《吴书・朱治传》,第1303页。
⑤《汉书》卷28上《地理志上》,第1591页。
⑥《三国志》卷56《吴书・朱治传》,第1303页。
⑦《三国志》卷46《吴书・孙策传》,第1104页。
⑧《三国志》卷46《吴书・孙策传》,第1104页。
⑨《三国志》卷55《吴书・程普传》,第1283页。

亡佚。卢弼《三国志集解》引沈钦韩曰:"石木、波门、陵传当在乌程、余杭之间,今《湖州府志》无此地名。"①

《后汉纪》建安元年(196 年)六月条曰:"是月,孙策入会稽,太守王朗与策战,败绩。"②王朗出兵抵御之前,"功曹虞翻以为力不能拒,不如避之。"③但王朗以为身为封疆大吏,有守土抗敌之责,于是发兵御境。"是时太守王朗拒(孙)策于固陵,策数度水战,不能克。"④固陵在今浙江萧山区西北西兴镇,古时又称西陵。胡三省曰:"《水经注》:浙江东径固陵城北。昔范蠡筑城于浙江之滨,言可以固守,谓之固陵,今之西陵也。"⑤孙策叔父孙静熟悉当地情况,建议放弃强攻坚城的战术,从南边的查渎偷渡袭击敌军后方。"(孙)静说策曰:'(王)朗负阻城守,难可卒拔。查渎南去此数十里,而道之要径也,宜从彼据其内,所谓攻其无备、出其不意者也。吾当自帅众为军前队,破之必矣。'策曰:'善。'"⑥胡三省说查渎又称租塘、租渎,"浙江又东径租塘,谓之租渎,孙策袭王朗所从出之道也。裴松之曰:查,音祖加翻。"⑦顾祖禹曰:"查渎,在(萧山)县西南九里。《水经注》:'浙江东经查塘谓之查渎。'……夏侯争先曰:'查渎亦曰查浦,《春秋》吴伐越,次查浦。即此。'"⑧

由于船只不足,孙策仿效韩信用木框缚瓦罂偷渡夏阳的计策。"乃

①卢弼:《三国志集解》,第 1024 页。

②(东晋)袁宏:《后汉纪》卷 29《孝献皇帝纪》,张烈点校:《两汉纪》,第 552 页。

③《三国志》卷 13《魏书·王朗传》,第 407 页。

④《三国志》卷 51《吴书·宗室传·孙静》,第 1205 页。

⑤《资治通鉴》卷 62 汉献帝建安元年六月胡三省注,第 1985—1986 页。

⑥《三国志》卷 51《吴书·宗室传·孙静》,第 1205 页。

⑦《资治通鉴》卷 62 汉献帝建安元年六月胡三省注,第 1986 页。

⑧(清)顾祖禹:《读史方舆纪要》卷 92《浙江四·绍兴府萧山县》,第 4220 页。

诈令军中曰：'顷连雨水浊，兵饮之多腹痛，令促具罂缶数百口澄水。'至昏暮，罗以然火诳(王)朗，便分军夜投查渎道，袭高迁屯。"[1] 顾祖禹曰："高迁屯，在(萧山)县东北五十里。东南去府城四十里。裴松之曰：'永兴有高迁桥。'是也。"[2] 王朗闻讯大惊，"遣故丹杨太守周昕等帅兵前战"[3]，但被孙策击败，然后占领会稽郡治山阴(今浙江绍兴市)。"策破昕等，斩之，遂定会稽。"[4] 王朗乘船逃走，"浮海至东冶。(孙)策又追击，大破之。"[5] 东冶即今福建福州市，王朗兵败后还想逃往交州(今中国广东、广西，越南北部和中部)，但受孙策军队堵截，被迫前来投降[6]，攻占会稽的战斗遂告结束。

四、孙策在江东的平叛与外交活动

自建安元年(196年)八月孙策攻占会稽后擒获王朗，到建安四年(199年)夏，在将近三年的时间内，孙策没有领兵离开江东三郡到境外去拓展领土。从历史记载来看，他在这个阶段的活动有三个值得注意的内容，分述如下：

(一)亲自领兵消灭境内的反叛势力

孙策顺利攻占了太湖平原和宁绍平原，但是在丹阳、吴、会稽三郡

①《三国志》卷51《吴书·宗室传·孙静》，第1205页。
②(清)顾祖禹：《读史方舆纪要》卷92《浙江四·绍兴府萧山县》，第4220页。
③《三国志》卷51《吴书·宗室传·孙静》，第1205页。
④《三国志》卷51《吴书·宗室传·孙静》，第1205页。
⑤《三国志》卷13《魏书·王朗传》，第407页。
⑥《三国志》卷13《魏书·王朗传》注引《献帝春秋》："孙策率军如闽、越讨(王)朗，朗泛舟浮海，欲走交州，为兵所逼，遂诣军降。"第407页。

的山险地带还盘踞着许多不服从其统治的豪强武装。除了吴郡纠集万余人的严白虎,还有刘繇部将太史慈,"亡入山中,称丹杨太守。是时,(孙)策已平定宣城以东,惟泾以西六县未服。慈因进住泾县,立屯府,大为山越所附。"①《吴录》曰:"时有乌程邹他、钱铜及前合浦太守嘉兴王晟等,各聚众万余或数千。"②《江表传》记载住在海西的陈瑀,"遣都尉万演等密渡江,使持印传三十余纽与贼丹杨、宣城、泾、陵阳、始安、黟、歙诸险县大帅祖郎、焦已及吴郡乌程严白虎等使为内应,伺(孙)策军发,欲攻取诸郡。"③面对星罗棋布的反叛势力,孙策初据江东立足未稳,不敢带兵离境外出征伐,他采取了"攘外必先安内"的策略,亲自率领主力剿灭各地强悍的土豪武装。例如"(孙)策自讨(严白)虎,虎高垒坚守,……进攻破之。虎奔余杭,投许昭于虏中"④。太史慈在泾县,"策躬自攻讨,遂见囚执。"⑤"时山阴宿贼黄龙罗、周勃聚党数千人,策自出讨,(董)袭身斩罗、勃首。"⑥其从兄孙辅,"又从策讨陵阳,生得祖郎等。"⑦孙权当时只有十五六岁,也跟随孙策平叛。"(孙)策讨六县山贼,(孙)权住宣城,使士自卫,不能千人……"⑧对于太史慈、祖郎等首领,孙策不记前仇,留用帐下,起到了笼络人心的作用。"及军还,(祖)郎与太史慈俱在前导军,人以为荣。"⑨有些较弱的地方豪强,孙策则委任部将去处置。例如程普,"后徙丹杨都尉,居石城。复讨宣城、泾、安

---

①《三国志》卷49《吴书·太史慈传》,第1188页。
②《三国志》卷46《吴书·孙策传》注引《吴录》,第1105页。
③《三国志》卷46《吴书·孙策传》注引《吴录》,第1107页。
④《三国志》卷46《吴书·孙策传》注引《吴录》,第1105页。
⑤《三国志》卷49《吴书·太史慈传》,第1188页。
⑥《三国志》卷55《吴书·董袭传》,第1291页。
⑦《三国志》卷51《吴书·宗室传·孙辅》,第1211页。
⑧《三国志》卷55《吴书·周泰传》,第1287页。
⑨《三国志》卷51《吴书·宗室传·孙辅》注引《江表传》,第1212页。

吴、陵阳、春谷诸贼,皆破之。"① 经过数年努力征讨,终于消除了境内大部分叛乱势力,巩固了江东三郡根据地。

（二）与袁术集团决裂

在这段时间内,孙策与寿春的袁术集团逐渐疏远,直到最终断绝来往,势同水火。孙策起兵时对袁术扣押其旧部就有怨恨,他后来对太史慈说:"先君手下兵数千余人,尽在公路许。孤志在立事,不得不屈意于公路,求索故兵,再往才得千余人耳。"② 孙策在江东连克郡县,袁术又派亲信前去做官,并把孙策的部将调往淮南,试图削弱他的势力。例如孙策打下丹阳郡后,留周瑜与其从父周尚镇守。"袁术遣从弟胤代（周）尚为太守,而瑜与尚俱还寿春。"③《江表传》亦曰:"袁术以吴景守广陵,（孙）策族兄香亦为术所用,作汝南太守,而令（孙）贲为将军,领兵在寿春。"④ 孙策针锋相对,写信让他们弃官回归江东。"策与（吴）景等书曰:'今征江东,未知二三君意云何耳?'景即弃守归,（孙）贲困而后免,香以道远独不得还。"⑤ 周瑜则滞留了较长时间,"（袁）术欲以瑜为将,瑜观术终无所成,故求为居巢长,欲假途东归,术听之。遂自居巢还吴。是岁,建安三年也。"⑥ 至于袁术派往江东的官员,孙策直接将其逐回,以致引起了袁术的报复,勾结当地豪强来举兵反叛。"（孙）策既平定江东,逐袁胤。袁术深怨策,乃阴遣间使

---

①《三国志》卷 55《吴书·程普传》,第 1283 页。
②《三国志》卷 49《吴书·太史慈传》注引《江表传》,第 1189 页。
③《三国志》卷 54《吴书·周瑜传》,第 1260 页。
④《三国志》卷 51《吴书·宗室传·孙贲》注引《江表传》,第 1210 页。
⑤《三国志》卷 51《吴书·宗室传·孙贲》注引《江表传》,第 1210 页。
⑥《三国志》卷 54《吴书·周瑜传》,第 1260 页。

赍印绶与丹杨宗帅陵阳祖郎等,使激动山越,大合众,图共攻策。"① 双方的矛盾日益激化。

另外,袁术利令智昏,想在寿春称帝。建安元年(196年)八月,他将准备登基的打算告知孙策。孙策断然表示反对,并令张纮写了一封长信对他进行劝阻:"去冬传有大计,无不悚惧。旋知供备贡献,万夫解惑。顷闻建议,复欲追遵前图,即事之期,便有定月。益使怅然,想是流妄;设其必尔,民何望乎?"又云:"世人多惑于图纬而牵非类,比合文字以悦所事。苟以阿上惑众,终有后悔者,自往迄今,未尝无之,不可不深择而熟思。"② 孙策的表态完全出乎袁术的意料,"术始自以为有淮南之众,料策必与己合,及得其书,愁沮发疾。"③ 但仍不肯放弃。建安二年(197年)初,袁术正式称帝,"自称'仲家',以九江太守为淮南尹,置公卿百官,郊祀天地。"④ 孙策再次写信进行规劝,被袁术拒绝后便阻断了长江津渡的交通,不再与淮南来往。"(袁)术后僭号,策以书喻术,术不纳,便绝江津,不与通。"⑤ 并派遣部队渡江占据了牛渚对岸的港湾,"使(孙)辅西屯历阳以拒袁术,并招诱余民,鸠合遗散。"⑥ 至此两方的关系全然破裂。

(三)遣使纳贡,交好曹操与朝廷

据《江表传》记载,孙策在建安元年(196年)遣使赴许都贡献方

①《三国志》卷51《吴书·宗室传·孙辅》注引《江表传》,第1212页。
②《三国志》卷46《吴书·孙策传》注引《吴录》,第1105页、1106页。
③《资治通鉴》卷62汉献帝建安元年八月,第1982—1983页。
④《后汉书》卷75《袁术传》,第2442页。
⑤《三国志》卷50《吴书·妃嫔传·孙破虏吴夫人弟景》,第1195页。
⑥《三国志》卷51《吴书·宗室传·孙辅》,第1211页。

物①,并向朝廷讨要封号。司马光经过考证,认为此事应在建安二年(197年)②。掌控汉献帝的曹操在接受贡物后随即派出使者赴江东加封孙策。"建安二年夏,汉朝遣议郎王誧奉戊辰诏书曰:'董卓逆乱,凶国害民。先将军坚念在平讨,雅意未遂,厥美著闻。策遵善道,求福不回。今以策为骑都尉,袭爵乌程侯,领会稽太守。'"③胡三省注曰:"策父坚,以讨贼功封乌程侯。乌程县,属吴郡,今安吉州县。"④这里有几个问题需要注意,论述如下:

首先,孙策当时急于和袁术划清界限,与汉廷直接建立名义上的从属关系。孙坚、孙策父子皆为袁术部曲将领,后者的官衔也是袁术授予的。孙策南下渡江前夕,"(袁)术表策为折冲校尉,行殄寇将军。"⑤但是这项任命并没有上报朝廷,如后来孙策上表所言:"兴平二年十二月二十日,于吴郡曲阿得袁术所呈表,以臣行殄寇将军;至被诏书,乃知诈擅。虽辄捐废,犹用悚悸。"⑥建安二年(197年)初袁术称帝,成为汉朝的叛逆,孙策的官衔也就变成伪职,他不敢继续使用,其军队也被视为叛军,孙策渡江驱逐的扬州刺史刘繇、会稽太守王朗又都是汉室正式任命的官员,这些都给他带来极为不利的政治影响。田余庆曾总结曰:"几乎所有资料都说孙策渡江是袁术所遣,孙策是袁术将,视孙策略地为袁术之难。"又云:"孙策以袁术部曲将的名分南渡,

---

① 《三国志》卷46《吴书·孙策传》注引《江表传》:"建安三年,策又遣使贡方物,倍于元年所献。"第1108页。又云:"策遣奉正都尉刘由、五官掾高承奉章诣许,拜献方物。"第1105页。

② 《资治通鉴》卷62汉献帝建安三年注引《〈资治通鉴〉考异》曰:"按(孙)策贡献在二年,非元年也。"第2008页。

③ 《三国志》卷46《吴书·孙策传》注引《江表传》,第1107页。

④ 《资治通鉴》卷62汉献帝建安二年胡三省注,第1999页。

⑤ 《三国志》卷46《吴书·孙策传》,第1102页。

⑥ 《三国志》卷46《吴书·孙策传》注引《吴录》,第1107页。

逐汉官而据江东,既是僭越,又是入侵。这决定了江东大族对孙策疑惑、敌视的态度。"[1] 孙策对丹阳、吴和会稽三郡的占领如果不被朝廷承认,没有正当的名号,他在当地的威信就会大为削弱。对于袁术的篡逆举动,孙策的反应相当迅速,他在劝说无效后立即与袁术决裂,然后积极设法与汉室建立联系,尽快获得职任,以求摆脱政治上的被动局面。

其次,孙策与朝廷的联系是通过吕布建立起来的。可参见议郎王誧给孙策的诏书:

> 定得使持节平东将军领徐州牧温侯(吕)布上(袁)术所造惑众妖妄,知术鸱枭之性,遂其无道,修治王宫,署置公卿,郊天祀地,残民害物,为祸深酷。(吕)布前后上(孙)策乃心本朝,欲还讨(袁)术,为国效节,乞加显异。夫悬赏俟功,惟勤是与,故便宠授,承袭前邑,重以大郡,荣耀兼至,是(孙)策输力竭命之秋也。其亟与(吕)布及行吴郡太守安东将军陈瑀戮力一心,同时赴讨。[2]

诏书文字反映孙策先后两次上表,经徐州吕布之手转给朝廷,表示要效忠汉室,反过来讨伐袁术,希望能够给予封赐官爵。由于与袁术、刘表交恶,孙策无法通过淮南和荆州遣使到许都。建安二年(197 年)正月袁术称帝后,吕布在陈珪的劝说下撤销与袁术的儿女婚事,械送其使者韩胤到许都处死,曹操把持的朝廷因此嘉奖吕布,封其为左将军。吕布随后打败袁术派来的张勋,"又与(韩)暹、(杨)奉二军向寿春,水

陆并进,所过虏略。到钟离,大获而还。"①吕布既与袁术为敌,孙策也和袁术反目,双方可以互相利用,吕布因此同意孙策假道徐州向许都派遣使者和进贡方物,并转呈了孙策给朝廷的上表。曹操掌控的朝廷答应了孙策的请求,但要求他"输力竭命",尽快和吕布、陈瑀联合起来攻打袁术。

从孙策两次上表,朝廷才准许其使者觐见的情况来看,曹操起初并没有把这位年轻的"孙郎"放在眼里。后来吕布一再转呈孙策奏章,而袁术在败给吕布后派刺客暗杀陈愍王刘宠和国相骆俊②,企图进据淮北,对许都构成了威胁,曹操正准备征讨袁术,觉得孙策也具有协助打击这个敌人的利用价值,所以派遣使者王誧到江东对其加以封赐,但是仅封他为"骑都尉",不过是个统领千把人的职务,可见仍然不够重视;相形之下,孙策的母舅吴景还被封为扬武将军③,这使孙策很不满意,派人向王誧索要将军称号,王誧便代表朝廷暂时给了他个假号将军的头衔。"策自以统领兵马,但以骑都尉领郡为轻,欲得将军号,乃使人讽誧,誧便承制假策明汉将军。"④胡三省解释"明汉将军"只是个临时设置的军职,"明汉将军,亦权宜置此号,言明于逆顺,知尊汉室也。"⑤

孙、曹双方的首次联系,就其结果来看,孙策无疑是赢家。朝廷专

①《三国志》卷7《魏书·吕布传》注引《英雄记》,第226页。
②《后汉书》卷50《孝明八王传·陈愍王宠》:"及献帝初,义兵起,宠率众屯阳夏,自称辅汉大将军。国相会稽骆俊素有威恩,……后袁术求粮于陈而俊拒绝之,术忿恚,遣客诈杀俊及宠,陈由是破败。"第1669—1670页。《后汉书》卷75《袁术传》:"术大怒,遣其将张勋、桥蕤攻(吕)布,大败而还。术又率兵击陈国,诱杀其王宠及相骆俊,曹操乃自征之。"第2442页。
③《三国志》卷50《吴书·妃嫔传·孙破虏吴夫人弟景》:"(孙)策复以(吴)景为丹杨太守。汉遣议郎王誧衔命南行,表景为扬武将军,领郡如故。"第1196页。
④《三国志》卷46《吴书·孙策传》注引《江表传》,第1107页。
⑤《资治通鉴》卷62汉献帝建安二年胡三省注,第1999页。

门派遣使者到江东来对他进行封官加爵，承认他在当地具有合法的统治权力，达到了孙策上表贡献的政治目的，而曹操利用孙策打击袁术的企图却没有实现。据《江表传》记载，孙策准备进军讨伐袁术，要先赴海西（今江苏灌南县）与陈瑀、吕布商议作战配合计划，但陈瑀却图谋在半路上偷袭孙策。"是时，陈瑀屯海西，策奉诏治严，当与布、瑀参同形势。行到钱塘，瑀阴图袭策。"并联络各地豪强，"诸险县大帅祖郎、焦已及吴郡乌程严白虎等，使为内应。"①准备待孙策的讨袁大军出发后在诸郡掀起叛乱。不料被孙策发现，"遣吕范、徐逸攻瑀于海西，大破瑀，获其吏士妻子四千人。"②陈瑀单身逃到冀州去投奔袁绍③，孙策也就此撤销了征伐袁术的计划。不过，孙盛说《江表传》中有些是"吴人欲专美之辞"④。此事存在着另一种可能，就是孙策本来就没有想渡江到淮南去攻击袁术，为曹操火中取栗，而是采取"假途灭虢"之计，顺势消灭陈瑀，巩固了自己在江东的统治，然后散布偷袭谣言，嫁祸于陈瑀。从当时的形势来看，袁术称帝后企图向淮北发展势力，对江东的孙氏没有构成威胁。孙策自己的地盘尚未稳固，并不想攻占淮南，因此没有必要远赴寿春去和袁术作战。当年"九月，（袁）术侵陈，（曹）公东征之。术闻公自来，弃军走，留其将桥蕤、李丰、梁纲、乐就；公到，击破蕤等，皆斩之。术走渡淮。公还许"⑤。但是孙策和吕布都没有遵照诏书出兵攻打袁术，前引孙策上表给朝廷"欲还讨术，为国效节"的

①《三国志》卷46《吴书·孙策传》注引《江表传》，第1107页。
②《三国志》卷46《吴书·孙策传》注引《江表传》，第1107页。
③《三国志》卷46《吴书·孙策传》注引《山阳公载记》曰："（陈）瑀单骑走冀州，自归袁绍，绍以为故安都尉。"第1107页。
④《三国志》卷32《蜀书·先主传》注引孙盛曰，第879页。
⑤《三国志》卷1《魏书·武帝纪》建安二年，第15页。

话,看来只是骗取封赐的虚言而已。

　　孙策第二次遣使赴许都是在建安三年(198 年)。《江表传》曰:"建安三年,(孙)策又遣使贡方物,倍于元年(笔者按:应为二年)所献。"① 与上次使者辗转通于汉廷的情况相比,此时曹操、孙策双方面对的形势已明显不同。首先,孙策在江东的地位基本巩固,其势力不可小觑,已经是雄踞一方的诸侯,就连曹操都有所忌惮。《吴历》曰:"曹公闻策平定江南,意甚难之,常呼'猘(狮)儿难与争锋也'。"② 孙策手下已掌握数万兵马,却只有王誧假授的"明汉将军"头衔,实在是名不副实。所以他想要获得实授将军名号的愿望非常迫切,为此把纳贡的数量增加了一倍,企图获得曹操的欢心以达到目的。其次,曹操的势力范围迅速扩张,他收编刘备于帐下,消灭吕布并占领了徐州,已经有力量来对抗诸侯中实力最强的袁绍。曹操准备北上与袁绍决战,但是担心淮南袁术、荆州刘表袭扰许都后方,希望能利用孙策来打击和牵制这两个次要的对手,因此双方一拍即合。

　　另外,孙策的使者张纮在许都成功地进行了游说。《吴书》曰:"纮至,与在朝公卿及知旧述(孙)策材略绝异,平定三郡,风行草偃。加以忠敬款诚,乃心王室。"③ 这些宣传使曹操与群臣更加重视孙氏集团的军政地位与作用,最终曹操决定采取"远交近攻"的策略,对孙策重加封赐,拉拢他成为自己的盟友。"曹公表策为讨逆将军,封为吴侯。"④ 胡三省曰:"讨逆将军,亦创置也。"又云"由乌程徙封吴,进其封也"⑤。

---

① 《三国志》卷 46《吴书·孙策传》注引《江表传》,第 1108 页。
② 《三国志》卷 46《吴书·孙策传》注引《吴历》,第 1109 页。
③ 《三国志》卷 53《吴书·张纮传》注引《吴历》,第 1244 页。
④ 《三国志》卷 46《吴书·孙策传》,第 1104 页。
⑤ 《资治通鉴》卷 62 汉献帝建安三年胡三省注,第 2008 页。

是说孙策原来袭爵的封邑乌程(今浙江湖州市)不过是个小县,而进封的吴县(今江苏苏州市)为吴郡的郡治,是座大邑。为了使双方的政治结盟更加牢固,曹操还提出与孙氏互结婚姻,成为儿女亲家,并礼聘孙策之弟孙权、孙翊到朝廷来任职。"是时袁绍方强,而(孙)策并江东,曹公力未能逞,且欲抚之。乃以弟女配策小弟匡,又为子章(彰)取贲女,皆礼辟策弟权、翊,又命扬州刺史严象举权茂才。"[1]胡三省指出曹操是想把孙权、孙翊当作人质扣押在许都。"操礼辟权、翊,欲其至以为质耳。"[2]孙策对此事没有同意,孙权、孙翊二人仍然留在江东。据《江表传》记载,孙策起初想让文采口辩最好的虞翻担任使者,以显示江东人才济济。但是虞翻担心会被曹操扣留,不愿出行,这才换成了张纮[3]。结果不出所料,张纮被羁留在许都,担任侍御史之职。

　　曹操代表朝廷对孙策的要求,是让他出兵攻打袁术和刘表。"策被诏敕,与司空曹公、卫将军董承、益州牧刘璋等并力讨袁术、刘表。"[4]从事后的进程来看,孙策获得了理想的军职与爵位,以及朝廷对其统治的认可,但他还是以巩固江东统治、消除异己为先,仍然没有遵照诏敕去攻打袁术和刘表,保存了自己的军事实力,除了贡纳并没有付出什么代价,看来是非常成功的。曹操提出与孙氏集团结亲,显然是有求于后者。在与袁绍的中原决战前夕,他害怕后方遭到刘表和袁术的偷袭,因此指使孙策去进攻他们,以确保许都地区的安全。曹操放任孙

---

①《三国志》卷46《吴书·孙策传》,第1104页。

②《资治通鉴》卷62汉献帝建安三年胡三省注,第2008页。

③《三国志》卷57《吴书·虞翻传》注引《江表传》:"(孙策谓虞翻曰)'卿博学洽闻,故前欲令卿一诣许,交见朝士,以折中国妄语儿。卿不愿行,便使子纲;恐子纲不能结儿辈舌也。'翻曰:'翻是明府家宝,而以示人,人倘留之,则去明府良佐,故前不行耳。'策笑曰:'然。'"第1318—1319页。

④《三国志》卷46《吴书·孙策传》注引《江表传》,第1108页。

氏在江东一隅扩张,虽未能使其直接攻打袁术和刘表,但也起到了牵制作用。孙氏集团在建安初期的两次通使,不仅加深了孙曹两家的联系,而且稳定了江东的政治形势,具有相当重要的意义。

五、北进失败与西征的巨大胜利

从建安四年(199年)六月,到次年四月孙策遇刺逝世,这段时间他积极向江东三郡境外扩张,并取得了攻占庐江、击败黄祖与迫降豫章等重要军事胜利,只是在攻打广陵郡时遇到挫折。从孙策起兵前与张纮在江都的对话来看,他的战略构想是先取吴、会稽两郡作为根据地,然后西征江夏消灭黄祖。张纮给他的建议是进一步攻占荆州,然后打开一条北上中原的通道,争取做齐桓公、晋文公那样"挟天子以令诸侯"的霸主。孙策生前最后一年的作战目标和用兵方向,就是根据上述计划来施行的。不过,要想攻取江夏及荆州,必须控制长江中游到下游的航道,占领扬州西境临近荆州的庐江、豫章两郡及沿岸重要港口,才能保障船队航行的安全和后勤给养的顺利供应。北赴中原则要率先占领江淮之间的九江郡或广陵郡,以便使自己的军队渡过淮河,进入黄淮平原。孙策在建安四年(199年)春夏季节作出的首次进攻行动,就是接连出兵渡江攻击曹操的广陵郡。

(一)北攻广陵失利

建安三年(198年)孙策遣使纳贡,并接受了朝廷征讨袁术、刘表的诏敕,但是他一直拖延到次年六月,才准备发动进攻,这时恰好传来袁术病故的消息。"军严当进,会术死,术从弟胤、女婿黄猗等畏惧曹公,不敢守寿春。乃共舁术棺柩,扶其妻子及部曲男女,就刘勋于皖城。"①孙策得知后随即取消了这次军事行动。从建安二年袁术称帝、与之决裂时起,孙策尽管屡次向朝廷承诺,却始终没有进攻淮南,不肯打开从牛渚渡江后经巢湖、合肥,沿肥水北上寿春,渡淮通往中原的这条道路。袁术势力强盛时孙策不愿越江攻击是可以理解的,可是在袁术死后淮南各地豪强割据,群龙无首,孙策仍然拒绝出兵占据这一地区,就有些令人费解了。笔者分析,这可能与该地当时的经济状况恶劣有关。淮南水土丰沃,物产充裕,可是在袁术的横征暴敛之下,民不聊生,再加上天灾兵祸,那里简直成了人间地狱。"术兵弱,大将死,众情离叛。加天旱岁荒,士民冻馁,江、淮间相食殆尽。"②袁术却不知收敛,"淫侈滋甚,媵御数百,无不兼罗纨,厌粱肉,自下饥困,莫之简恤。于是资实空尽,不能自立。"③孙策的进攻目标,往往是富裕的地区。如此前许劭曰:"会稽富实,策之所贪。"④而此时的淮南民生艰难,经济崩溃,显然是不够理想的占领目标。

　　江东北赴中原的另一条通道,是在丹徒(今江苏镇江市)渡江到江都,经广陵沿中渎水到淮阴,然后渡淮沿泗水进入中原腹地。需要注意的是,孙策在建安四年(199 年)夏已然稳定了江东丹阳、吴、会稽三郡的统治,而江北的广陵郡经过几次战乱洗劫,经济、军事力量已经大不如前。原来作为郡治的广陵县城(今江苏扬州市)迫近江南敌境,而距离中原曹军主力太远,在防御态势上颇为不利。因此,太守陈登

---

①《三国志》卷 46《吴书·孙策传》注引《江表传》,第 1108 页。

②《后汉书》卷 75《袁术传》,第 2442 页。

③《后汉书》卷 75《袁术传》,第 2443 页。

④《三国志》卷 49《吴书·刘繇传》注引袁宏《汉纪》,第 1184 页。

把郡治向北迁移到临近淮河的射阳(治今江苏宝应县东北射阳镇),这样靠近后方,比较容易获得支援。《江表传》曰:"广陵太守陈登治射阳。"[①]《读史方舆纪要》卷22曰:"射阳城,(盐城)县西九十里。汉县,属临淮郡,高祖封项伯为侯邑。《功臣表》'汉六年封刘缠为射阳侯',即项伯也。后汉属广陵郡。陈登为广陵太守,治射阳。"[②]前述建安二年(197年)夏,孙策派遣吕范、徐逸率军渡江北上海西(今江苏灌南县)打败陈瑀,然后顺利返回,这表明长江北岸的渡口江都与广陵两地已经被孙策所控制,因此他的军队才能够来去从容,不受阻碍。孙策占领江东之后,面临来自各方的诸多隐患。孙盛说他"虽威行江外,略有六郡。然黄祖乘其上流,陈登间其心腹,且深险强宗,未尽归复"[③]。尤其是仅有长江一水之隔的广陵郡,距离孙氏根据地太湖平原甚近,而太守陈登又有觊觎之心。《先贤行状》曰:"(吕)布既伏诛,登以功加拜伏波将军,甚得江、淮间欢心,于是有吞灭江南之志。"[④]他曾向曹操提出过发动大军南征的建议[⑤];另外,陈登的堂叔陈瑀曾任行吴郡太守,因对抗孙策失败、家属被俘。陈登也想予以报复,故与江东的反叛豪帅暗地联络。《江表传》曰:"登即瑀之从兄子也。策前西征,登阴复遣间使,以印绶与严白虎余党,图为后害,以报瑀见破之辱。"[⑥]双方的敌意很深,孙氏集团有必要除掉陈登,消弭心腹之患,又可以借此打通北赴中原的道路,由此引发了对广陵郡的两次进攻。

---

① 《三国志》卷46《吴书·孙策传》注引《江表传》,第1111页。
② (清)顾祖禹:《读史方舆纪要》卷22《南直四·淮安府》,第1082页。
③ 《三国志》卷46《吴书·孙策传》注引孙盛《异同评》曰,第1111页。
④ 《三国志》卷7《魏书·陈登传》注引《先贤行状》,第230页。
⑤ 《三国志》卷7《魏书·陈登传》注引《先贤行状》曰:"太祖每临大江而叹,恨不早用陈元龙计,而令封豕养其爪牙。"第230—231页。
⑥ 《三国志》卷46《吴书·孙策传》注引《江表传》,第1111页。

　　吴军首次攻击广陵的战役,孙策并未亲自参加,他派遣优势兵力乘船来伐,广陵郡官员大为惊恐,建议陈登弃城逃走,但遭到严词拒绝。《先贤行状》曰:"孙策遣军攻登于匡琦城。贼初到,旌甲覆水,群下咸以今贼众十倍于郡兵,恐不能抗,可引军避之,与其空城。水人居陆,不能久处,必寻引去。登厉声曰:'吾受国命,来镇此土。昔马文渊之在斯位,能南平百越,北灭群狄,吾既不能遏除凶慝,何逃寇之为邪! 吾其出命以报国,仗义以整乱,天道与顺,克之必矣。'"[1]陈登偃旗息鼓,"乃闭门自守,示弱不与战,将士衔声,寂若无人。"[2]造成了敌军的懈怠,然后在黎明突然发动袭击,一举将其击溃。"登乘城望形势,知其可击。乃申令将士,宿整兵器,昧爽,开南门,引军指贼营,步骑钞其后。贼周章,方结陈,不得还船。登手执军鼓,纵兵乘之,贼遂大破,皆弃船迸走。登乘胜追奔,斩虏以万数。"[3]谢钟英认为匡琦城很可能是在射阳附近,"《江表传》:'广陵太守陈登治射阳。'权攻登,宜在射阳,则匡琦当与射阳相近。"[4]

　　吴军二次进攻广陵的战役时间相隔不久,出动的兵力有明显增加,陈登见形势危急,被迫请求后方救援。"贼忿丧军,寻复大兴兵向(陈)登。登以兵不敌,使功曹陈矫求救于太祖。"[5]曹操由于面临强敌袁绍的威胁,不愿分兵援助。使者陈矫反复强调保住广陵对徐州防务的重要性,这才使曹操感悟,随即发兵救援。"(陈)矫说太祖曰:'鄙郡虽小,形便之国也,若蒙救援,使为外藩,则吴人剚谋,徐方永安,武声

①《三国志》卷7《魏书·陈登传》注引《先贤行状》,第230页。
②《三国志》卷7《魏书·陈登传》注引《先贤行状》,第230页。
③《三国志》卷7《魏书·陈登传》注引《先贤行状》,第230页。
④(清)洪亮吉撰,(清)谢钟英补注:《〈补三国疆域志〉补注》,《二十五史补编·三国志补编》,北京图书馆出版社,2005年,第474页。
⑤《三国志》卷7《魏书·陈登传》注引《先贤行状》,第230页。

远震,仁爱滂流,未从之国,望风景附,崇德养威,此王业也.'……太祖乃遣赴救."①吴军闻讯撤退时,陈登设下埋伏,又领众追击,多有斩获。"吴军既退,登多设间伏,勒兵追奔,大破之。"②《先贤行状》则曰:"登密去城十里治军营处所,令多取柴薪,两束一聚,相去十步,纵横成行,令夜俱起火,火然其聚。城上称庆,若大军到。贼望火惊溃,登勒兵追奔,斩首万级。"③江淮之间的这座要镇由此获得保全。

　　吴军两次进攻广陵郡的时间,史书未有明确记载。前引《先贤行状》记载孙策军队是乘舟前来,"旌甲覆水",应是春夏水盛之际。笔者分析,建安元年春夏孙策全力进攻吴郡、会稽,无暇北上;建安二年、三年他又接连遣使赴许都纳贡,向朝廷索要官职,有求于曹操,亦不会在当时进攻广陵;建安五年四月孙策遇刺去世,由此判断吴师初次攻击广陵,应该是在建安四年(199年)春夏期间出动的。按照前引《先贤行状》与陈矫本传记载,孙策没有亲自参加这两次战斗,但是对吴郡的失利耿耿于怀。建安四年(199年)冬,孙策攻占庐江,又西征黄祖获胜,随即准备再次攻打陈登的广陵郡。次年四月,他率军到达江畔的丹徒。《江表传》曰:"策归,复讨(陈)登。军到丹徒,须待运粮。策性好猎,将步骑数出。策驱驰逐鹿,所乘马精骏,从骑绝不能及。"④结果被埋伏的刺客所杀,致使北征广陵的计划破产。孙策本传说他还有更为深入的企图,想乘袁曹中原争斗之际偷袭许都,挟持汉献帝。"建安五

①《三国志》卷22《魏书·陈矫传》,第643页。笔者按:《三国志》卷22《魏书·陈矫传》曰:"郡为孙权所围于匡奇,登令矫求救于太祖。"有误,"孙权"应为"孙策"。参见卢弼:《三国志集解》卷22曰:"'权'当作'策'……"第643页。
②《三国志》卷22《魏书·陈矫传》,第643页。
③《三国志》卷7《魏书·陈登传》注引《先贤行状》,第230页。
④《三国志》卷46《吴书·孙策传》注引《江表传》,第1111页。

年,曹公与袁绍相拒于官渡,策阴欲袭许,迎汉帝,密治兵,部署诸将。未发,会为故吴郡太守许贡客所杀。"[1]

(二)智取皖城

东汉庐江郡有舒、雩娄、寻阳、灊(潜)、临湖、龙舒、襄安、皖、居巢、六安、蓼、安丰、阳泉、安风十四县,幅员相当辽阔。其辖区西阻大别山,南以长江为界,北距淮河,东边则沿芍陂西岸、将军岭及巢湖西岸南下至今无为县西界,包括今安徽省西部江淮之间地域,以及湖北省黄梅县与河南省固始、商城二县,为山川湖泊所环绕。其郡治原为舒县,刘勋出任庐江太守后将治所迁往皖城(今安徽潜山县),附近有皖水、潜水分别向南流注,于皖城东西两侧穿过后,在今怀宁县石牌镇北与从太湖县境西来的长河汇合,形成流量充沛的皖水下游河段,然后向东在皖口(今安徽安庆市西山口镇)注入长江。皖口东邻长江下游北岸的重要港口安庆,其水域为回流区,江岸平坦,加上北有盛唐山天然屏障可遮御北风,长江来往船只常在此停泊,有著名的盛唐湾、长风港等古渡。长江水道不仅是孙吴御敌的天堑,也是联络中游、下游两地的交通命脉,皖口的地理位置恰在其中间,能够起到控扼长江东西航运的作用。因此顾祖禹称安庆府为金陵之门户,又说它是"淮服之屏蔽,江介之要冲"[2]。孙策虽然痛恨黄祖,起兵之前就放言有复仇之志,但迟迟未能出征夏口,其原因除了受江东内地叛乱的牵制以外,就是由于刘勋占据皖城、皖口,能够阻挡其溯流而上的船队,或是截取其后勤给养;因此必须消除这一敌患,才能放心西行去攻打黄祖。刘勋收容了袁术

---

①《三国志》卷46《吴书·孙策传》,第1109页。
②(清)顾祖禹:《读史方舆纪要》卷26《南直八·安庆府》,第1299页。

和土豪郑宝的余众①，拥兵数万。"时（刘）勋兵强于江、淮之间。孙策恶之。"② 不过刘勋兵马虽众，粮饷却无法解决，因而向邻郡求助。《江表传》载袁术部曲归属后，"（刘）勋粮食少，无以相振，乃遣从弟偕告籴于豫章太守华歆。歆郡素少谷，遣吏将偕就海昏上缭，使诸宗帅共出三万斛米以与偕。偕往历月，才得数千斛。"③ 孙策利用这一机会，伪装与其结盟通好；又送去贵重礼物，诱使刘勋出兵上缭（属汉朝海昏县境，县治在今江西永修县西北）征粮，企图乘虚袭取皖城。刘晔察觉了这一计谋，进谏曰："上缭虽小，城坚池深，攻难守易，不可旬日而举，则兵疲于外，而国内虚。（孙）策乘虚而袭我，则后不能独守。是将军进屈于敌，退无所归。若军必出，祸今至矣。"④ 但是刘勋不听从其劝阻，执意出兵，致使孙策偷袭成功。"（刘）勋既行，（孙）策轻军晨夜袭拔庐江，勋众尽降，勋独与麾下数百人自归曹公。"⑤

　　孙策的作战计划部署得相当周密，他伪称出兵西征江夏黄祖，行至石城（今安徽马鞍山市东）后获得刘勋离境的消息，马上派孙贲、孙辅率八千人逆流赴彭泽（今江西彭泽县）⑥，阻击刘勋回援；孙策亲率主力进攻其巢穴，迅速获得胜利。"自与周瑜率二万人步袭皖城，即克之，得（袁）术百工及鼓吹部曲三万余人，并术、勋妻子……皆徙所得人东

---

① 《三国志》卷14《魏书·刘晔传》："（刘）晔因自引取佩刀斫杀（郑）宝，斩其首以令其军，云：'曹公有令，敢有动者，与宝同罪。'众皆惊怖，走还营。营有督将精兵数千，……晔抚慰安怀，咸悉悦服，推晔为主。晔睹汉室渐微，已为支属，不欲拥兵，遂委其部曲与庐江太守刘勋。"第443页。
② 《三国志》卷14《魏书·刘晔传》，第443页。
③ 《三国志》卷46《吴书·孙策传》注引《江表传》，第1108页。
④ 《三国志》卷14《魏书·刘晔传》，第444页。
⑤ 《三国志》卷46《吴书·孙策传》，第1104页。
⑥ 《三国志》卷46《吴书·孙策传》注引《江表传》："时（孙）策西讨黄祖，行及石城，闻勋轻身诣海昏，便分遣从兄贲、辅率八千人于彭泽待勋。"第1108页。

诣吴。"① 刘勋闻讯即撤兵回救,在彭泽遭到孙贲等截击,失利后只好向江夏黄祖求援,但又被孙策领兵击败,被迫投奔曹操。"(孙)贲、辅又于彭泽破(刘)勋。勋走入楚江,从寻阳步上到置马亭,闻策等已克皖,乃投西塞。至沂,筑垒自守,告急于刘表,求救于黄祖。祖遣太子射船军五千人助勋。策复就攻,大破勋。勋与偕北归曹公,射亦遁走。"② 刘勋降众的精锐也被孙策收编,提高了军队的战斗力。"(孙)策破刘勋,多得庐江人,料其精锐,乃以(陈)武为督,所向无前。"③ 战后他留下少数军队驻守皖城,率众撤回江东。"表用汝南李术为庐江太守,给兵三千人以守皖。"④ 从此将这一地区纳入了自己的势力范围,这次战役的时间在建安四年(199 年)十一月⑤。

(三)西征夏口

夏口在今武汉市汉阳区,为长江与汉水合流之处。汉末刘表派遣黄祖领兵据守此地,防备江东孙氏的西侵。顾祖禹曾论曰:"汉置江夏郡治沙羡,刘表镇荆州,以江、汉之冲恐为吴人侵轶,于是增兵置戍,使黄祖守之。孙策破黄祖于沙羡,而霸基始立。"⑥ 从夏口地区的地理环境来看,由于长江两岸的龟山与蛇山向江心突出,使江面受到约束而变得狭窄,致使水流湍急,泥沙难以停积。而在龟蛇二山的上下江段,因为水面宽阔,流速平缓,泥沙容易沉积,日久则形成沙洲,如东汉时

---

①《三国志》卷 46《吴书·孙策传》注引《江表传》,第 1108 页。
②《三国志》卷 46《吴书·孙策传》注引《江表传》,第 1108 页。
③《三国志》卷 55《吴书·陈武传》,第 1289 页。
④《三国志》卷 46《吴书·孙策传》注引《江表传》,第 1108 页。
⑤ 参见《资治通鉴》卷 62 汉献帝建安四年,第 2020—2021 页。
⑥(清)顾祖禹:《读史方舆纪要·湖广方舆纪要序》,第 3484 页。

已有鹦鹉洲[①]。沙洲的出现,使当地的长江水道分为两股,分别靠近北岸的夏口(亦称沔口)与南岸的黄鹄山(今蛇山)。从军事方面来讲,由于江面变窄和沙洲能够驻军停舟,使夏口成为截断上下游往来联络的绝佳地点。刘表自初平元年(190年)赴任,即任命黄祖作为镇守夏口的主将,在此领兵镇守十余岁,至建安十三年(208年)兵败身死。黄祖虽然屡次受挫于孙氏,但毕竟在很长时间内守住夏口,频频阻击下游入侵之敌,从而保护了荆州腹地的安全。据史籍所载,黄祖老谋深算,诡计多端,在军事上为刘表所倚仗。孙策曾言:"(黄)祖宿狡猾,为(刘)表腹心,出作爪牙,表之鸱张,以祖气息。"[②]

建安四年(199年)十二月,孙策在攻占皖城后稍作整顿,即速西进。《江表传》曰:"策收得(刘)勋兵二千余人、船千艘,遂前进夏口攻黄祖。时刘表遣从子虎、南阳韩晞将长矛五千,来为黄祖前锋。策与战,大破之。"[③]《吴录》则详载孙策表奏详述其战况及胜绩:这次战斗发生于十二月十一日,参战将领有周瑜、吕范、程普、孙权、韩当、黄盖等。孙策"身跨马擽陈,手击急鼓,以齐战势。吏士奋激,踊跃百倍,心精意果,各竞用命"[④]。战至辰时,黄祖兵众溃败,孙策大获全胜。除了黄祖逃走外,"获其妻息男女七人,斩(刘)虎、韩晞已下二万余级,其赴水溺者一万余口,船六千余艘,财物山积。"[⑤]但是夏口毕竟距离江东太远,孙策没有力量在此地留驻兵马,获胜后随即率领全军顺流返回。

---

① (宋)李昉等:《太平御览》卷69《地部三十四·洲》引《江夏记》曰:"鹦鹉洲在县北,案《后汉书》曰:黄祖为江夏太守,时黄祖与太子射宾客大会,有献鹦鹉于此洲,故以为名。"中华书局,1960年,第328页。
②《三国志》卷46《吴书·孙策传》注引《吴录》,第1108页。
③《三国志》卷46《吴书·孙策传》注引《江表传》,第1108页。
④《三国志》卷46《吴书·孙策传》注引《吴录》,第1108页。
⑤《三国志》卷46《吴书·孙策传》注引《吴录》,第1108页。

（四）迫降豫章

东汉豫章郡治南昌（今江西南昌市），辖区大致为今江西省境界。刘繇、笮融被孙策打败后溯江乘船逃往豫章，"笮融先至，杀太守朱皓，入居郡中。"刘繇到达后招集属县军队，"攻破（笮）融。融败走入山，为民所杀。"[1] 刘繇过后不久病逝，"士众万余人未有所附。"[2] 孙策派遣太史慈前往招抚，"部曲乐来者便与俱来，不乐来者且安慰之。"[3] 约定六十日为归期。后来太史慈如约而至，带来刘繇旧部，并向孙策汇报了豫章郡的混乱情况。刘繇死后由中原名士华歆（字子鱼）代理太守一职，然而此人缺乏军事、政治才能，他拒绝收容刘繇旧部[4]，境内豪强又纷纷拥兵自立，不听约束。"丹杨僮芝自擅庐陵，诈言被诏书为太守。鄱阳民帅别立宗部，阻兵守界，不受子鱼所遣长吏，言'我以别立郡，须汉遣真太守来，当迎之耳'。子鱼不但不能谐庐陵、鄱阳，近自海昏有上缭壁，有五六千家相结聚作宗伍，惟输租布于郡耳，发召一人遂不可得，子鱼亦睹视之而已。"[5] 孙策闻后拊掌大笑，认为豫章唾手可得，即准备出兵兼并。

建安四年（199 年）十二月，孙策在夏口大败黄祖后还师，想要顺路吞并豫章。他派遣会稽虞翻前往说降，企图不战而胜，对虞翻曰："华子鱼自有名字，然非吾敌也。加闻其战具甚少，若不开门让城，金

①《三国志》卷 49《吴书·刘繇传》，第 1184 页。

②《三国志》卷 49《吴书·太史慈传》，第 1189 页。

③《三国志》卷 49《吴书·太史慈传》注引《江表传》，第 1189 页。

④《三国志》卷 13《魏书·华歆传》注引《魏略》曰："扬州刺史刘繇死，其众愿奉（华）歆为主。歆以为因时擅命，非人臣之宜。众守之连月，卒谢遣之，不从。"第 402 页。

⑤《三国志》卷 49《吴书·太史慈传》注引《江表传》，第 1190 页。

鼓一震,不得无所伤害,卿便在前具宣孤意。"① 双方见面会谈,华歆承认自己的资粮、器械乃至军队的数量和战斗力都不如孙策,同意投降。"歆既去,歆明旦出城,遣吏迎策。策既定豫章,引军还吴,飨赐将士,计功行赏。"② 他任命从兄孙贲为豫章太守,"分豫章为庐陵郡,以贲弟辅为庐陵太守。"③ 豫章西与荆州为邻,"刘表从子磐,骁勇,数为寇于艾、西安诸县。"④ 孙策即任命太史慈为建昌都尉,领海昏、建昌附近六县,"治海昏,并督诸将拒磐。磐绝迹不复为寇。"⑤

　　经过两个月的战斗,孙策打败黄祖,占领了庐江、豫章两郡,把自己的统治范围扩大为六郡,其西境推进到与荆州交界的长江中游。他不仅占据了汉代扬州江南的所有领土,而且控制了江都、历阳西至皖口的北岸沿江重要港湾,确保了此后孙吴水军进退往来的安全,取得了巨大的胜利。次年四月,孙策在北赴广陵作战途中被刺客暗杀,结束了短暂而辉煌的军事生涯。

六、结语

　　孙策平定江东,奠定了后来孙吴开国的基业,给继位的孙权留下了丰厚的政治遗产。如周瑜所言:"今将军承父兄余资,兼六郡之众,兵精粮多,将士用命,铸山为铜,煮海为盐,境内富饶,人不思乱。"⑥ 孙

---

① 《三国志》卷57《吴书·虞翻传》注引《江表传》,第1318页。
② 《三国志》卷57《吴书·虞翻传》注引《江表传》,第1318页。
③ 《三国志》卷46《吴书·孙策传》,第1104页。
④ 《三国志》卷49《吴书·太史慈传》,第1190页。
⑤ 《三国志》卷49《吴书·太史慈传》,第1190页。
⑥ 《三国志》卷54《吴书·周瑜传》注引《江表传》,第1261页。

策开疆略土，在军事上获得了显著的成功，却只用了四年多时间，其原因有诸多方面。首先，孙策个人才能出众，志向远大，陈寿说他"英气杰济，猛锐冠世"①。身边拥有众多文官武将，能够辅佐他成就伟业。陆机说孙策："宾礼名贤而张昭为之雄，交御豪俊而周瑜为之杰。彼二君子，皆弘敏而多奇，雅达而聪哲，故同方者以类附，等契者以气集，而江东盖多士矣。"② 值得赞许的是孙策拥有准确而独特的战略眼光，在群雄割据的混乱局势下敏锐地发现了起兵江东的难得机遇。何去非说："策之不得起于中原，非其智力之不逮，盖袁绍已据河北，曹公已收河南，独无隙以投之故也。"③ 当时较强的几个军阀正在北方鏖战，没有余力顾及偏远的江东，这给了孙策可乘之机。扬州的地方长官刘繇、王朗皆以儒雅闻名，并不擅长军事；境内丹阳、吴、会稽等郡又处于分散状态，势力相对较弱，未能像袁绍、刘表那样把州内各郡统一起来，汇集成一股强大的力量，使孙策能够予以各个击破。如诸葛亮所言："刘繇、王朗各据州郡，论安言计，动引圣人，群疑满腹，众难塞胸，今岁不战，明年不征，使孙策坐大，遂并江东。"④

　　孙策不仅选择了有利的用兵地域和作战时机，而且在对进攻目标和攻击次序、时间的把握上也是非常合理的。他根据自己的实力和敌人的不同状况，将攻占江东六郡的过程分为三个步骤阶段，分别打击主要和次要之敌。首先是速战速决，在不到一年的时间内击溃刘繇、许贡、王朗等州郡长官，因为这些人握有朝廷授予的行政权力，能够征调

①《三国志》卷46《吴书·孙策传》，第1112—1113页。
②《三国志》卷48《吴书·三嗣主传》注引陆机《辨亡论》，第1179页。
③ 冯东礼译注：《何博士备论译注》，第142页。
④《三国志》卷35《蜀书·诸葛亮传》注引《汉晋春秋》，第923页。

赋役、兵马粮草,将辖区内的军队和民众组织起来,对孙策造成的威胁最大。其次是平定各地的宗族豪强反抗势力,这些武装通常只是盘踞在本乡故土,兵力和影响都比较弱,但是散布的地域很广,又有山险之依托,短期内难以清除。孙策耐下心来,不求速胜,花费了将近三年的时间,将它们一一消灭,巩固了自己的根据地。再次,后方稳定之后,孙策又迅速出兵占领庐江和豫章二郡,仅用了两个月的时间,进一步扩展了统治区域。可以看出,孙策在对用兵缓急的处置上具有明显特点,进攻江东州郡长官等强敌时兵贵神速,风驰电掣,尽量避免持久作战,这样往往使敌人措手不及,难以招架。对待各地土豪武装则采取稳扎稳打、步步为营的策略,宁可耗时费力,也要除恶务尽,不留后患。他的上述战法相继取得了成功。

在战术方面,孙策针对不同情况采取了灵活机动的多种策略。例如他在渡江后对笮融攻坚不成,便迂回其后方,打下秣陵、湖熟、江乘,迫使敌兵撤退。进取会稽时强攻固陵不下,于是偷渡查渎袭击敌后获得胜利。此外,他在牛渚诈死瞒敌,设伏歼灭来兵;送重礼诱使刘勋去攻打上缭,乘虚偷袭皖城,也都是施用巧计的战例。所以虞翻称赞他"智略超世,用兵如神"①。另一方面,如有机会孙策则尽量不战而屈人之兵。像对待华歆据守的豫章郡,本来可以轻易攻取,他为了节省兵力,避免百姓伤亡,而采用了迫降的办法,结果顺利完成。

在招降敌军将士方面,孙策推行的不计前嫌、免除赋役的优待政策大见成效。他在曲阿战斗后收容了刘繇、笮融的二万多人,后来降将太史慈又从豫章带回来刘繇旧部万余人,攻陷皖城俘获刘勋鼓吹、部

①《三国志》卷57《吴书·虞翻传》注引《江表传》,第1318页。

曲三万余人,极大地补充了孙策的军队,而且使敌我力量对比发生了显著逆转。后来,当兵蠲免徭役的政策一直延续到吴国孙权的统治时期,直到孙皓继位后才逐渐废弛[1]。

　　上述种种因素结合起来,促成了孙策在江东的胜利。需要指出的是,孙策具有进取中原的雄心与用兵才干,可惜未能得以施展;而此后的孙吴君臣当中除了周瑜与其近似之外,就再也看不到了。孙策临终前对孙权说:"举江东之众,决机于两陈之间,与天下争衡,卿不如我;举贤任能,各尽其心,以保江东,我不如卿。"[2] 这话有先见之明。从后来的情况看,孙权袭取荆州后满足于"限江自保",蜀国群臣讽刺他"志望以满,无上岸之情"[3]。周瑜死后,鲁肃、诸葛恪虽有攻取中原之志,却缺乏统兵作战的能力。陆逊具备抗拒强敌的将才,抵御刘备、曹休时都获得大胜;但缺少主动进攻曹魏的胆魄,即使有机会也不敢冒险进据淮南,图取中原[4]。何去非说孙策的早夭,解除了曹操的心腹之忧。"然策一举而遂收江东,为鼎足之资,使之不死,当为魏之大患。"[5] 其言诚是矣。

---

[1]《三国志》卷61《吴书·陆凯传》:"先帝战士,不给他役,使春惟知农,秋惟收稻,江渚有事,责其死效。今之战士,供给众役,廪赐不赡。"第1407页。

[2]《三国志》卷46《吴书·孙策传》,第1109页。

[3]《三国志》卷35《蜀书·诸葛亮传》注引《汉晋春秋》,第924页。

[4]《三国志》卷56《吴书·朱桓传》载黄武七年(228年)孙吴诱魏将曹休入皖,朱桓判断此战必克,建议"乘胜长驱,进取寿春,割有淮南,以规许、洛,此万世一时,不可失也"。结果"(孙)权先与陆逊议,逊以为不可,故计不施行"。第1313—1314页。

[5]冯东礼译注:《何博士备论译注》,第142页。

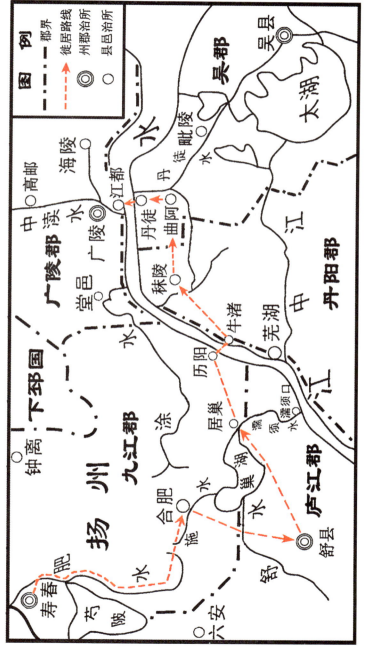

图一二 孙策青少年时代家庭徙居路线图

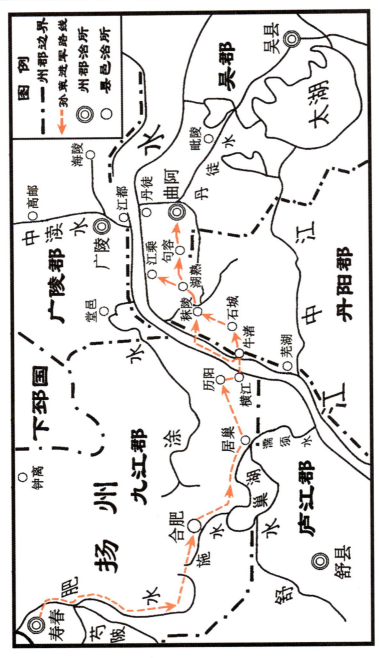

图一三　孙策进军江东路线示意图（公元195年）

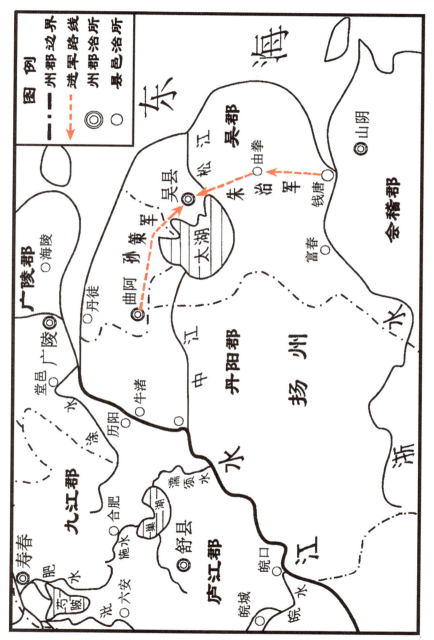

图一四 孙策进攻吴郡路线示意图（公元196年）

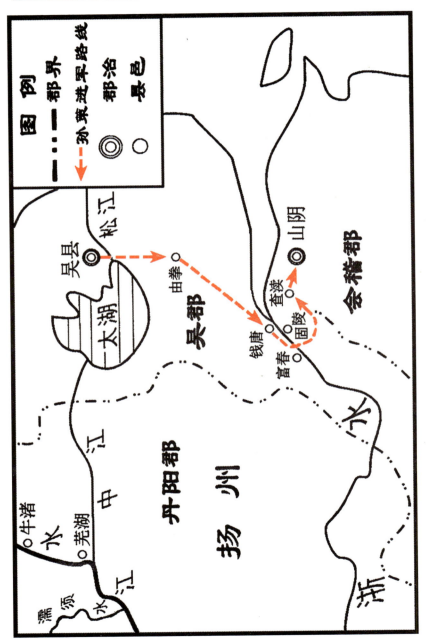

图一五　孙策进攻会稽路线示意图（公元 196 年）

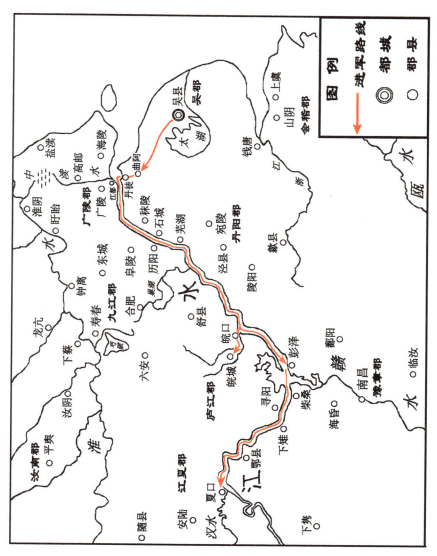

图一六　孙策进攻皖城、夏口路线示意图（公元 199 年）

孙权统治时期兵力部署
与主攻方向的改变

三国时期,孙权在位凡五十二年(200—252 年),占据了吴国历史的大半。他继承父兄基业,北抗曹魏,西并荆州,遂建国称帝,成鼎足之势,是孙刘联盟的中坚力量。陆机称东吴:"地方几万里,带甲将百万,其野沃,其民练,其财丰,其器利,东负沧海,西阻险塞,长江制其区宇,峻山带其封域。"[1] 孙权统治期间的都城、兵力部署与主攻方向发生过多次变化,学界尚未对此有系统的探讨,故本篇对有关问题作初步研究。

一、赤壁战前孙权的北守西攻(200—208 年)

建安五年(200 年)四月,孙策在丹徒(今江苏镇江市)遇刺身亡,其弟十九岁的孙权继位,江东政局动荡不稳。"是时惟有会稽、吴郡、丹杨、豫章、庐陵,然深险之地犹未尽从,而天下英豪布在州郡,宾旅寄寓之士以安危去就为意,未有君臣之固。"[2] 例如庐江太守李术原为孙策

---

①《三国志》卷 48《吴书·三嗣主传》注引《辨亡论》下篇,第 1181 页。
②《三国志》卷 47《吴书·吴主传》,第 1115—1116 页。

举用，"策亡之后，术不肯事(孙)权，而多纳其亡叛。" 孙权来信索要，竟被李术一口回绝，声称："有德见归，无德见叛，不应复还。"① 他的从兄孙暠，"屯乌程，整帅吏士，欲取会稽。会稽闻之，使民守城以俟嗣主之命，因令人告谕暠。"② 才迫使他作罢。孙权的另一位族兄领交州刺史孙辅也不相信他能够统治长久，因而和曹操私下联络，企图叛变作为内应。《典略》曰："辅恐权不能保守江东，因权出行东冶，乃遣人赍书呼曹公。"③ 只是由于阴谋泄露而被拘捕。"事觉，(孙)权幽系之。"④ 就连和孙权最为亲近的母亲，对他能否守住这份基业也都忧心忡忡。"策薨，权年少，初统事，太妃忧之，引见张昭及(董)袭等，问江东可保安否？"⑤

　　当时曹操对江东六郡也产生了觊觎之心。"曹公闻策薨，欲因丧伐吴"⑥，消灭孙氏集团。在朝廷任职的东吴使臣张纮极力进行劝阻，"以为乘人之丧，既非古义，若其不克，成仇弃好，不如因而厚之。"⑦ 使曹操暂时打消了南征的计划。孙权闻讯后相当恐慌，曾专门派遣顾雍之弟顾徽为使者到许昌，企图重修盟好，获得朝廷的任命并探听消息。《吴书》云，"或传曹公欲东，(孙)权谓徽曰：'卿孤腹心，今传孟德怀异意，莫足使揣之，卿为吾行。' 拜辅义都尉，到北与曹公相见。"⑧ 史载顾徽谒见曹操时，"应对婉顺"，但是虚张声势，过分宣扬江东局势的稳固，

①《三国志》卷 47《吴书·吴主传》注引《江表传》，第 1116 页。
②《三国志》卷 57《吴书·虞翻传》注引《吴书》，第 1319 页。
③《三国志》卷 51《吴书·宗室传·孙辅》注引《典略》，第 1212 页。
④《三国志》卷 51《吴书·宗室传·孙辅》，第 1211 页。
⑤《三国志》卷 55《吴书·董袭传》，第 1291 页。
⑥《三国志》卷 53《吴书·张纮传》，第 1243—1244 页。
⑦《三国志》卷 53《吴书·张纮传》，第 1244 页。
⑧《三国志》卷 52《吴书·顾雍传》注引《吴书》，第 1228 页。

因此遭到曹操的讥讽和嘲笑。"（徽）因说江东大丰，山薮宿恶，皆慕化为善，义出作兵。（曹）公笑曰：'孤与孙将军一结婚姻，共辅汉室，义如一家，君何为道此？'徽曰：'正以明公与主将义固磐石，休戚共之，必欲知江表消息，是以及耳。'"①曹操最终考虑河北袁氏集团近在卧榻之侧，仍为心腹大患，必欲先除；而孙权远在吴越，力量尚弱，未能对中原形成严重威胁，自己又缺乏强大的水军，难以渡江作战，所以打消了出征江南的想法②，与孙权重申旧盟，并企图利用他来打击和削弱荆州的刘表，以减轻其对自己的军事压力。曹操对吴使"厚待遣还"③，并奏请朝廷任命孙权军政官职，"即表（孙）权为讨虏将军，领会稽太守。"④为了对孙权表示信任和诚意，曹操还作出了以下几项举措：

首先，是将羁留在许昌二年的使者张纮遣送回吴。"曹公欲令（张）纮辅（孙）权内附，出纮为会稽东部都尉。"⑤其次，把与孙氏结怨颇深的陈登调离广陵，改任东城太守。此前行吴郡太守陈瑀是陈登父亲的从弟，被孙策擒获妻子部曲，孤身逃至北方。《江表传》曰："（孙）策前西征，（陈）登阴复遣间使，以印绶与严白虎余党，图为后害，以报瑀见破之辱。"⑥他还有"吞灭江南之志"⑦，力主对孙吴用兵。陈登调至后方，有助于孙曹两家关系的缓和与边境局势的稳定。再者，孙权进攻皖城，消灭反叛的李术时，曹操答应其请求，未予李术以援助。"（李）术闭门

①《三国志》卷52《吴书·顾雍传》注引《吴书》，第1228页。
②《三国志》卷52《吴书·顾雍传》注引《吴书》载吴使徽返回江东后，"（孙）权问定云何，徽曰：'敌国隐情，卒难探察，然徽潜采听，方与袁谭交争，未有他意。'"第1228页。
③《三国志》卷52《吴书·顾雍传》注引《吴书》，第1228页。
④《三国志》卷53《吴书·张纮传》，第1244页。
⑤《三国志》卷53《吴书·张纮传》，第1244页。
⑥《三国志》卷46《吴书·孙策传》注引《江表传》，第1111页。
⑦《三国志》卷7《魏书·陈登传》注引《先贤行状》，第230页。

自守,求救于曹公。曹公不救。粮食乏尽,妇女或丸泥而吞之。遂屠其城,枭术首,徙其部曲三万余人。"①

从此次通使到赤壁之战爆发的八年时间内,孙曹双方基本上和平相处。在这一形势的制约下,孙权的兵力部署与作战方向具有以下特点:

(一)都城与军队主力屯吴

吴县即今江苏省苏州市,位于太湖平原的中心,为秦汉吴郡治所,也是孙坚先祖仕宦之地。《吴书》曰:"(孙)坚世仕吴,家于富春。"②他后来离乡到江北盐渎、盱眙、下邳等地任职。汉末战乱爆发后,孙坚投靠袁术,领兵与刘表作战阵亡。建安元年(196年),孙策领其余部渡江略地,其亲信朱治时任吴郡都尉,积极配合作战,"从钱唐欲进到吴,吴郡太守许贡拒之于由拳,(朱)治与战,大破之。贡南就山贼严白虎,治遂入郡,领太守事。"③此后孙策即以吴县作为统治中心,其家小亲族亦住在该地。例如胡综,"少孤,母将避难江东。孙策领会稽太守,(胡)综年十四,为门下循行,留吴与孙权共读书。"④周瑜脱离袁术投奔孙策,"遂自居巢还吴。是岁,建安三年也。(孙)策亲自迎(周)瑜,授建威中郎将。"⑤孙策遇刺后孙权继位,仍以吴县为其治所。见《三国志》卷54《吴书·鲁肃传》:"时孙策已薨,(孙)权尚住吴。"孙权与曹操通好,接受朝廷官职后仍然如此。"曹公表(孙)权为讨虏将军、领会稽太

①《三国志》卷47《吴书·吴主传》注引《江表传》,第1116页。
②《三国志》卷46《吴书·孙坚传》注引《吴书》,第1093页。
③《三国志》卷56《吴书·朱治传》,第1303页。
④《三国志》卷62《吴书·胡综传》,第1413页。
⑤《三国志》卷54《吴书·周瑜传》,第1260页。

守,屯吴,使丞之郡行文书事。"[1] 其军队主力亦跟随孙权在吴县附近驻扎,战时出征,事毕返回[2]。孙氏政权以吴县为都的时间前后有十四年,后迁都于京(今江苏镇江市)。

(二)听从鲁肃建议,确定北守西攻的战略方针

孙策临终前曾对孙权说:"举贤任能,各尽其心,以保江东,我不如卿。"[3] 可见他对人才发掘与使用的重视。鲁肃是胸怀良谋的贤士,但是来到江东后并未得到孙策的举用,甚至一度准备返回江北,但被周瑜劝阻并向孙权举荐。"(周)瑜因荐(鲁)肃才宜佐时,当广求其比,以成功业,不可令去也。"[4] 孙权在获得朝廷任命官职、江东局势渐趋稳定之后,开始收揽英才。"招延俊秀,聘求名士,鲁肃、诸葛瑾等始为宾客。"[5] 孙权接见鲁肃时话语投机,因而在罢退众人后单独留下他,"合榻对饮",然后向鲁肃求教东吴此后的发展战略问题。"因密议曰:'今汉室倾危,四方云扰。孤承父兄余业,思有桓文之功。君既惠顾,何以佐之?'"[6] 孙权所说的是他想继承孙坚、孙策的志愿,成为齐桓公、晋文公那样匡扶天子、称雄中原的霸主。这原是孙策起兵前张纮向他提出的主张,即在攻占江东后出兵北方,消灭各地军阀,控制汉献帝。"据长江,奋威德,诛除群秽,匡辅汉室,功业侔于桓、文,岂徒外藩而已哉?"[7]

---

① 《三国志》卷47《吴书·吴主传》,第1116页。
② 参见《三国志》卷51《吴书·宗室传·孙韶》载建安九年京城等地叛变:"(孙)权闻乱,从椒丘还,过定丹阳,引军归吴。"第1216页。
③ 《三国志》卷46《吴书·孙策传》,第1109页。
④ 《三国志》卷54《吴书·鲁肃传》,第1268页。
⑤ 《三国志》卷47《吴书·吴主传》,第1116页。
⑥ 《三国志》卷54《吴书·鲁肃传》,第1268页。
⑦ 《三国志》卷46《吴书·孙策传》注引《吴历》,第1103页。

孙策接受了张纮的建议,在平定江东六郡之后准备北伐。"建安五年,曹公与袁绍相拒于官渡,策阴欲袭许,迎汉帝,密治兵,部署诸将。未发,会为故吴郡太守许贡客所杀。"[①]孙策此次的北伐动机,亦可参见陆机《辨亡论》下篇:"……将北伐诸华,诛锄干纪,旋皇舆于夷庚,反帝座于紫闼,挟天子以令诸侯,清天步而归旧物。戎车既次,群凶侧目,大业未就,中世而陨。"[②]建安五年(200 年)八月至十月,曹操与袁绍在官渡倾注全力激战,后方空虚。因此孙权认为有机可乘,产生了奉行孙策遗愿,北伐中原以消灭曹操,挟制献帝的想法。但是鲁肃却明确地告诉他,这一主张难以实现,随后提出了自己的建议:

> 昔高帝区区欲尊事义帝而不获者,以项羽为害也。今之曹操,犹昔项羽,将军何由得为桓文乎? 肃窃料之,汉室不可复兴,曹操不可卒除。为将军计,惟有鼎足江东,以观天下之衅。规模如此,亦自无嫌。何者? 北方诚多务也。因其多务,剿除黄祖,进伐刘表,竟长江所极,据而有之,然后建号帝王以图天下,此高帝之业也。[③]

鲁肃的论述有三个要点。其一,以秦汉之际刘邦、项羽的关系为例,说明当前曹操实力强大,无法迅速将其消灭。汉室气数已尽,不是辅佐复兴的对象。只有立足于江东六郡,观察等待全国军政形势的变化。其二,凭借孙权的实力,也可以有所作为,而不能消极观望。可以乘北方

---

① 《三国志》卷 46《吴书·孙策传》,第 1109 页。
② 《三国志》卷 48《吴书·三嗣主传》注引《辨亡论》下篇,第 1179 页。
③ 《三国志》卷 54《吴书·鲁肃传》,第 1268 页。

曹操、袁绍忙于争战时出兵西征，打败镇守江夏的黄祖，进而从刘表手中夺取荆州，把疆域推进到长江三峡的东口。其三，上述战略计划获得成功之后，就能够凭借江南半壁河山而建国称帝，与北方中原政权对抗，进而统一天下。

鲁肃提出的战略计划深深打动了孙权，他后来追述道："公瑾昔要子敬来东，致达于孤，孤与宴语，便及大略帝王之业。此一快也。"[1] 他虽然表面说不敢有此非分之想[2]，但实际上不顾臣下的反对给鲁肃予提拔及厚赏。"张昭非肃谦下不足，颇訾毁之，云肃年少粗疏，未可用。权不以介意，益贵重之，赐肃母衣服帏帐，居处杂物，富拟其旧。"[3] 另一方面，孙权在兵力部署与作战方略上采取了鲁肃的北和曹操与西征江夏的建议。

（三）北守长江沿岸

曹操在江北与孙权相邻的疆域，自东向西为广陵、九江、庐江三郡。孙权面对这三个郡采取的兵力部署有所差异，防线或在江南，或在江北。分述如下：

1. 撤回历阳渡口驻军。上述三郡中最重要的是扼守中原通往江东水陆要道的九江郡（曹丕继位后改称淮南郡）。汉魏时期，沟通江淮之间的水路主要是从淮河南岸的肥口（今安徽寿县八公山西南）溯肥水南下，过寿春（今安徽寿县），穿越江淮丘陵至合肥，再经施水南下巢湖，由巢湖东口的濡须水南下，至濡须口（今安徽无为县东南）入江，沿

---

①《三国志》卷54《吴书·吕蒙传》，第1280页。

②《三国志》卷54《吴书·鲁肃传》："（孙）权曰：'今尽力一方，冀以辅汉耳，此言非所及也。'"第1268—1269页。

③《三国志》卷54《吴书·鲁肃传》，第1269页。

途亦有陆道。或由巢湖东口的居巢向东经过大小岘山,陆行到达历阳(今安徽和县历阳镇),在横江津(今安徽和县东南二十六里)渡江到对岸的牛渚(今安徽马鞍山市采石镇)。历阳是孙策平定江东起兵的地方,他在此地击败刘繇部将张英等,渡江攻陷牛渚,然后进兵占领了刘繇的扬州治所曲阿(今江苏丹阳市)。后来袁术称帝,孙策与其反目,阻断了长江津渡的交通,不再与淮南来往。"(袁)术后僭号,策以书喻术,术不纳,便绝江津,不与通。"[1] 此时牛渚对岸的历阳仍在孙策手中,他"使(孙)辅西屯历阳以拒袁术,并招诱余民,鸠合遗散"[2]。建安四年(199 年)袁术病故后,九江郡的政治形势出现分裂混乱,"孙策所置庐江太守李述(术)攻杀扬州刺史严象,庐江梅乾、雷绪、陈兰等聚众数万在江、淮间,郡县残破。"[3] 曹操当时在官渡与袁绍激战,派遣能吏刘馥担任扬州刺史,"单马造合肥空城,建立州治,南怀(雷)绪等,皆安集之,贡献相继。数年中恩化大行,百姓乐其政,流民越江山而归者以万数。"[4] 随着九江郡政局的稳定与军政重心南移合肥,孙权被迫将历阳驻军撤回江东,放弃了西岸(或称北岸)的渡口。建安九年(204 年),妫览、戴员谋杀驻守京城(今江苏镇江市)的吴将孙河,"使人北迎扬州刺史刘馥,令住历阳,以丹杨应之。"[5] 胡三省注曰:"历阳与丹阳隔江,使馥来屯,以为声援。"[6] 表明当时历阳已经是无人据守的空城,所以刘馥得以进驻。

---

①《三国志》卷 50《吴书·妃嫔传·孙破房吴夫人弟景》,第 1195 页。
②《三国志》卷 51《吴书·宗室传·孙辅》,第 1211 页。
③《三国志》卷 15《魏书·刘馥传》,第 463 页。
④《三国志》卷 15《魏书·刘馥传》,第 463 页。
⑤《三国志》卷 51《吴书·宗室传·孙韶》,第 1214 页。
⑥《资治通鉴》卷 64 汉献帝建安九年胡三省注,中华书局,1956 年,第 2058 页。

2．放弃庐江郡治皖城。皖城即东汉庐江郡之皖县（治今安徽省潜山县），周围川流湖沼散布，皖水、潜水夹城南下，在附近形成肥沃的冲积平原。由于气候温暖，水源和降雨量相当丰富，对发展农业非常有利。另外，从寿春沿肥水南下至合肥，又顺施水沿巢湖西岸经过汉朝庐江郡治舒县（今安徽庐江县西南）可抵达皖城，再沿皖水到达与长江汇合的皖口（今安徽怀宁县西南山口镇），这条沟通江淮的路线当时称作"皖道"[1]。谭宗义曾考证云："自九江寿春，南下庐江舒县一道，亦秦汉之世，江淮间交通要路。盖自寿春而北，即接彭城，睢阳、陈诸地，控引中州。又自庐江而南，渡大江，东临吴越。溯江而上，乃至豫章、江陵矣。"[2] 皖城在汉末战乱中受到各方重视，兴平二年（195 年）袁术派兵攻占舒县，任命刘勋为庐江太守，即将郡治南移皖城。建安四年（199年）冬，孙策乘刘勋出兵上缭（今江西建昌县），率师袭取了皖城，任命李术为庐江太守，屯驻该地。皖城受到各路军阀觊觎，就是因为它具有丰饶的自然条件，还是联络南北方的交通枢纽。如顾祖禹所称："盖其地上控淮、肥，山深水衍，战守之资也。"[3]

如前所述，李术（史籍或称为李述）镇守皖城后，对孙氏集团怀有二心，他积极扩大武装，想在淮南独自称雄。孙策逝世后，李术认为孙权年轻势弱，难以震慑江东，因而企图叛离。他率众北征寿春，杀死曹

---

① 参见《三国志》卷 60《吴书·周鲂传》载诱曹休笺其五曰："今使君若从皖道进住江上，鲂当从南对岸历历口为应。"第 1389 页。另外，自寿春西溯淮水至阳泉、或称阳渊（治今安徽霍邱县西北临水集），即魏初庐江郡治，然后由此溯沘水、沿芍陂西岸南下而至六安，即汉朝之六县，再东南穿越江淮丘陵，渡舒水而抵达舒县，然后进抵皖城。
② 谭宗义：《汉代国内陆路交通考》，香港：新亚研究所，1967 年，第 189 页。
③（清）顾祖禹：《读史方舆纪要》卷 26《南直八·安庆府》，第 1299 页。

操任命的扬州刺史严象[①]，并收容叛逃的孙权兵众，拒绝交还。建安五年（200年）冬，孙权决心出兵消灭李术，夺回江北的皖城。他先写信给曹操，恳请其不要援助李术。其文曰：

> 严刺史昔为公所用，又是州举将，而李术凶恶，轻犯汉制，残害州司，肆其无道，宜速诛灭，以惩丑类。今欲讨之，进为国朝扫除鲸鲵，退为举将报塞怨仇，此天下达义，夙夜所甘心。术必惧诛，复诡说求救。明公所居，阿衡之任，海内所瞻，愿敕执事，勿复听受。[②]

获得曹操允诺后，孙权便举兵攻屠皖城，"枭（李）术首，徙其部曲三万余人。"[③] 随后他任命了宗亲孙河来作当地的军政长官。《吴书》曰："（孙）河质性忠直，讷言敏行，有气干，能服勤。少从（孙）坚征讨，常为前驱，后领左右兵，典知内事，待以腹心之任。又从（孙）策平定吴、会，从（孙）权讨李术。术破，拜威寇中郎将，领庐江太守。"[④] 但据史书所载，孙河后来调往京城（今江苏镇江市）[⑤]，被妫览、戴员暗害。曹操的扬州刺史刘馥在九江郡巩固统治之后，遂将势力扩展到皖城一带。"于是聚诸生，立学校，广屯田，兴治芍陂及茹陂、七门、吴塘诸堨以溉稻田，官民有畜。"[⑥] 其中吴塘陂就在皖城附近，参见《太平寰宇记》

---

① 《三国志》卷10《魏书·荀彧传》注引《三辅决录》曰："（严）象字文则，京兆人。少聪博，有胆智。以督军御史中丞诣扬州讨袁术，会术病卒，因以为扬州刺史。建安五年，为孙策庐江太守李术所杀，时年三十八。"第312页。

② 《三国志》卷47《吴书·吴主传》注引《江表传》，第1116页。

③ 《三国志》卷47《吴书·吴主传》注引《江表传》，第1116页。

④ 《三国志》卷51《吴书·宗室传·孙韶》注引《吴书》，第1214页。

⑤ 《三国志》卷51《吴书·宗室传·孙韶》："伯父河，字伯海，本姓俞氏，亦吴人也。孙策爱之，赐姓为孙，列之属籍。后为将军，屯京城。"第1214页。

⑥ 《三国志》卷15《魏书·刘馥传》，第463页。

卷 125："怀宁县,本汉皖县……吴塘陂,在县西二十里,皖水所注。"①
后来朱光任庐江太守驻扎皖城,也是在此地大开稻田。谢钟英认为
建安五年孙权攻陷皖城后不久就将军队撤走,当地随即被刘馥占领。
"(孙)策亡,庐江太守李术不肯事(孙)权。(建安)五年,攻术于皖城,
枭术首,徙其部曲三万余人。皖城入魏当在此时。"②吴增仅也持相同
看法③。

　　孙权在继位后为什么急于收复皖城呢? 这和当地的军事价值与
他遵循"北守西攻"的战略计划有密切关系。皖口东邻长江下游北岸
的重要港口安庆,其水域为回流区,江岸平坦,加上北有盛唐山天然屏
障可遮御冬风,长江来往船只常在此停泊,有著名的盛唐湾、长风港等
古渡。对于割据江东的孙吴来说,长江水道不仅是其御敌的天堑,也是
联络中游、下游两地的交通命脉,皖口的地理位置恰在其中间,它不仅
是江淮地区南北通道的端点,还是控扼长江东西航运的要冲。建安四
年(199年)孙策在进攻黄祖之前,势必先占领皖城,否则他远赴江夏
的后勤补给和大军往来水路就有可能被刘勋领兵阻截。孙权面临的情
况与其兄如出一辙,按照他的既定方针,北面与曹操和好,西边进攻江
夏以图取荆州,庐江郡的皖城李术集团正是拦路的死敌,若是不消灭
他,就无法溯流西进击败黄祖。但是孙权占领皖城后为何又放弃该地

①(宋)乐史撰,王文楚等点校:《太平寰宇记》卷125《淮南道三·舒州怀宁县》,第2474—
　2475页。
②(清)洪亮吉撰,(清)谢钟英补注:《〈补三国疆域志〉补注》,《二十五史补编·三国志补编》,
　第479页。
③(清)吴增仅:《三国郡县表附考证》吴扬州庐江郡:"(建安)五年,(孙)策亡。(李)术不肯
　事(孙)权。权复攻之,遂屠其城。时虽以孙河为太守,然皖城已屠,度已弃而不治,孙河似
　只遥领弃职,故地复为魏有。建安十八年,庐江等郡十余万户皆东渡江,合肥以南惟有皖城。
　十九年,权征皖城,获庐江太守朱光,于是庐江复又入吴。"《二十五史补编·三国志补编》,
　第366—367页。

给曹操？这和重镇历阳的撤守情况相类似,有些令人费解。当时曹操任命的扬州刺史刘馥虽然增强了淮南的军政实力,但也不过是勉强自守而已,还不足以对江东孙氏构成严重威胁,看来并不是孙权让出江北这两座要镇的充分理由。据《江表传》所言:"曹公新破袁绍,兵威日盛。建安七年,下书责(孙)权质任子。权召群臣会议,张昭、秦松等犹豫不能决,权意不欲遣质,乃独将(周)瑜诣母前定议。"[1]后来他接受了周瑜的建议,没有提供人质。笔者推测,在这次事件中,孙权虽然拒绝向曹操遣送人质,但是为了避免遭受报复,有可能将历阳、皖城两座江北的重要据点放弃并撤回将士,作为某种让步。这样,孙曹两家在九江和庐江两郡隔江对峙。孙权摆出这个姿态也是为了让曹操放心,表明自己没有北进中原的企图。

　　另一方面,放弃皖城地区的防御并没有影响孙权西征江夏的战略计划,刘馥派兵将占据该地后不会干扰东吴大军的溯江西行,因为曹操与袁氏对抗期间,荆州刘表是其后患,经常担心他会派兵袭取许都[2];孙权进攻江夏可以牵制刘表,对曹操来说是求之不得的好事,自然不会予以阻挠。从后来孙权三次西征江夏的情况来看,皖城地区的曹军都未曾妨碍其往来行动,即证明了这一点。

　　3.　不再北攻广陵。孙权与曹操接壤的广陵郡东濒黄海,北抵淮水,南阻大江,西边为张八岭山地及余脉,其中是地势低洼的里下河平原,多有湖泊沼泽,中渎水贯穿其间,沟通江淮。江东与北方的另一条交通道路,就是在丹徒(或称京、京城、徐陵,今江苏镇江市)渡江到江

---

[1]《三国志》卷54《吴书·周瑜传》注引《江表传》,第1260—1261页。
[2]《三国志》卷14《魏书·郭嘉传》:"太祖将征袁尚及三郡乌丸,诸下多惧刘表使刘备袭许以讨太祖。"第434页。

都(今江苏扬州市江都区),溯中渎水到淮阴之末口(今江苏淮安城北),然后渡淮沿泗水进入黄淮平原。由于战乱频仍,曹操广陵郡的民生与军队屡遭摧残,早已大为减弱。原来的郡治广陵县城靠近江南敌境,又远离许都附近的曹军主力,处于不利的防御态势,所以太守陈登把郡治向北迁移到临近淮河的射阳(治今江苏宝应县东北射阳镇),这样距离中原后方较近,更容易获得支援。《江表传》曰:"广陵太守陈登治射阳。"①《读史方舆纪要》卷 22 曰:"射阳城,(盐城)县西九十里。汉县,属临淮郡,高帝封项伯为侯邑。《功臣表》'汉六年封刘缠为射阳侯',即项伯也。后汉属广陵郡。陈登为广陵太守,治射阳。"②

孙策在世时,企图攻占广陵郡以打开通往北方中原的道路,以便实现其挟天子以令诸侯的"桓文之功业"。他先后四次出兵北征广陵(最后一次中途撤销),建安二年(197 年)夏,孙策派遣吕范、徐逸率军渡江北上海西(今江苏灌南县)打败陈瑀,"获其吏士妻子四千人"③,然后顺利返回。建安四年(199 年),"孙策遣军攻(陈)登于匡琦城。贼初到,旌甲覆水",结果遭遇惨败,"贼遂大破,皆弃船迸走。登乘胜追奔,斩虏以万数。"④ 吴军随后增兵再次进攻匡琦(应在射阳城附近),"贼忿丧军,寻复大兴兵向(陈)登。登以兵不敌,使功曹陈矫求救于太祖。"⑤ 据陈矫本传记载,此次率领吴军者即为孙权。曹操发兵赴救后,吴军闻讯撤退,"(陈)登多设间伏,勒兵追奔,大破之。"⑥ 当年冬天,孙

①《三国志》卷 46《吴书·孙策传》注引《江表传》,第 1111 页。
②(清)顾祖禹:《读史方舆纪要》卷 22《南直四·淮安府》,第 1082 页。
③《三国志》卷 46《吴书·孙策传》注引《江表传》,第 1107 页。
④《三国志》卷 7《魏书·陈登传》注引《先贤行状》,第 230 页。
⑤《三国志》卷 7《魏书·陈登传》注引《先贤行状》,第 230 页。
⑥《三国志》卷 22《魏书·陈矫传》,第 643 页。

策攻占皖城,又西征打败江夏黄祖,还师后即准备再次征伐广陵。建安五年(200年)四月,孙策"闻太祖与袁绍相持于官渡,将渡江北袭许"[1]。也是想要通过广陵郡北进,"复讨(陈)登。军到丹徒,须待运粮。策性好猎,将步骑数出。"[2] 遭到许贡宾客的暗害,被迫撤消了这次军事行动。孙权继位后与曹操遣使通好,不再部署对广陵郡的进攻,但是仍然据守江北的广陵县与江都县,控制着长江两岸的津渡。如《先贤行状》所言:"孙权遂跨有江外。"[3] 孙曹双方各据广陵郡南北一隅之地,至赤壁之战爆发前夕,有八年时间处于和平共处状态。

（四）以江夏黄祖为主攻对象

汉末江夏郡的夏口又称沔口,是长江与汉水汇合之处,沿江两岸水口繁多,据《水经注》所载有沌口、沔口、湖口、濜口、举口、龙骧水口、武口、樊口、杨桂水口等,为诸条河道所汇集。由于长江两岸的龟山与蛇山向江心突出,使河道受到约束而相当狭窄,造成江流湍急,泥沙不能停积。而在龟蛇二山的上下游,因为江面宽广,水流平缓,泥沙容易堆积,日久则形成沙洲。如前所述,东汉时已有鹦鹉洲,使当地的长江水道分为两股,分别靠近北岸的沔口与南岸的黄鹄山。航船可以在鹦鹉洲抛锚停泊,躲避风浪。从军事方面来讲,由于江面变窄和沙洲能够驻军停舟,使得夏口成为阻截上下流往来的交通冲要。汉末刘表遣黄祖领兵据此,是为了防备江东孙氏的西侵。顾祖禹曾论曰:"汉置江夏郡治沙羡,刘表镇荆州,以江、汉之冲恐为吴人侵轶,于是增兵置

①《三国志》卷14《魏书·郭嘉传》,第433页。
②《三国志》卷46《吴书·孙策传》注引《江表传》,第1111页。
③《三国志》卷7《魏书·陈登传》注引《先贤行状》,第230页。

戌,使黄祖守之。"① 甘宁曾率僮客八百人离开刘表,"欲东入吴。黄祖在夏口,军不得过,乃留依祖。"② 此事即表明了夏口扼守长江水道的重要性。

如前所述,孙权在继位后接受了鲁肃"北守西攻"的战略主张,以镇守荆州门户江夏的黄祖为主攻对象,但是采取军事行动则经过了充分的准备,直到三岁之后进行。在这段时间内,孙权的用兵对象主要是镇压统治区域内部的反叛势力。例如前述建安五年(200年)冬攻灭皖城李术,后来又"分部诸将,镇抚山越,讨不从命"③。建安七年(202年),"(孙)权表(朱)治为吴郡太守,行扶义将军,割娄、由拳、无锡、毗陵为奉邑,置长吏。征讨夷越,佐定东南,禽截黄巾余类陈败、万秉等。"④ 直到建安八年(203年)才开始进攻江夏,但战事并不顺利,"(孙)权西伐黄祖,破其舟军,惟城未克。"⑤ 又遇到豫章郡的"山寇"发生叛乱,不得不撤兵平定后方。"还过豫章,使吕范平鄱阳,程普讨乐安,太史慈领海昏,韩当、周泰、吕蒙等为剧县令长。"⑥ 四年之后孙权再次西征江夏,仍然未获成功。"(建安)十二年,西征黄祖,虏其人民而还。"⑦

建安十三年初,黄祖部将甘宁投顺孙权,并详细说明了荆州政局动荡、黄祖老年昏聩与部下离心离德的情况,鼓动孙权迅速出兵攻占江夏,进一步西取荆州,占据峡口,为将来进取四川奠定基础,不要被

①(清)顾祖禹:《读史方舆纪要·湖广方舆纪要序》,第3484页。
②《三国志》卷55《吴书·甘宁传》注引《吴录》,第1292页。
③《三国志》卷47《吴书·吴主传》,第1116页。
④《三国志》卷56《吴书·朱治传》,第1303—1304页。
⑤《三国志》卷47《吴书·吴主传》,第1116页。
⑥《三国志》卷47《吴书·吴主传》,第1116页。
⑦《三国志》卷47《吴书·吴主传》,第1117页。

曹操抢先夺走。"宁已观刘表,虑既不远,儿子又劣,非能承业传基者也。至尊当早规之,不可后操。图之之计,宜先取黄祖。(黄)祖今年老,昏耄已甚,财谷并乏,左右欺弄,务于货利,侵求吏士,吏士心怨,舟船战具,顿废不修,怠于耕农,军无法伍。至尊今往,其破可必。一破祖军,鼓行而西,西据楚关,大势弥广,即可渐规巴蜀。"[1]日前孙权重用鲁肃,听从其北守西征的建议,大臣张昭就很不以为然[2],这次他又站出来反对甘宁的计策,表示当时吴郡等地的统治尚未稳固,如果大举出征恐怕会爆发动乱,当即遭到了甘宁的反驳。"张昭时在坐,难曰:'吴下业业,若军果行,恐必致乱。'宁谓昭曰:'国家以萧何之任付君,君居守而忧乱,奚以希慕古人乎?'"[3]孙权于是表态要出兵西征,期望甘宁对此作出贡献。"权举酒属宁曰:'兴霸,今年行讨,如此酒矣,决以付卿。卿但当勉建方略,令必克祖,则卿之功,何嫌张长史之言乎。'"[4]建安十三年(208年)春,"(孙)权复征黄祖,祖先遣舟兵拒军,都尉吕蒙破其前锋,而凌统、董袭等尽锐攻之,遂屠其城。祖挺身亡走,骑士冯则追枭其首,虏其男女数万口。"[5]终于大获全胜,占领夏口。

　　此次战役的缺憾是,孙权随即撤兵回到江东,未能留下兵将把守重镇夏口及其以东濒临长江的鄂县、邾县、下雉、蕲春诸县,其原因可能是担心张昭所言的"吴下业业",或有叛乱发生。于是刘表派遣长子刘琦卷土重来,收复了江夏郡东部。"(刘)表及妻爱少子琮,欲以

---

①《三国志》卷55《吴书·甘宁传》,第1292—1293页。

②《三国志》卷54《吴书·鲁肃传》:"张昭非肃谦下不足,颇訾毁之,云肃年少粗疏,未可用。"第1269页。

③《三国志》卷55《吴书·甘宁传》,第1293页。

④《三国志》卷55《吴书·甘宁传》,第1293页。

⑤《三国志》卷47《吴书·吴主传》,第1117页。

为后,而蔡瑁、张允为之支党,乃出长子琦为江夏太守。"[1] 后来曹操南征荆州,刘备兵败当阳后投奔夏口,与刘琦汇合,夏口的兵力又得到增强。赤壁之战结束后,孙吴尽管占据了南郡与江夏郡在江南的领土,但是夏口仍在刘备掌控之中,给孙吴联络长江中下游的水路运输造成了阻碍。建安十五年(210年),孙权提议与刘备共同进取巴蜀,遭到刘备的拒绝,并上书劝阻这次军事行动。"(孙)权不听,遣孙瑜率水军住夏口。(刘)备不听军过,谓瑜曰:'汝欲取蜀,吾当被发入山,有失信于天下也。'"[2] 孙瑜的舟师无法通过夏口,只得返回,致使西征巴蜀的计划破产。

纵观孙权在这一阶段的用兵,虽然有攻陷皖城和江夏的重大胜利,但是领土并没有增加。由于让出了江北的历阳和皖城,其统治疆域比较孙策晚年甚至有所缩减。孙权"北守西征"的战略计划基本上得以顺利实施,"北守"获得了成功,他与曹操和平共处了八年之久,彼此没有发生战争冲突,从而使孙权巩固了江东的统治。但是"西征"的结果只是消灭了黄祖,得以报孙坚被害的杀父之仇,却未能进据荆州的东边门户——江夏郡东部,这显然是不够理想的结果。

二、东西分兵作战与国都北移京城(208—210年)

这一阶段是从赤壁之战到孙刘联军攻占南郡后周瑜病逝,孙权接受了鲁肃"联刘抗曹"的战略方针,将军队分别投入荆州、扬州两个战场,并准备入川消灭刘璋,占领巴蜀。其详情如下所述:

---

[1]《三国志》卷6《魏书·刘表传》,第213页。
[2]《三国志》卷32《蜀书·先主传》注引《献帝春秋》,第880页。

（一）鲁肃的"联刘抗曹"、"进取荆州"建议

建安十三年（208 年）七月，曹操在平定北方之后领兵南下，企图攻取荆州。"八月，（刘）表卒，其子琮代，屯襄阳，刘备屯樊。"①鲁肃闻讯后向孙权进言，提议联合刘备来抵抗曹兵。他的建议包含以下三个要点：

其一，荆州为长江和汉水环绕，有山岭丘陵等自然障碍，既富饶又险固，应该尽快夺取，使之成为孙吴建国称雄的物质基础。"夫荆楚与国邻接，水流顺北，外带江汉，内阻山陵，有金城之固。沃野万里，士民殷富，若据而有之，此帝王之资也。"②

其二，荆州领导集团内部矛盾重重，可以利用。"今（刘）表新亡，二子素不辑睦，军中诸将，各有彼此。加刘备天下枭雄，与（曹）操有隙，寄寓于表，表恶其能而不能用也。"③针对以上情况，鲁肃提出了两套外交方案。如果刘备与刘琦、刘琮兄弟关系和睦，就与其结成盟友共同抗曹。"若（刘）备与彼协心，上下齐同，则宜抚安，与结盟好。"④若是双方矛盾激化，出现分裂，则可以拉拢一派，打击消灭另一派。"如有离违，宜别图之，以济大事。"⑤

其三，鲁肃指出刘表二子都没有才干及实际统治权力，真正有能力的是与曹操多年交手并绝无投降可能的刘备。他请求以吊丧为名出使荆州，与刘琦、刘琮联络，慰劳掌控荆州兵权的蔡瑁、张允等将领；再

①《三国志》卷 1《魏书·武帝纪》，第 30 页。
②《三国志》卷 54《吴书·鲁肃传》，第 1269 页。
③《三国志》卷 54《吴书·鲁肃传》，第 1269 页。
④《三国志》卷 54《吴书·鲁肃传》，第 1269 页。
⑤《三国志》卷 54《吴书·鲁肃传》，第 1269 页。

说服刘备安抚刘表的部众,与东吴结盟,共同对付曹操。若能成功,就奠定了图谋天下的基业。如果行动迟缓,恐怕被曹操抢得先机而占领荆州。"肃请得奉命吊表二子,并慰劳其军中用事者,及说备使抚表众,同心一意,共治曹操,备必喜而从命。如其克谐,天下可定也。今不速往,恐为操所先。"①

孙权接受了鲁肃的建议,立即派他前往荆州,"晨夜兼道,比至南郡,而(刘)表子琮已降曹公,(刘)备惶遽奔走。"② 由于军情紧急,鲁肃不顾危难继续北上,"到当阳长阪,与(刘)备会,宣腾(孙)权旨,及陈江东强固,劝备与权并力。备甚欢悦。"③ 刘备领败兵投奔夏口,然后派遣诸葛亮跟随鲁肃到东吴,会商抗曹大计。裴松之评论道:"刘备与(孙)权并力,共拒中国,皆(鲁)肃之本谋。"④ 说明了鲁肃在此番外交斗争中起到的重要作用。

(二)孙权分兵于扬州、荆州两路

前一阶段孙权无论是用兵扬州(建安五年东北伐皖城)还是荆州(三次西征江夏),都是集中兵力于一路,没有在两个战场分兵作战。从赤壁之战开始,孙权派遣周瑜率偏师赴荆州与曹兵交锋,自己带领主力在淮南攻打合肥等地。赤壁战前孙权对诸葛亮说:"吾不能举全吴之地,十万之众,受制于人。"⑤ 表明他的部队共有十万人左右。而他分给周瑜的军队为三万人,参见"(孙)权大悦,即遣周瑜、程普、鲁肃等

①《三国志》卷54《吴书·鲁肃传》,第1269页。
②《三国志》卷54《吴书·鲁肃传》,第1269页。
③《三国志》卷54《吴书·鲁肃传》,第1269页。
④《三国志》卷54《吴书·鲁肃传》裴松之案,第1269页。
⑤《三国志》卷35《蜀书·诸葛亮传》,第915页。

水军三万,随(诸葛)亮诣先主,并力拒曹公"①。"(刘备)乃乘单舸往见
(周)瑜,问曰:'今拒曹公,深为得计。战卒有几?'瑜曰:'三万人。'
备曰:'恨少。'"②据《江表传》记载,周瑜向孙权索要五万人,言曰:"得
精兵五万,自足制之,愿将军勿虑。"但孙权不愿将全国半数军队交给
他人,推辞道:"五万兵难卒合,已选三万人,船粮战具俱办,卿与子敬、
程公便在前发,孤当续发人众,多载资粮,为卿后援。卿能办之者诚快,
邂逅不如意,便还就孤,孤当与孟德决之。"③也就是说,孙权要把大部
分军队留在自己手中,这样周瑜万一失败,他还有实力与曹操抗衡。正
因如此,陆机称曹操率大军顺江东下,"而周瑜驱我偏师,黜之赤壁,丧
旗乱辙,仅而获免,收迹远遁。"④表明赤壁之战前后,吴军的主力仍被
孙权控制,而周瑜率领的只是"偏师"三万人,加上刘备、刘琦部下二万
人⑤,共计五万余人。

(三)孙权在东线扬、徐二州的进攻部署

赤壁之战获胜后,孙权在建安十三年(208 年)冬向曹操的九江、
庐江和广陵郡发动全面攻势。据曹操本纪所载,此次战役开始于十二
月⑥。曹操带领主力南征荆州时,曾在中原留下于禁、张辽、张郃等将所
率的七军,以拱卫许都。"时于禁屯颍阴,乐进屯阳翟,张辽屯长社,诸

---

① 《三国志》卷 35《蜀书·诸葛亮传》,第 915 页。
② 《三国志》卷 32《蜀书·先主传》注引《江表传》,第 879 页。
③ 《三国志》卷 54《吴书·周瑜传》注引《江表传》,第 1262 页。
④ 《三国志》卷 48《吴书·三嗣主传》注引陆机《辨亡论》上篇,第 1180 页。
⑤ 《三国志》卷 35《蜀书·诸葛亮传》载诸葛亮曰:"豫州军虽败于长阪,今战士还者及关羽水
　军精甲万人,刘琦合江夏战士亦不下万人。"第 915 页。
⑥ 《三国志》卷 1《魏书·武帝纪》建安十三年:"十二月,孙权为(刘)备攻合肥。公自江陵征
　备,至巴丘,遣张憙救合肥。权闻憙至,乃走。"第 30—31 页。

将任气,多共不协;使(赵)俨并参三军,每事训喻,遂相亲睦。太祖征荆州,以俨领章陵太守,徙都督护军,护于禁、张辽、张郃、朱灵、李典、路招、冯楷七军。"[1] 但是对于临近孙吴的扬州却没有专门派遣部队留守支援,孙权正是抓住敌方兵力空虚的机会发动了大举进攻。依据史书记载,孙权向江北的进攻是兵分三路,分述如下。

1. 合肥方向。是对曹魏九江郡中心城市的攻击,由孙权亲自率领。曹操的扬州刺史刘馥在世时,合肥是州治所在,曾进行了充分的战备。"又高为城垒,多积木石,编作草苫数千万枚,益贮鱼膏数千斛,为战守备。"[2] 至建安十三年(208年)刘馥病逝,随后曹操将扬州州治从合肥后撤到二三百里外的寿春[3]。刘馥本传记载:"孙权率十万众攻围合肥城百余日,时天连雨,城欲崩,于是以苫蓑覆之,夜然脂照城外,视贼所作而为备,贼以破走。"[4] 前言已述,孙权全部兵力在十万左右,分三万人给周瑜后所剩约有七万,再除去留守江南及分给张昭的部队,估计围攻合肥的军队可能有三四万人。号称有十万人马应是出兵时虚张声势,这和曹操有二十余万兵马东进赤壁,诈称八十万的情况相同[5]。孙权围攻合肥城的时间,前引刘馥本传称为百余日,《三国志》之《吴主传》则言只有一个来月,"(孙)权攻城逾月不能下。曹公自荆州还,遣张喜将骑赴合肥。未至,权退。"[6] 后者记述的围攻时间可能性或

①《三国志》卷23《魏书·赵俨传》,第668页。
②《三国志》卷15《魏书·刘馥传》,第463页。
③《资治通鉴》卷65汉献帝建安十三年,"十二月,孙权自将围合肥",胡三省注:"合肥,曹操置,扬州刺史治焉。时刺史已移治寿春。"第2094页。
④《三国志》卷15《魏书·刘馥传》,第463页。
⑤《三国志》卷54《吴书·周瑜传》注引《江表传》载周瑜曰:"诸人徒见操书,言水步八十万,而各恐惧,不复料其虚实,便开此议,甚无谓也。今以实校之,彼所将中国人,不过十五六万,且军已久疲,所得表众,亦极七八万耳,尚怀狐疑。"第1262页。
⑥《三国志》卷47《吴书·吴主传》,第1118页。

更大一些。这次战役结束已经到了建安十四年（209年）春。吴军这次进攻虽然未能占领合肥，但是在九江郡造成的影响很大。建安十四年七月，曹操率大军南下合肥，"置扬州郡县长吏，开芍陂屯田。"[1] 这说明九江、庐江两郡的地方行政组织大部分遭到了破坏，郡县长官不是战死，就是逃亡（不称职），所以曹操要重新委任，以巩固对当地的统治。芍陂在寿春以南数十里，曾是古代淮河流域最大的水利工程，四周开设水门，灌溉田野。《水经注》卷32《肥水》曰："陂周一百二十许里，在寿春县南八十里，言楚相孙叔敖所造。魏太尉王凌与吴将张休战于芍陂，即此处也。陂有五门，吐纳川流，西北为香门陂水，北径孙叔敖祠下。谓之芍陂渎。"[2] 刘馥任扬州刺史时，"广屯田，兴治芍陂及茄陂、七门、吴塘诸堨以溉稻田，官民有畜。"[3] 孙权围攻合肥时，看来曾派遣军队北上，毁坏了芍陂的水利设施，因此曹操再次修建并重开屯田。这次曹操大军南下抵达合肥后，在九江郡并未向前推进，临江的几座要塞如濡须口、历阳[4]、横江渡仍在孙权军队手中，吴方仍控制着该郡长江两岸的交通往来。

2. 匡琦方向。孙权攻打合肥时，曾派遣张昭率领一支部队北上进攻，其攻击的地点有两说。据《吴书》记载："（孙）权征合肥，命（张）昭别讨匡琦。"[5] 匡琦属徐州广陵郡，据谢钟英考证应在射阳（治今江苏

---

①《三国志》卷1《魏书·武帝纪》建安十四年，第32页。

②（北魏）郦道元注，（民国）杨守敬、熊会贞疏：《水经注疏》，第2678—2679页。

③《三国志》卷15《魏书·刘馥传》，第463页。

④《三国志》卷56《吴书·吕范传》："曹公至赤壁，与周瑜等俱拒破之，拜裨将军，领彭泽太守，以彭泽、柴桑、历阳为奉邑。"第1310页。可见赤壁战后历阳被吴军收复。

⑤《三国志》卷52《吴书·张昭传》注引《吴书》，第1221页。

宝应县东北射阳镇）附近①。另外史籍还有张昭此次围攻当涂县的记载，如《三国志》卷47《吴书·吴主传》载建安十三年冬，"（孙）权自率众围合肥，使张昭攻九江之当涂。昭兵不利。"笔者按：当涂县治在今安徽怀远县南，在淮河东岸，其地远在寿春东北，孙权当时攻合肥不下，恐怕难以派兵越过寿春，远赴当涂作战。若从中渎水道进军，曹兵据守射阳、匡琦等城戍，扼守其水口，亦无法入淮过淮阴、钟离等地至当涂县，因此这段史料应有讹误。从当时形势判断，《吴书》所述张昭领兵沿中渎水道攻打匡琦较为合理可靠。此前建安四年（199年）孙策曾派兵两次攻打匡琦，张昭是徐州彭城（今江苏徐州市）人，故乡临近广陵，较为熟悉当地环境，但他是文人，并不擅长军事，其率领的偏师可能在万人左右，作用应是吸引并分散敌方的兵力，或许只是佯攻而已，最后无功而返。

3. 皖城方向。前述曹操扬州刺史刘馥曾占据皖城，并在附近兴修吴塘陂等水利设施，开设屯田。但在建安十三年冬孙权围攻合肥之役后，皖城又被吴军夺回，由老将韩当领兵驻守。建安十四年七月曹操大军抵达合肥后，曾派遣于禁、张辽等带兵平定陈兰、梅成等割据庐江各地的地方叛乱势力。"陈兰、梅成以氐六县叛，太祖遣于禁、臧霸等讨成，（张）辽督张郃、牛盖等讨兰。成伪降禁，禁还。成遂将其众就兰，转入潜山。"②随后被张辽攻陷消灭。在这次军事行动中，曹将臧霸曾领兵向皖城的吴军进攻，被守将韩当击败，被迫退兵至舒县。

---

① (清)洪亮吉撰，(清)谢钟英补注：《〈补三国疆域志〉补注》，《二十五史补编·三国志补编》："按《江表传》：'广陵太守陈登治射阳。'（孙）权攻登，宜在射阳，则匡琦当与射阳相近。"第474页。
②《三国志》卷17《魏书·张辽传》，第518页。

　　笔者按：韩当曾参加赤壁之战，其本传曰："后以中郎将与周瑜等拒破曹公"[1]，《吴书》曰："赤壁之役，（黄）盖为流矢所中，时寒堕水，为吴军人所得，不知其盖也，置厕床中。盖自强以一声呼韩当，当闻之，曰：'此公覆声也。'向之垂涕，解易其衣，遂以得生。"[2] 赤壁之役结束后，周瑜与刘备合兵追击曹操到南郡，而韩当所部则调往东线皖城地区，担任该地的守备工作。曹兵在皖城屯田时，距离后方甚远。建安十三年冬孙权主力围攻合肥，皖城孤军难以维持，是被韩当攻克还是由曹兵主动放弃的，史书未曾记载。臧霸与韩当交战的地点有逢龙和夹石，逢龙地址在皖县北境。唐宋怀宁县原为汉朝皖县，皖水在县城西北，水北有古城曰逢龙城。《太平寰宇记》卷125记载载唐朝曾在此地重修壁垒以屯驻军民，亦称作皖城，后又废罢。"废皖城。唐武德五年，大使王弘让析置，在古逢龙城内。按《魏志》：'臧霸讨吴将韩当，当引兵逆战于逢龙。'即此地。"[3] 夹石则在逢龙以北，位于今安徽桐城县北，又名南硖（石）；道路险峻，为吴、魏双方交界地带。顾祖禹考证曰："又西硖山，在（桐城）县北四十七里。旧置军垒，一曰南硖戍，即夹石山也。《（通鉴地理）通释》：'淮南有两夹石，在寿州淮水上者曰北硖石，在桐城者曰南硖石。'薛氏谓淮西山泽无水隔者，有六安、舒城走南硖之路，南硖所以蔽皖也。"[4]

　　据《三国志》臧霸本传记载："张辽之讨陈兰，（臧）霸别遣至皖，讨吴将韩当，使（孙）权不得救兰。（韩）当遣兵逆霸，霸与战于逢龙，

①《三国志》卷55《吴书·韩当传》，第1285页。
②《三国志》卷55《吴书·黄盖传》注引《吴书》，第1285页。
③（宋）乐史撰，王文楚等点校：《太平寰宇记》卷125《淮南道三·舒州怀宁县》，第2477页。
④（清）顾祖禹：《读史方舆纪要》卷26《南直八·安庆府》，第1305页。

当复遣兵邀霸于夹石,与战破之,还屯舒。"[①] 是说韩当在逢龙阻击臧霸时,另派兵将到夹石去截断其退路,形成前后合击之势。臧霸所部在逢龙兵败,撤退到夹石时突破了吴军的阻截,得以返回舒县。另如,陆机《辨亡论》列举孙吴对曹、刘作战的胜绩,在赤壁、夷陵之役两次大捷之外,还有两次胜利。"续以濡须之寇,临川摧锐;蓬笼之战,孑轮不反。"[②] 李善在注释中解说:前者即建安十八年(213 年)正月曹操偷袭濡须中洲,被孙权击败[③];后者即指建安十四年(209 年)韩当在逢龙打败臧霸的战斗。古籍中"逢龙"或作"蓬笼",李善注云:"《魏志》曰:张辽之讨陈兰,别遣臧霸至皖讨吴。吴将韩当遣兵逆霸,与战于蓬笼。《楚辞》曰:登蓬笼而下陨兮。王逸曰:蓬笼,山名也。《公羊传》曰:晋败秦于殽,匹马只轮无反者。"[④] 可见臧霸在这场战役遭到惨败,经过夹石退据舒县。

　　孙权在东线三路出击,虽然未能攻占淮南,但是恢复到建安五年(200 年)孙策去世前夹江与曹操兵马对峙的局面。东自广陵,西至庐江,孙权控制了江北的江都、历阳、横江津、濡须口和皖口及皖城,从而堵塞了曹操舟师从中渎水、濡须水和皖水南下入江的各座水口,使其战船无法驶进长江来构成威胁。这一战略举措的实现,正如阮瑀为曹操所作书信中所称:"临江塞要,欲令王师终不得渡。"[⑤] 如上所述,孙权在东线的进攻扩展了吴国的防御纵深,借以确保江南的安全,因此改

---

①《三国志》卷 18《魏书·臧霸传》,第 537—538 页。

②(梁)萧统编,(唐)李善等注:《文选》卷 53《论三》,第 737 页。

③参见《三国志》卷 47《吴书·吴主传》建安十八年正月注引《吴历》:"曹公出濡须,作油船,夜渡洲上。(孙)权以水军围取,得三千余人,其没溺者数千人。"第 1119 页。

④(梁)萧统编,(唐)李善等注:《文选》卷 53《论三》陆士衡《辨亡论·上》,第 737 页。

⑤(梁)萧统编,(唐)李善等注:《文选》卷 42《书中·阮文瑜为曹公作书与孙权》,第 589 页。

善了所处的地理格局与交战态势。

（四）国都与军队主力北移京城

京城即原来东汉吴郡的丹徒县（今江苏镇江市），又称京、京口、徐陵，为长江下游的军事重镇。该地在秦汉以来疏浚丹徒水道（今镇江至丹阳、常州），与江南运河（今苏州至常州）沟通，航船可以直赴吴郡首府吴县（今江苏苏州市）和会稽郡治山阴（今浙江绍兴市）。京城对岸是贯穿广陵郡的中渎水入江的水口江都（今江苏扬州市江都区），可见京口是三条重要水路的交汇地区。另外，京城沿江至秣陵（今江苏南京市）为宁镇丘陵山地，能够依据高地修筑城垒来加强防御，因此具有可资利用的军事价值。如《南齐书·州郡志上》所言："丹徒水道入通吴会，孙权初镇之。《尔雅》曰：'绝高为京。'今京城因山为垒，望海临江，缘江为境，似河内郡，内镇优重。"①《江防考》则云："京口西接石头，东至大海，北距广陵，而金、焦障其中流，实天设之险。繇京口抵石头凡二百里，高冈逼岸，宛如长城，未易登犯。繇京口而东至孟渎七十余里，或高峰横亘，或江泥沙淖，或洲渚错列，所谓二十八港者皆浅涩短狭，难以通行。故江岸之防惟在京口，而江中置防则圌山为最要。"② 早在孙策在世时，就委派孙河担任京城地区的驻防长官③。建安九年（204年），孙河为部下妫览、戴员所杀，其侄男孙韶"收河余众，缮治京城，起楼橹，修器备以御敌"④。孙权任命他为广陵太守，兼管对岸江都地区的

①《南齐书》卷 14《州郡志上》，第 246 页。

②（清）顾祖禹：《读史方舆纪要》卷 25《南直七·镇江府》，第 1250 页。

③《三国志》卷 51《吴书·宗室传·孙韶》曰："伯父河，字伯海，本姓俞氏，亦吴人也。孙策爱之，赐姓为孙，列之属籍。后为将军，屯京城。"第 1214 页。

④《三国志》卷 51《吴书·宗室传·孙韶》，第 1216 页。

防务。京城的壁垒非常坚固,有内外两层。《城邑考》:"郡有子城,周六百三十步,即三国吴所筑,内外皆甃以甓,号铁瓮城。"[1]

孙策与孙权继位初期的都城与军队主力驻在吴县(今江苏苏州市),这样设置的优点是位于江东的经济中心太湖平原腹地,粮饷补给最为方便;缺陷是距离国境与长江水运干线较远,倘若是大敌犯境,吴军主力乘舟经过三百余里的江南运河与丹徒水道驶入长江需要花费好几天功夫,可能会因拖延时日而贻误战机。后来刘备造访京城,也向孙权说:"吴去此数百里,即有警急,赴救为难。"[2]曹操统一北方之前,中原频有战乱,江东未曾受到强寇的直接威胁,故设都于吴的弊病尚未暴露。建安十三年(208年)秋,曹操南征占领荆州,来自长江上游的军事压力骤然剧增。赤壁战前,孙权恐怕敌情突变,来不及迎击来犯之敌,于是率领主力部队离开吴县,来到濒近荆州的柴桑(今江西省九江市)。参见《三国志》卷35《蜀书·诸葛亮传》:"时(孙)权拥军在柴桑,观望成败。"[3]

建安十四年(209年)春,孙权结束了对淮南的攻势;当年七月,曹操带领军队南下合肥,巩固了扬州地区的统治,直至岁末才收兵撤退,为此后"四越巢湖"的大举进攻作了一次预演。而孙权由吴迁都京城的时间也是在这一年,其目的明显是将主力军队和最高统帅的驻地靠近前线,借以缩短敌情通报与军队出动的时间。顾祖禹曰:"汉建安十三年,孙权自吴徙治丹徒,号曰京城。"[4]李吉甫则云:"本春秋吴之

---

[1] (清)顾祖禹:《读史方舆纪要》卷25《南直七·镇江府》丹徒县京城条引《城邑考》,第1251页。

[2]《三国志》卷53《吴书·张纮传》注引《献帝春秋》,第1246页。

[3]《三国志》卷35《蜀书·诸葛亮传》,第915页。

[4] (清)顾祖禹:《读史方舆纪要》卷25《南直七·镇江府》,第1248页。

朱方邑,始皇改为丹徒。汉初为荆国,刘贾所封。后汉献帝建安十四年,孙权自吴理丹徒,号曰'京城',今州是也。"① 按照史籍所载,迁京时间应以李氏之说为是。参见《三国志》之《胡综传》:"从讨黄祖,拜鄂长。(孙)权为车骑将军,都京,召综还,为书部。"② 而孙权担任车骑将军是在建安十四年冬,即周瑜击败曹仁、占领南郡之后。参见孙权本传:"(建安)十四年,(周)瑜、(曹)仁相守岁余,所杀伤甚众,仁委城走。(孙)权以瑜为南郡太守。刘备表权行车骑将军,领徐州牧。"③ 所以他迁都京城应该是在建安十四年。

(五)周瑜、刘备在西线荆州的作战与兵力部署

赤壁战胜之后,周瑜、刘备率军追击曹操到南郡。"时操军兼以饥疫,死者太半。操乃留征南将军曹仁、横野将军徐晃守江陵,折冲将军乐进守襄阳,引军北还。"④ 孙、刘联军进攻江陵前后的部署与战况如下:

1. 分兵在长江两岸进发。孙吴水军战船沿江西驶,至南郡后屯驻于长江南岸。见周瑜本传:"瑜与程普又进南郡,与仁相对,各隔大江。兵未交锋……"⑤ 曹仁本传称:"以仁行征南将军,留屯江陵,拒吴将周瑜。瑜将数万众来攻……"⑥ 吴军具体兵力不详,虽然韩当所部被抽调到东线,但周瑜麾下应该还有后续人马的支援⑦,以及降兵的补

①(唐)李吉甫:《元和郡县图志》卷25《江南道一》,第589页。
②《三国志》卷62《吴书·胡综传》,第1413页。
③《三国志》卷47《吴书·吴主传》,第1118页。
④《资治通鉴》卷65汉献帝建安十三年,第2093页。
⑤《三国志》卷54《吴书·周瑜传》,第1263页。
⑥《三国志》卷9《魏书·曹仁传》,第275页。
⑦《三国志》卷54《吴书·周瑜传》注引《江表传》载孙权对周瑜曰:"卿与子敬、程公便在前发,孤当续发人众,多载资粮,为卿后援。"第1262页。

充,按保守的估计也会保持赤壁战前三万人的规模。但与曹仁所部相比,并没有数量上的明显优势。因此甘宁在夷陵被围告急求援时,周瑜部下"诸将以兵少不足分,(吕)蒙谓(周)瑜、(程)普曰:'留凌公绩,蒙与君行,解围释急,势亦不久,蒙保公绩能十日守也。'"①

刘备的部队主要在江北作战,另有张飞所部随同周瑜的吴军。刘备向周瑜建议,截断曹仁所守江陵城与后方的联系,使其得不到兵力、粮草的支援。"备谓瑜云:'(曹)仁守江陵城,城中粮多,足为疾害。使张益德将千人随卿,卿分二千人追我,相为从夏水入截仁后,仁闻吾入必走。'瑜以二千人益之。"②夏水是长江的支流,其故道之源头在今湖北省沙市东南,向东流经今监利县北界折向东北,至堵口(今湖北仙桃市东北)汇入汉水。《水经》曰:"夏水出江津于江陵县东南,又东过华容县南,又东至江夏云杜县,入于沔。"郦道元注云:"应劭《十三州记》曰:江别入沔为夏水源。夫夏之为名,始于分江,冬竭夏流,故纳厥称。"③刘备麾下有"关羽水军精甲万人"④,他的计划是从夏水转入汉水,绕到江陵之北来进行设防堵截。这一战术相当成功,后来曹仁在江陵粮尽援绝,想要撤退但又被关羽截断后路,只得请求后方支援突围。曹操派遣汝南太守李通率军竭力作战,才突破关羽的阵地。"刘备与周瑜围曹仁于江陵,别遣关羽绝北道。(李)通率众击之,下马拔鹿角入围,且战且前,以迎仁军,勇冠诸将。通道得病薨,时年四十二。"⑤这次战役中关羽和张飞的勇猛表现引起了周瑜的重视,他后来向孙权称二

①《三国志》卷54《吴书·吕蒙传》,第1274页。
②《三国志》卷54《吴书·周瑜传》注引《吴录》,第1264页。
③(北魏)郦道元原注,陈桥驿注释:《水经注》,浙江古籍出版社,2001年,第509—510页。
④《三国志》卷35《蜀书·诸葛亮传》,第915页。
⑤《三国志》卷18《魏书·李通传》,第535页。

人是"熊虎之士",请求孙权将刘备软禁在吴,并利用关、张的作战能力来对抗曹兵。"分此二人,各置一方,使如(周)瑜者得挟与攻战,大事可定也。"①

2. 周瑜攻占夷陵、江陵及战后部署与入川计划。孙、曹两军在江陵隔江对峙,为了打破僵局,周瑜接受了甘宁的建议,派他率数百人去攻占敌军防守薄弱的临江郡治夷陵,"往即得其城,因入守之。时手下有数百兵,并所新得,仅满千人。"②曹仁鉴于夷陵是三峡东口,地理位置重要,被迫分兵前来夺取。"乃令五六千人围(甘)宁。宁受攻累日,敌设高楼,雨射城中,士众皆惧,惟宁谈笑自若。遣使报(周)瑜。"③周瑜听从了吕蒙的主张,留下凌统率少数人马镇守江南营寨,其余部队赶赴夷陵,给围城的曹兵以重大杀伤,并缴获战马多匹。"军到夷陵,即日交战,所杀过半。敌夜遁去,行遇柴道,骑皆舍马步走。兵追蹙击,获马三百匹,方船载还。"④这次战斗改变了两军隔江对峙的僵持局面,周瑜开始率主力攻击江陵的曹兵,掌握了战场的主动权。"于是将士形势自倍,乃渡江立屯,与相攻击。"⑤至次年冬季,曹仁兵力消耗很多,却由于关羽的阻截而得不到应有的补充,被迫放弃江陵。"瑜、仁相守岁余,所杀伤甚众。仁委城走。"⑥另一方面,曹仁撤退的原因还有城中的存粮殆尽。见阮瑀《为曹公作书与孙权》:"江陵之守,物尽谷殚,无所复据,徙民还师。"⑦至此,孙刘联军占据了荆州的腹地南郡、峡口附近的

①《三国志》卷54《吴书·周瑜传》,第1264页。
②《三国志》卷55《吴书·甘宁传》,第1293页。
③《三国志》卷55《吴书·甘宁传》,第1293页。
④《三国志》卷54《吴书·吕蒙传》,第1274页。
⑤《三国志》卷54《吴书·吕蒙传》,第1274页。
⑥《三国志》卷47《吴书·吴主传》,第1118页。
⑦(梁)萧统编,(唐)李善等注:《文选》卷42《书中》,第589页。

临江郡,江南的长沙、零陵、桂阳、武陵四郡也被刘备攻占。"先主表琦
为荆州刺史,又南征四郡。武陵太守金旋、长沙太守韩玄、桂阳太守赵
范、零陵太守刘度皆降。"[1] 其中金旋"迁中郎将,领武陵太守,为(刘)备
所攻劫死"[2]。刘备随即在当地任命官员,建立了自己的统治。"备以诸
葛亮为军师中郎将,使督零陵、桂阳、长沙三郡,调其赋税以充军实;以
偏将军赵云领桂阳太守。"[3]

这场战役获胜后,孙、刘两家进行了荆州统治范围的划分。《资
治通鉴》综述曰:"(孙)权以(周)瑜领南郡太守,屯据江陵;程普领江
夏太守,治沙羡;吕范领彭泽太守;吕蒙领寻阳令。"[4] 周瑜麾下的吴军
占据了南郡的江北领土,以江陵为主将与军队主力的驻地;此外还有
以夷陵为郡治的临江郡。南郡在江陵对岸的部分领土,则分给了刘
备。《江表传》:"周瑜为南郡太守,分南岸地以给备。备别立营于油江
口,改名为公安。"[5] 胡三省认为所分南岸地指的是荆州江南四郡,"荆
江之南岸,则零陵、桂阳、武陵、长沙四郡地也。"又云:"《水经》:南平
郡孱陵县有油水,西北注于江,曰油口。即刘备立营之处也。"[6] 赵一清
则指出胡氏之说有误,根据《三国志》中《先主传》和《诸葛亮传》的记
载,"是四郡皆为先主自力征服,非为吴借可知。"又云:"上文'周瑜分
南岸地给(刘)备'者,即指油口立营之地,非谓江南四郡也。"[7] 即给刘
备的是南郡在长江南岸沿线的领土,在江陵对岸。赵氏之说合理有据,

---

① 《三国志》卷 32《蜀书·先主传》,第 879 页。
② 《三国志》卷 32《蜀书·先主传》注引《三辅决录注》,第 880 页。
③ 《资治通鉴》卷 66 汉献帝建安十四年,第 2094—2095 页。
④ 《资治通鉴》卷 66 汉献帝建安十四年,第 2098—2099 页。
⑤ 《三国志》卷 32《蜀书·先主传》注引《江表传》,第 879 页。
⑥ 《资治通鉴》卷 66 汉献帝建安十四年,第 2099 页。
⑦ 卢弼:《三国志集解》引赵一清云,第 728 页。

甚为精辟。按周瑜当时任南郡太守,只是有权力划分该郡在江南的一些土地给刘备,而长沙、零陵、桂阳、武陵四郡则是双方协商后由刘备自己打下来并建立统治的。

程普任江夏太守,郡治在沙羡(今湖北武汉市江夏区金口),控制了夏口对岸暨江夏郡在长江以南的领土,这样就和吕范统治的彭泽郡(治柴桑,今江西九江市,赤壁战后割豫章郡而立)接壤,为孙吴保持了一条沿长江南岸通往荆州内地的陆道。程普离开南郡的一个重要原因是与周瑜矛盾太深,两人之间的冲突甚至对江陵战役造成了不利影响。如吕蒙事后追述:"昔周瑜、程普为左右部督,共攻江陵,虽事决于瑜,普自恃久将,且俱是督,遂共不睦,几败国事,此目前之戒也。"①调走程普,就使周瑜能够得心应手地指挥南郡的部队。孙吴的上述兵力部署,与周瑜设想的战略计划有关,他准备以江陵为基地,先通过三峡去消灭四川军阀刘璋,再乘胜北取汉中,然后凭借秦岭山区的险要地势采取防守,将主力撤回荆州后攻夺襄樊,以此获得北蔽江陵和进兵中原的门户,周瑜称这一计划为"规定巴蜀,次取襄阳"②,孙权同意了他的作战方案。"是时刘璋为益州牧,外有张鲁寇侵。瑜乃诣京见权曰:'今曹操新折衄,方忧在腹心,未能与将军连兵相事也。乞与奋威俱进取蜀,得蜀而并张鲁,因留奋威固守其地,好与马超结援。瑜还与将军据襄阳以蹙操,北方可图也。'权许之。"③只是由于周瑜的过早病逝而使上述计划夭折。

孙吴方面在这次荆州领土的划分中,还刻意从刘备的江南四郡中

①《三国志》卷51《吴书·宗室传·孙皎》,第1207—1208页。
②《三国志》卷54《吴书·鲁肃传》注引《江表传》,第1271页。
③《三国志》卷54《吴书·周瑜传》,第1264页。

攫取了三县土地及人口。"（孙）权拜（周）瑜偏将军,领南郡太守。以下隽、汉昌、刘阳、州陵为奉邑,屯据江陵。"[1]周瑜的四县封邑中,州陵属南郡,位于今湖北嘉鱼市北,在长江北岸。下隽、汉昌、刘阳均属长沙郡,下隽治今湖北通城县西北,以隽水而得名;汉昌县治今湖南平江县东,孙权称帝后改称吴昌;刘阳即今湖南浏阳县,在长沙市东百余里。州陵、下隽、汉昌、刘阳从北到南成纵向排列,各自相距百余里,与孙吴占据的江夏郡江南地域及豫章郡相邻[2],这样就削弱了刘备统治的长沙郡领土,为将来夺取湘水以东的地界预作准备。

　　3. 刘备实力的扩充与"借荆州"被拒。刘备占领江南四郡后,显著地扩大了自己的统治范围,不像原来仅局限于夏口一隅之地。赤壁之战时,他的兵马只有二万余人[3]。但是战后形势大变,刘备麾下不仅增加了江南四郡的人马,还有不少荆州旧部的降兵。"刘表吏士见从北军,多叛来投备。"[4]其军队数量很有可能超过了周瑜部下的三万余人(其中程普所部又被调往江夏)。因此他向孙权提议将吴军占领的南郡、临江郡也划拨给他来统治。见《江表传》:"（刘）备以（周）瑜所给地少,不足以安民,复从（孙）权借荆州数郡。"[5]他后来在建安十五年(210年)为此事专门到京城求见孙权,希望名副其实地做个"荆州牧",获得当地的全部统治权。《资治通鉴》卷66曰:"刘表故吏士多归刘备,备以周瑜所给地少,不足以容其众,乃自诣京见孙权,求都督荆

①《三国志》卷54《吴书·周瑜传》,第1264页。
②参见谭其骧主编《中国历史地图集》第二册,中国地图出版社,1982年,第49—50页。
③《三国志》卷35《蜀书·诸葛亮传》载诸葛亮曰:"豫州军虽败于长阪,今战士还者及关羽水军精甲万人,刘琦合江夏战士亦不下万人。"第915页。
④《三国志》卷32《蜀书·先主传》注引《江表传》,第879页。
⑤《三国志》卷32《蜀书·先主传》注引《江表传》,第879页。

州。"胡三省注："荆州八郡,瑜既以江南四郡给备,备又欲兼得江、汉间四郡也。"[1] 王懋竑认为,刘备"借荆州"的主要原因是由于南郡、临江郡的军事意义非常重要,只有占据了荆州的江北领土才有可能实现诸葛亮《隆中对》提出的进取四川及襄樊的战略构想。"先主之欲都督荆州,以据地广大,北可向襄阳以通宛、洛,西可由巫、秭归以窥蜀,非仅为地少不足以给也。"[2] 此举遭到了孙权的拒绝,因为如果这样等于把吴军费尽周折攻占的南郡等地白白送给刘备,何况周瑜自己也有"规定巴蜀,次取襄阳"的打算。如卢弼所言:"荆州八郡,南阳、章陵非吴所有,周瑜领南郡,程普领江夏,亦决不肯让人……若已给江南四郡,又欲兼得江汉间四郡,将置周瑜、程普于何地乎?"[3] 周瑜和吕范甚至还建议把刘备扣押起来[4]。孙权目光深远,认为此举会造成恶劣的政治影响,因而没有采用。"权以曹公在北方,当广揽英雄。又恐(刘)备难卒制,故不纳。"[5] 为了安抚刘备并加强对他的控制,孙权将胞妹嫁给刘备,并礼送他回到荆州。

　　孙刘联军在赤壁之战和江陵之役中打败曹兵,取得攻占荆州六郡(南郡、临江、长沙、零陵、桂阳、武陵)的巨大胜利,完成了鲁肃提出的战略构想。这是孙权第一次从北方曹氏集团手中夺取了这么多的领土,值得关注的是,也是最后一次。此役过后,孙权及后来的孙吴政权虽然在对曹作战中也获得过一些重大胜利,但是再也没有占领过一个郡以上的

---

[1]《资治通鉴》卷66汉献帝建安十五年,第2101—2102页。
[2] 卢弼:《三国志集解》引王懋竑曰,第729页。
[3] 卢弼《三国志集解》,第728页。
[4] 参见《三国志》卷54《吴书·周瑜传》:"宜徙(刘)备置吴,盛为筑宫室,多其美女玩好,以娱其耳目。"第1264页。《三国志》卷56《吴书·吕范传》:"刘备诣京见权,范密请留备。"第1310页。
[5]《三国志》卷54《吴书·周瑜传》,第1264页。

领土。孙刘联军在荆州的胜利虽然有赖于周瑜、刘备指挥调度得当与将士们的奋勇作战，但也和敌方把主力部队调往合肥前线有很大关系，曹操对荆州战场并未给予足够重视，因此曹仁在江陵没有获得后方兵粮的有力支援，以致坚守了岁余最终放弃。另外，攻占江陵之后是孙吴进取四川最好的时机，刘璋势力孱弱，连汉中的张鲁也对付不了，部下将吏又貌合神离。例如甘宁袭取夷陵后，"益州将袭肃举军来附"[①]，胡三省曰："先取夷陵，则与益州为邻，故袭肃举军以降。"[②]占领江陵后吴军气势正盛，并控制了峡口的临江郡；刘备集团被压缩到江南四郡，既为联合抗曹的形势所拘束，又没有足够的实力，因而尚不能为此事与孙权反目，阻止不了周瑜入川的军事行动，所以对此并未提出异议。"（周）瑜还江陵，为行装，而道于巴丘病卒。"[③]他的突然逝世使孙吴丧失了这次攻取巴蜀的良机。

三、迁都建业与东西单线作战（210—219 年）

这一阶段是从建安十五年（210 年）周瑜去世后，"鲁肃劝（孙）权以荆州借刘备，与共拒曹操"[④]开始，到建安二十四年（219 年）冬吕蒙袭取荆州前夕。刘备从此控制了南郡的江北领土，直至峡口的宜都等郡，加上荆州的江南四郡，与江夏郡的江北部分，势力大为扩增。孙权为了应付曹操在淮南的"四越巢湖"之役，将都城迁往秣陵，又把军队

---

①《三国志》卷 54《吴书·吕蒙传》，第 1274 页。
②《资治通鉴》卷 66 汉献帝建安十四年，第 2094 页。
③《三国志》卷 54《吴书·周瑜传》，第 1264 页。
④《资治通鉴》卷 66 汉献帝建安十五年，第 2103 页。

主力配置在东线，只是在江夏郡南岸和陆口附近留下少数兵马，但乘机进占了岭南的交州。在此期间，孙权发动了三次攻势，都是单线作战，战场分别在皖城、南三郡（长沙、桂阳、零陵）与合肥。孙权参加了这三次战役，亲自到战区指挥或督战。

（一）迁都建业，主力屯驻东线

建安十六年（211年），孙权把都城从京城（今江苏镇江市）迁移到秣陵（今江苏南京市），后改名为建业。据《江表传》记载，起初是张纮向孙权提出有关建议，但未获准许。"纮谓权曰：'秣陵，楚武王所置，名为金陵。地势冈阜连石头，访问故老，云昔秦始皇东巡会稽经此县，望气者云金陵地形有王者都邑之气，故掘断连冈，改名秣陵。今处所具存，地有其气，天之所命，宜为都邑。'权善其议，未能从也。"① 建安十五年（212年）刘备为"借荆州"亲赴京城见孙权，也力劝他迁都秣陵，最终获得同意。"后刘备之东，宿于秣陵，周观地形，亦劝权都之。权曰：'智者意同。'遂都焉。"② 孙权选择迁都的原因有以下几项：

第一，秣陵山川环绕，境界广阔。比起京城，秣陵拥有利于防御的自然条件，又有地域辽旷的优点，适合建造大型都市。秣陵周围丘陵耸峙，"远近群山，环绕拱卫，郁葱巍焕，雄胜天开。"③ 由于地处宁镇丘陵，它在沿江和纵深多有山岭，可驻军设防，成为屏障。如东北的钟山，又称蒋山、紫金山，另有"覆舟山，在县东北一十里，钟山西足地形如覆舟，故名"④。秣陵西边的石头山，"北缘大江，南抵秦淮口，去台城九

①《三国志》卷53《吴书·张纮传》注引《江表传》，第1246页。
②《三国志》卷53《吴书·张纮传》注引《江表传》，第1246页。
③（清）顾祖禹：《读史方舆纪要》卷20《南直二》，第943页。
④（唐）李吉甫：《元和郡县图志》卷25《江南道一》，第594页。

里。"① 战国时楚国即已筑城戍守。"石头城,在县西四里。即楚之金陵城也,吴改为石头城,建安十六年,吴大帝修筑,以贮财宝军器,有戍,《吴都赋》云'戎车盈于石城',是也。诸葛亮云'钟山龙盘,石城虎踞',言其形之险固也。"②

第二,便于屯驻水军和大型战船。京城对岸为广陵郡江都县,水面宽阔,浪高汹涌。《元和郡县图志》云:"江今阔一十八里,春秋朔望有奔涛,魏文帝东征孙氏,临江叹曰:'固天所以限南北也。'"③ 曹丕于此乘船险些遇难,"帝御龙舟,会暴风漂荡,几至覆没。"④ 而秣陵附近江面流速较缓,其西有秦淮河,河道宽阔,入江之口又有港湾,可以容纳大型战船以避风浪,有利于水军船队的集结。如孙权对刘备所言:"秣陵有小江百余里,可以安大船。吾方理水军,当移据之。"⑤ 秦淮河古时亦称淮水,"源出(上元)县南华山,在丹阳、湖孰两县界,西北流经秣陵、建康二县之间入于江。"⑥ 其河道不仅能够通航运输,还可以成为防守的天然障碍。孙权建都秣陵后,即在秦淮河两岸树立木栅以为工事。"孙吴至六朝,都城皆去秦淮五里。吴时夹淮立栅十余里,史所称栅塘是也。"⑦

第三,位处濡须口和江都之间,利于居中联络支援。汉末三国时期,中原经淮河通往江东的水路干线有东、西两条,东路是纵贯广陵郡至江都入江的中渎水,对岸为京城;西路是经肥水、施水入巢湖,再经

①(清)顾祖禹:《读史方舆纪要》卷20《南直二》引《舆地志》,第930页。
②(唐)李吉甫:《元和郡县图志》卷25《江南道一》,第596页。
③(唐)李吉甫:《元和郡县图志》卷25《江南道一》,第591页。
④《资治通鉴》卷70魏文帝黄初五年,第2220页。
⑤《三国志》卷53《吴书·张纮传》注引《献帝春秋》,第1246页。
⑥(唐)李吉甫:《元和郡县图志》卷25《江南道一》,第595页。
⑦(清)顾祖禹:《读史方舆纪要》卷20《南直二》,第951页。

濡须水到濡须口入江,对岸为芜湖。其中西路是曹操"四越巢湖"的主攻路线。建安十四年(209年)曹操出兵合肥,"置扬州郡县长吏,开芍陂屯田"①,就是为下次兵临江畔试作预演。孙权看到了战局的变化,也随即进行了兵力部署的改变。"(建安)十六年,(孙)权徙治秣陵。明年,城石头,改秣陵为建业。闻曹公将来侵,作濡须坞。"②表明他此次迁都、筑城、作坞都是为了应对曹操即将发起的大举进攻。曹军在扬州地区的进攻路线,其舟师是走濡须水企图入江;步骑还可以经陆道从巢湖东端的居巢(今安徽巢县)东行,过大小岘山而到历阳的横江津渡口,威胁对岸的牛渚(今安徽马鞍山市采石镇)。京口对面的中渎水由于河道淤塞并不是曹操大军的主攻路线,对于可能爆发激战的濡须、历阳来说,京城的位置过于偏东,将都城和吴军主力安置在那里距离稍远,不如西边的秣陵近便,支援前线更为得力。例如,曹魏嘉平四年(252年)十二月,胡遵、诸葛诞率兵七万进攻孙吴重镇东关(今安徽省巢湖市东关镇)。"甲寅,吴太傅(诸葛)恪将兵四万,晨夜兼行,救东兴。"并派遣勇将丁奉为先锋,"奉自率麾下三千人径进。时北风,奉举帆二日,即至东关,遂据徐塘。"③迅速赶到战场并击溃了来犯的敌军。另外,秣陵距离京城和江都也并不遥远,从那里发兵进入广陵郡即中渎水流域也只要几日时间。因此,迁都秣陵可以兼顾扬州、徐州两个战场出现的情况。如果把国都设置在濡须口对岸的芜湖,则距离东路的中渎水流域较远,出征耗费时日。刘备曾向孙权提议也可以考虑在芜湖建都时,后者便以此为理由而当即给予否定。"备曰:'芜湖近濡须,

---

①《三国志》卷1《魏书·武帝纪》,第32页。
②《三国志》卷47《吴书·吴主传》,第1118页。
③《资治通鉴》卷75魏齐王芳嘉平四年,第2399页。

亦佳也。'权曰：'吾欲图徐州，宜近下也。'"①

　　第四，距离太湖平原较近。孙吴立国于江东六郡，其经济基础为"吴会"，即位于太湖平原中心的吴郡和宁绍平原的会稽郡，是所需物资和人力的主要来源，它（他）们可以通过江南运河与丹徒水道入江后漕运到秣陵；为了就近运输，也可以在丹阳经过陆道转运到秣陵。孙权赤乌八年（245 年）八月，"遣校尉陈勋将屯田及作士三万人凿句容中道，自小其至云阳西城，通会市，作邸阁。"② 开凿了丹阳直通秣陵的水路。《建康实录》对此记载更为详细，曰："使校尉陈勋作屯田，发屯兵三万凿句容中道，至云阳西城以通吴会船舰，号破岗渎，上下一十四埭，通会市，作邸阁。"③ 这条水道后世称为破岗（冈）渎，据当代学者考证，"验之今地，破冈渎所经之道应在茅山北麓春城（城上盖）附近，自此东出顺香河而下，经南唐庄至宝堰镇，复东南抵延陵镇，转东北由简渎河直达丹阳县城南江南运河；自此而西侧顺二圣桥水入赤山湖，复由南河西注秦淮河，北抵南京市入于长江。"④ 通过这项工程，孙吴直接建立了太湖平原与国都建业的水运联系，不再绕路长江航运，避免了江上风浪与对岸来敌的侵袭，使都城的物资供应更加安全和便捷。

　　综上所述，在秣陵建都可以获得诸多军事上的益处，所以孙权决定将国都和军队主力驻地迁移至此。顾祖禹曾称赞这一决定说："府前据大江，南连重岭，凭高据深，形势独胜。孙吴建都于此，西引荆楚之固，东集吴会之粟，以曹氏之强，而不能为兼并计也。……盖舟车便利

①《三国志》卷 53《吴书·张纮传》注引《献帝春秋》，第 1246 页。
②《三国志》卷 47《吴书·吴主传》，第 1146 页。
③（唐）许嵩：《建康实录》卷 2《吴中·太祖下》赤乌八年，上海古籍出版社，1987 年，第 39 页。
④ 王健等著：《江苏大运河的前世今生》，河海大学出版社，2015 年，第 57 页。

则无艰阻之虞,田野沃饶则有转输之藉,金陵在东南,言地利者自不能舍此而他及也。"①

(二)以陆口为荆州前线基地

周瑜病逝前上疏请求以鲁肃代其职任②,获孙权批准,"即拜肃奋武校尉,代瑜领兵。瑜士众四千余人,奉邑四县,皆属焉。"③后又因鲁肃不熟悉战事,调老将程普从江夏到南郡主持军政事务。"(孙)权以鲁肃为奋武校尉,代瑜领兵,令程普领南郡太守。"④刘备"借荆州"后,孙权将程普从江陵调回沙羡,复任江夏太守⑤。而鲁肃所部兵马安排在沙羡西邻的陆口驻扎,统治临近刘备长沙郡的鲁肃奉邑州陵、下隽、汉昌、刘阳四县,兵马也得到显著扩充。"肃初住江陵,后下屯陆口,威恩大行,众增万余人。"⑥陆口即今湖北嘉鱼市西南陆溪镇,在长江南岸,处于发源在下隽的陆水入江之口。《水经注》云:"江水又东,左得子练口。北通练浦,……江之右岸得蒲矶口,即陆口也。水出下隽县西三山溪,其水东径陆城北,又东径下隽县南,故长沙旧县,王莽之闰隽也。"⑦孙权又在下隽、汉昌、刘阳三县设置新的郡治,表示此为单独的军事行政区域,并任鲁肃为长官。"分长沙为汉昌郡,以鲁肃为太守,屯陆口。"⑧这

---

①(清)顾祖禹:《读史方舆纪要》卷 20《南直二》,第 921 页。
②《三国志》卷 54《吴书·鲁肃传》周瑜病困上疏曰:"鲁肃智略足任,乞以代瑜。瑜陨踣之日,所怀尽矣。"第 1271 页。
③《三国志》卷 54《吴书·鲁肃传》,第 1271 页。
④《资治通鉴》卷 66 汉献帝建安十五年,2103 页。
⑤《三国志》卷 55《吴书·程普传》:"周瑜卒,代领南郡太守。权分荆州与刘备,普复还领江夏,迁荡寇将军。"第 1284 页。
⑥《三国志》卷 54《吴书·鲁肃传》,第 1271 页。
⑦(北魏)郦道元注,(民国)杨守敬、熊会贞疏:《水经注疏》卷 35《江水三》,第 2884 页。
⑧《三国志》卷 47《吴书·吴主传》建安十五年,第 1118 页。

样孙吴在荆州的领土就从江夏郡长江南岸延伸到长沙郡东邻。谢钟英就此考证道："迨（刘）琦既死，吴遂略取江夏江南诸县以通道江陵。于是程普领江夏太守，治沙羡。（建安）十五年，鲁肃遂屯陆口，吴境越江夏而西矣。"[1] 这样，孙吴在荆州的兵力只有陆口和江夏的驻军，合计约二万人左右，比周瑜在世时有所减少。

经过鲁肃的经营，陆口成为东吴在荆州作战的前线基地。建安二十年（215年），孙权与刘备争夺荆州南三郡，"乃遣吕蒙袭夺长沙、零陵、桂阳三郡。"[2] 自己以陆口为驻跸之地，统领总预备队屯于陆口。"（孙）权住陆口，为诸军节度。"[3] 保障了战役的胜利。建安二十二年（217年）鲁肃病故，孙权又派吕蒙继任，仍驻军陆口，统治着汉昌郡以及鲁肃的四县封邑。"鲁肃卒，（吕）蒙西屯陆口，肃军人马万余尽以属蒙。又拜汉昌太守，食下隽、刘阳、汉昌、州陵。与关羽分土接境。"[4]

（三）集中兵力，单线攻战

从建安十五年（210年）孙权"借荆州"与刘备，到建安二十四年（219年）吕蒙袭取荆州这九年间，孙权在荆州只有驻扎陆口的鲁肃万余人马和江夏郡南岸领土的少数驻军，他的主力军队大部分时间在东线的扬州屯驻、作战，应对曹操的"四越巢湖"。这一阶段孙权率领军队的进攻作战仅有三次，即建安十九年（214年）五月到闰月从曹军手中收复皖城，建安二十年（215年）春夏夺取刘备在荆州的南三郡（长

①（清）洪亮吉撰，（清）谢钟英补注：《〈补三国疆域志〉补注》，《二十五史补编·三国志补编》，559页。
②《三国志》卷32《蜀书·先主传》，第883页。
③《三国志》卷47《吴书·吴主传》建安二十年，第1119页。
④《三国志》卷54《吴书·吕蒙传》，第1277页。

沙、桂阳、零陵），建安二十年八月对合肥的进攻。这三次进攻具有若干特点，分述如下：

1. 处于曹操大军南征的间隙。赤壁战后曹操领兵四次南下合肥，其中只有两次顺濡须水而下，企图攻克水口的坞城，占据进入长江的重要口岸。第一次作战是在建安十七年（212年）冬到十八年（213年）春，第二次作战是在建安二十一年（216年）冬到建安二十二年（217年）春，均未能够攻占濡须坞，没有完成战役目标。曹操南征的兵力号称四十万，实际在十万左右，孙权率领迎敌的部队为七万人[①]，虽然处于劣势，但每次都能抵抗住曹兵的进攻。孙权攻占皖城、南三郡以及围攻合肥的战役，是在曹操大军撤回北方，甚至远赴汉中作战期间进行的，这样就摆脱了沉重的防守压力，能够集结部队来投入进攻作战。

2. 孙权亲率主力用兵。虽然上述进攻是在荆州和扬州两地，可是孙权每次都能集中兵力、亲自率领或指挥部队到东线或西线战斗，不像前一阶段在荆、扬二州分兵两处，自领主力及由周瑜指挥偏师作战。例如建安十九年（214年）攻占皖城之役，"五月，（孙）权征皖城。闰月，克之，获庐江太守朱光及参军董和，男女数万口。"[②] 他除了自己率领扬州的吴军主力出征，还把镇守陆口的鲁肃所部抽调来助阵[③]，保证了兵力上的绝对优势。建安二十年，"是时刘备令关羽镇守，专有荆

---

① 参见《三国志》卷55《吴书·甘宁传》注引《江表传》："曹公出濡须，号步骑四十万，临江饮马。权率众七万应之，使宁领三千人为前部督。"第1294页。《三国志》卷1《魏书·武帝纪》建安二十一年注引《九州春秋》载傅干曰："今举十万之众，顿之长江之滨，若贼负固深藏，则士马不得逞其能，奇变无所用其权，则大威有屈而敌心未能服矣。"第43—44页。

② 《三国志》卷47《吴书·吴主传》，第1119页。

③ 《三国志》卷54《吴书·鲁肃传》："（建安）十九年，从权破皖城，转横江将军。"第1271页。

土,(孙)权命(吕)蒙西取长沙、零、桂三郡。"① 自己领兵到荆州陆口坐镇指挥,为前线后援。当年他又率众出征淮南,"八月,孙权围合肥,张辽、李典击破之。"② 最终失利而回。

3. 抓住有利战机,迅速解决战斗。这三次进攻战役,前两次获得成功,完成了战役预定的目标。建安十七年(212 年)冬曹操大军初次进攻濡须,孙权为了集中兵力防御,曾被迫放弃了皖城。随后,"曹公遣朱光为庐江太守,屯皖,大开稻田,又令间人招诱鄱阳贼帅,使作内应。"③ 对孙吴造成了威胁。次年曹操撤军北还之前,下令内迁徐、扬二州沿江民户,这样就使皖城处于孤立状态,距离后方较远。"曹公恐江滨郡县为(孙)权所略,征令内移。民转相惊,自庐江、九江、蕲春、广陵户十余万皆东渡江。江西遂虚,合肥以南惟有皖城。"④ 孙权利用了上述形势,集结兵力到达前线,并与部下讨论攻城计策,接受了吕蒙速战速决的建议。"诸将皆劝作土山,添攻具,(吕)蒙趋进曰:'治攻具及土山,必历日乃成,城备既修,外救必至,不可图也。且乘雨水以入,若留经日,水必向尽,还道艰难,蒙切危之。今观此城,不能甚固,以三军锐气,四面并攻,不移时可拔,及水以归,全胜之道也。'权从之。"⑤ 结果不到半日就解决了战斗,使合肥的曹兵援救不及。"侵晨进攻,(吕)蒙手执枹鼓,士卒皆腾踊自升,食时破之。既而张辽至夹石,闻城已拔,乃退。"⑥

①《三国志》卷 54《吴书·吕蒙传》,第 1276 页。
②《三国志》卷 1《魏书·武帝纪》,第 45 页。
③《三国志》卷 54《吴书·吕蒙传》,第 1276 页。
④《三国志》卷 47《吴书·吴主传》,第 1118—1119 页。
⑤《三国志》卷 54《吴书·吕蒙传》注引《吴书》,第 1276 页。
⑥《三国志》卷 54《吴书·吕蒙传》,第 1276 页。

建安二十年（215 年）春，孙权在与刘备索要长沙、桂阳、零陵三郡不成的情况下，直接向这些郡县派遣了行政官员，但被守卫荆州的关羽驱赶回去①。此时关羽部下兵力严重不足，因为建安十六年（211 年）刘备接受刘璋邀请入川时带走了许多人马，"先主留诸葛亮、关羽等据荆州，将步卒数万人入益州。"② 后来他进攻成都时在雒城（今四川广汉市）受阻，又向荆州抽调兵马前来支援，"诸葛亮、张飞、赵云等将兵溯流定白帝、江州、江阳，惟关羽留镇荆州。"③ 关羽虽然对吴态度强硬，但因为缺少兵将，未能在南三郡及时加强防务。孙权看到了这个有利的时机，马上带兵出征。"乃遣吕蒙督鲜于丹、徐忠、孙规等兵二万取长沙、零陵、桂阳三郡，使鲁肃以万人屯巴丘以御关羽。"④ 结果长沙、桂阳二郡接到吕蒙的文书后立即倒戈投吴，"惟零陵太守郝普城守不降"⑤，但后来也接受了吕蒙说客的劝降而开门归顺。等到刘备从四川带兵前来，"先主引兵五万下公安，令关羽入益阳。"⑥ 准备与孙权争夺时，南三郡已经落入吴国之手，迫使刘备只得同意与孙权签约，"分荆州江夏、长沙、桂阳东属；南郡、零陵、武陵西属，引军还江州。"⑦

当年孙权进攻合肥之役以失败告终。张辽的守军仅有七千人，而孙权的兵马号称有十万之众（实际估计为四五万人）。但从战况来看，吴军刚到合肥城下，其中营即受到张辽率领敢死之士的冲击。"（张）辽被甲持戟，先登陷阵，杀数十人，斩二将，大呼自名，冲垒入，至（孙）

---

①《三国志》卷 47《吴书·吴主传》："遂置南三郡长吏，关羽尽逐之。"第 1119 页。

②《三国志》卷 32《蜀书·先主传》，第 881 页。

③《三国志》卷 32《蜀书·先主传》，第 882 页。

④《三国志》卷 47《吴书·吴主传》，第 1119 页。

⑤《三国志》卷 54《吴书·吕蒙传》，第 1276 页。

⑥《三国志》卷 32《蜀书·先主传》，第 883 页。

⑦《三国志》卷 32《蜀书·先主传》，第 883 页。

权麾下。权大惊,众不知所为,走登高冢,以长戟自守。……自旦战至日中,吴人夺气。"①此战严重挫伤了孙权作战的锐气,他连续多日在城外驻守观望,而不敢下令进攻。"权守合肥十余日,城不可拔,乃引退。"②撤兵时又遭到曹军的突袭而险些遇难,"兵皆就路,(孙)权与凌统、甘宁等在津北为魏将张辽所袭,统等以死捍权,权乘骏马越津桥得去。"③吴军这次进攻的失败,主要原因是事先没有做好攻城的充分准备,又是仓促发兵,鞍马劳顿。据历史记载,孙权是在刚刚与刘备达成分割长沙、桂阳、江夏三郡的协议后,从荆州前线撤兵回建业时顺路到淮南去进攻合肥的。"(孙)权反自陆口,遂征合肥。合肥未下,彻军还。"④他的部队经过数月的征战跋涉,已经是人困马乏了,此时应该撤回后方休整。可是孙权将这支疲惫之师带到合肥,又没有下定攻城的决心,只是企图向对方耀武扬威,结果弄巧成拙,败退而回。

(四)南收交州

在这一阶段,孙权北受曹操攻击,西方"借荆州"给刘备后退出了江陵前线,进取巴蜀又遭遇阻碍。在西、北两个战略方向受阻的情况下,孙权派遣兵将占据了岭南的交州,开辟出新的大片领土。五岭以南原为百越杂居之地,秦始皇三十三年(前214年)发兵攻占岭南,设置南海、桂林、象三郡,并迁徙罪人居住。秦末汉初时赵佗建立南越国,为汉朝藩属。汉武帝元鼎六年(前111年)平定南越相吕嘉的叛乱,改置九郡;至元封五年(前106年)设交趾刺史部(俗称交州)以监察。东汉

①《三国志》卷17《魏书·张辽传》,第519页。
②《三国志》卷17《魏书·张辽传》,第519页。
③《三国志》卷47《吴书·吴主传》,第1120页。
④《三国志》卷47《吴书·吴主传》,第1120页。

交州领南海、苍梧、郁林、合浦、交阯、九真、日南七郡,辖今两广地域、福建东南角及越南广南省中部以北地区。新莽末年至东汉初年战乱期间,交州与中原陆道隔绝,山路湮塞。东汉前期当地与朝廷的联系使用番禺(今广东广州市)到东冶(今福建福州市)的海路,相当艰难。"旧交阯七郡贡献转运,皆从东冶泛海而至,风波艰阻,沉溺相系。"① 章帝建初八年(76 年)郑弘出任大司农,"奏开零陵、桂阳峤道,于是夷通,至今遂为常路。"②

汉末董卓之乱爆发后,"交州刺史朱符为夷贼所杀,州郡扰乱。"③ 交阯太守士燮上表请以其弟士壹为合浦太守,士䵋为九真太守,士武为南海太守,控制了交州的大部分领土。"燮兄弟并为列郡,雄长一州,偏在万里,威尊无上。"④ 当时曹操和刘表都觊觎岭南沃土,曹操挟制汉献帝在建安八年(203 年)颁诏,正始改交阯刺史部为交州,任命亲信张津为刺史⑤,企图利用该州兵力来骚扰牵制荆州的刘表。张津到任后频繁出兵北征,引起部下不满,后被部将区景杀害。如薛综所言:"次得南阳张津,与荆州牧刘表为隙,兵弱敌强,岁岁兴军,诸将厌患,去留自在。津小检摄,威武不足,为所陵侮,遂至杀没。"⑥ 此后曹操在交州丧失了影响,刘表则立即行动,"遣零陵赖恭代(张)津。是时苍梧太守史璜死,表又遣吴巨代之,与恭俱至。"⑦ 受

---

①《后汉书》卷 33《郑弘传》,第 1156 页。
②《后汉书》卷 33《郑弘传》,第 1156 页。
③《三国志》卷 49《吴书·士燮传》,第 1191 页。
④《三国志》卷 49《吴书·士燮传》,第 1192 页。
⑤《晋书》卷 15《地理志下》:"建安八年,张津为刺史,士燮为交阯太守,共表立为州,乃拜津为交州牧。"第 464—465 页。
⑥《三国志》卷 53《吴书·薛综传》,第 1252 页。
⑦《三国志》卷 49《吴书·士燮传》,第 1192 页。

曹操掌控的朝廷对此不予承认,另给士燮颁布诏令,让他来主管交州事务。赐玺书曰:"交州绝域,南带江海,上恩不宣,下义壅隔,知逆贼刘表又遣赖恭窥看南土,今以(士)燮为绥南中郎将,董督七郡,领交阯太守如故。"① 事后赖恭又与吴巨不和,被逐回零陵,交州因此为士燮和吴巨两股势力所控制。

建安十五年刘备"借荆州"后,孙权看到岭南地方势力薄弱,有机可乘,遂任命步骘为交州刺史、立武中郎将,"领武射吏千人,便道南行。"② 到任之后,步骘设计诱杀了吴巨,慑服了士燮等人。"刘表所置苍梧太守吴巨阴怀异心,外附内违。(步)骘降意怀诱,请与相见,因斩徇之,威声大震。士燮兄弟,相率供命,南土之宾,自此始也。"③ 随后步骘"移居番禺"④,稳定了孙吴在岭南的统治,并对刘备荆州的江南四郡构成威胁。

(五)攻取巴蜀计划的一再受挫

赤壁之战前后,许多有识之士已看出刘璋的益州将是群雄攫取的对象,从其东邻的荆州出兵可以较为轻易地攻占这个"天府之国"。战前有诸葛亮《隆中对》提出"若跨有荆、益,保其岩阻,西和诸戎,南抚夷越,外结好孙权,内修政理"⑤。甘宁向孙权建议:"一破(黄)祖军,鼓行而西,西据楚关,大势弥广,即可渐规巴蜀。"⑥ 赤壁、江陵战后

---

①《三国志》卷49《吴书·士燮传》,第1192页。
②《三国志》卷52《吴书·步骘传》,第1237页。
③《三国志》卷52《吴书·步骘传》,第1237页。
④《晋书》卷15《地理志下》,第465页。
⑤《三国志》卷35《蜀书·诸葛亮传》,第913页。
⑥《三国志》卷55《吴书·甘宁传》,第1293页。

庞统向刘备献计曰："荆州荒残,人物殚尽,东有吴孙,北有曹氏,鼎足之计,难以得志。今益州国富民强,户口百万,四部兵马,所出必具,宝货无求于外,今可权借以定大事。"①周瑜则策划"规定巴蜀,次取襄阳"②。可见孙刘两家都有进取巴蜀的计划,其必要的前提则是占据靠近峡口的临江郡与相邻的南郡江北领土,把夷陵作为入川的出发地,以富饶的交通枢纽江陵作为北拒曹兵、西援入川部队的军事基地。孙刘联军攻占江陵后划分荆州领土,周瑜将刘备安排在偏狭的江南四郡,自己掌握了峡口和南郡的江北地域,就是基于上述考虑。而刘备当时势单力孤,只能服从孙吴方面的安排;他为了"借荆州"亲赴京城求见孙权,也没有获得收效。建安十五年(210年),周瑜提出进攻四川的建议,孙权曾向刘备咨询意见。刘备想要阻止却有心无力,只得以归隐山野来向孙权表示不满。"周瑜、甘宁并劝(孙)权取蜀,权以咨备,备内欲自规,乃伪报曰:'备与璋托为宗室,冀凭英灵,以匡汉朝。今璋得罪左右,备独竦惧,非所敢闻,愿加宽贷。若不获请,备当放发归于山林。'"③孙权明白刘备只是虚张声势,因此没有理睬他的反对意见,批准了周瑜的进攻计划。不料周瑜重返前线时中途夭亡,致使此次军事行动被迫取消。"(孙)权许之。(周)瑜还江陵,为行装,而道于巴丘病卒。"④

刘备"借荆州"成功后,孙权仍想执行攻取四川的计划,但是由于峡口的临江郡和江北的南郡在刘备手里,不经过他的同意假道就

---

①《三国志》卷37《蜀书·庞统传》注引《九州春秋》,第955页。

②《三国志》卷54《吴书·鲁肃传》,第1271页。

③《三国志》卷54《吴书·鲁肃传》,第1271—1272页。

④《三国志》卷54《吴书·周瑜传》,第1264页。

无法实现,于是孙权提出要和刘备共同取蜀,而刘备属下对此意见分歧。"(孙)权遣使云欲共取蜀,或以为宜报听许,吴终不能越荆有蜀,蜀地可为己有。"荆州主簿殷观表示反对道:"若为吴先驱,进未能克蜀,退为吴所乘,即事去矣。今但可然赞其伐蜀,而自说新据诸郡,未可兴动,吴必不敢越我而独取蜀。如此进退之计,可以收吴、蜀之利。"得到刘备的赞同,"先主从之,(孙)权果辍计。迁(殷)观为别驾从事。"①《献帝春秋》记载此事较为详细,"孙权欲与(刘)备共取蜀,遣使报备曰:'米贼张鲁居王巴、汉,为曹操耳目,规图益州。刘璋不武,不能自守。若操得蜀,则荆州危矣。今欲先攻取璋,进讨张鲁,首尾相连,一统吴、楚。虽有十操,无所忧也。'"②刘备"欲自图蜀,拒答不听",并说出若干反对的理由。其一是攻取四川有很大难度。"益州民富强,土地险阻,刘璋虽弱,足以自守。张鲁虚伪,未必尽忠于操。今暴师于蜀、汉,转运于万里,欲使战克攻取,举不失利,此吴起不能定其规,孙武不能善其事也。"③第二是曹操很可能会乘机进攻江东,"曹操虽有无君之心,而有奉主之名。议者见操失利于赤壁,谓其力屈,无复远志也。今操三分天下已有其二,将欲饮马于沧海,观兵于吴会,何肯守此坐须老乎? 今同盟无故自相攻伐,借枢于操,使敌承其隙,非长计也。"④孙权没有接受刘备的主张,开始独自发兵西进。"权不听,遣孙瑜率水军住夏口。"⑤结果受到刘备的阻截,并在江陵和三峡部署兵将。"备不听军过,谓瑜曰:'汝欲取蜀,吾当被发入山,

①《三国志》卷32《蜀书·先主传》,第879—880页。
②《三国志》卷32《蜀书·先主传》注引《献帝春秋》,第880页。
③《三国志》卷32《蜀书·先主传》注引《献帝春秋》,第880页。
④《三国志》卷32《蜀书·先主传》注引《献帝春秋》,第880页。
⑤《三国志》卷32《蜀书·先主传》注引《献帝春秋》,第880页。

有失信于天下也。'使关羽屯江陵,张飞屯秭归,诸葛亮据南郡,备自住孱陵。"[1] 孙权看到刘备的军事安排,觉得无机可乘,只得怏怏收兵。"权知备意,因召瑜还。"[2]

建安十六年(211年),刘璋听从张松等人的建议,邀请刘备入川来抵抗张鲁。"先主留诸葛亮、关羽等据荆州,将步卒数万人入益州。"[3] 孙权闻讯大为忿怒,派遣船队到江陵迎接孙夫人回归,开始准备与刘备决裂,并企图将阿斗带回作人质,但是被张飞和赵云截回。"(孙)权闻(刘)备西征,大遣舟船迎妹,而夫人内欲将后主还吴,(赵)云与张飞勒兵截江,乃得后主还。"[4]

周瑜的突然去世使孙权措手不及,他找不出一位既能独挡曹军又可慑服刘备的大将来镇守南郡,继任的鲁肃善于谋划和外交,领兵作战却非其所长。另一方面,曹操在扬州"四越巢湖",连连出兵发动攻势,孙权对于防御能否成功也没有充分的把握,需要从荆州调回部分兵力到东线设防,这才勉强同意了鲁肃"借荆州"予刘备的建议,但事后他对此一直耿耿于怀[5]。从这九年的作战情况来看,孙吴基本上还是采取北守西进的战略方针。面对曹操"四越巢湖"的强大军事压力,孙权倾注全力才能应付,建安二十年(215年)对合肥的试探性进攻又

---

[1]《三国志》卷32《蜀书·先主传》注引《献帝春秋》,第880页。
[2]《三国志》卷32《蜀书·先主传》注引《献帝春秋》,第880页。
[3]《三国志》卷32《蜀书·先主传》,第881页。
[4]《三国志》卷36《蜀书·赵云传》注引《(赵)云别传》,第949页。
[5]参见《三国志》卷54《吴书·吕蒙传》载孙权谓陆逊曰:"公瑾昔要子敬来东,致达于孤,孤与宴语,便及大略帝王之业,此一快也。后孟德因获刘琮之势,张言方率数十万众水步俱下。孤普请诸将,咨问所宜,无适先对,至子布、文表,俱言宜遣使修檄迎之,子敬即驳言不可,劝孤急呼公瑾,付任以众,逆而击之,此二快也。且其决计策意,出张苏远矣;后虽劝吾借玄德地,是其一短,不足以损其二长也。"第1280—1281页。

遭到挫败,因此严重打击了他北进淮南的信心,攻占曹操扬、徐二州的领土几乎成了一种奢望,对于孙权来说,只要保住江北近岸的濡须、历阳、皖城等重要据点就可以满足了。但是他的西征却卓有成效,吕蒙夺取长沙、桂阳、零陵三郡几乎是兵不血刃,没有经历真正的战斗。荆州的战事如此顺利,合肥的守卫又是那样顽强,这一形势使孙权产生了趋利避害的想法,终于决定与曹操讲和并与刘备决裂,集中兵力夺取荆州,以扩大自己的统治区域。

四、全力西进与驻跸公安(219—221 年)

(一)西征荆州——战略用兵方向转移的背景与原因

建安二十四年(219 年)十月,孙权与曹操缔约,背弃多年的盟友刘备,将战略用兵方向转移到荆州,诛杀关羽,改变了三国孙、刘联合抗曹的历史进程。孙权这一举措的由来始于建安二十二年(217 年),当时主张与刘备修好的鲁肃去世,继任的吕蒙和他的态度截然相反。"初,鲁肃尝劝孙权以曹操尚存,宜且抚辑关羽,与之同仇,不可失也。及吕蒙代肃屯陆口,以为羽素骁雄,有兼并之心,且居国上流,其势难久。"[1] 因而向孙权提出了袭击荆州、消灭关羽的秘密建议。吕蒙的意见有以下几点:

第一,经过抗击曹操的"四越巢湖"之战,吴国君臣对于防御曹操的进攻有了足够的信心。吕蒙即认为孙吴可以单凭自己的力量守住全部长江防线,不必再依赖关羽来保卫荆州。"令征虏(笔者按:征虏将

---

[1]《资治通鉴》卷 68 汉献帝建安二十四年十月,第 2164 页。

军孙皎）守南郡，潘璋住白帝，蒋钦将游兵万人，循江上下，应敌所在，（吕）蒙为国家前据襄阳，如此，何忧于操，何赖于羽？"①

第二，刘备、关羽为人狡诈，而且对孙吴宿有敌意，不是可靠的同盟者。"且（关）羽君臣，矜其诈力，所在反复，不可以腹心待也。"②

第三，关羽对孙权君臣有所忌惮，依靠孙吴目前的兵将可以打败关羽，而吕蒙等名将逐渐年老或病重，若是拖延下去，后继者未必是关羽的对手，所以应该及早出兵，除掉关羽夺回荆州，避免留下后患。"今羽所以未便东向者，以至尊圣明，蒙等尚存也。今不于强壮时图之，一旦僵仆，欲复陈力，其可得邪？"③

吕蒙的这番话深深打动了孙权，后来他又接到了全琮的密奏，也是劝他偷袭荆州、消灭关羽，为了保密孙权没有给他答复。"（全）琮上疏陈（关）羽可讨之计，（孙）权时已与吕蒙阴议袭之，恐事泄，故寝琮表不答。"④

对于孙权来说，当时可供选择的战略进攻目标有扬州、徐州、荆州三个。首先，是扬州的淮南战场，孙权此前曾经在建安十三年（208年）、二十年（215年）两次进攻合肥受挫，特别是后一次，张辽以七千守军逼退了孙吴的大兵，还在逍遥津之战中险些擒获孙权，这次败仗成了他可怕的梦魇。曹丕曾为此称赞张辽，"使贼至今夺气，可谓国之爪牙矣。"⑤直到张辽晚年病重，孙权还是心存余悸。"（孙）权甚惮焉，敕

①《三国志》卷 54《吴书·吕蒙传》，第 1278 页。
②《三国志》卷 54《吴书·吕蒙传》，第 1278 页。
③《三国志》卷 54《吴书·吕蒙传》，第 1278 页。
④《三国志》卷 60《吴书·全琮传》，第 1381 页。
⑤《三国志》卷 17《魏书·张辽传》，第 520 页。

诸将：'张辽虽病，不可当也，慎之！'"①何况建安二十二年（217 年）曹操从淮南撤兵时，使夏侯惇统率曹仁、张辽等将，"都督二十六军，留居巢。"②淮南设有强大的防御兵力，这更是孙权不愿再尝试进攻的缘故。其次，经过广陵进攻徐州，当地曹操的防御兵力不强，因此是孙权念念不忘的计划。当初刘备到访京城（今江苏镇江市）时，他就说过选择秣陵建都的原因是："吾欲图徐州，宜近下也。"③但是吕蒙对孙权分析，认为徐州地处平原旷野，利于曹操的骑兵作战，却不宜发挥孙吴水军的优势，即便占领了也没有把握守住，还是攻取荆州更为有利。"徐土守兵，闻不足言，往自可克。然地势陆通，骁骑所骋，至尊今日得徐州，操后旬必来争，虽以七八万人守之，犹当怀忧。不如取（关）羽，全据长江，形势益张。"④再次，荆州方面虽然关羽有兵马数万，但是若要北上襄樊作战，后方相当空虚；当地的守将与士族又对刘备缺乏忠心，所以是比较容易攻取的。前述建安二十年（215 年）孙权出兵与刘备争夺南三郡，长沙、桂阳、零陵等地的官吏纷纷开城出降，几乎是未经战斗就获得了完胜。相对于北伐曹操的艰难，西征荆州显然要容易得多，唯一不利的是要失去刘备这个貌合神离的盟友，将来有可能独自对抗强大的曹魏，孙权对此有所犹豫，所以迟迟未下决心。

到建安二十四年（219 年）秋，形势发生了若干变化，促使孙权决定出兵西征荆州。其一，关羽北伐襄樊获胜，俘获了于禁的精锐七军，其势力的壮大使孙权感到威胁加剧，有必要予以剪除。如司马懿所言：

---

① 《三国志》卷 17《魏书·张辽传》，第 520 页。
② 《三国志》卷 9《魏书·夏侯惇传》，第 268 页。
③ 《三国志》卷 53《吴书·张纮传》注引《献帝春秋》，第 1246 页。
④ 《三国志》卷 54《吴书·吕蒙传》，第 1278 页。

"孙权、刘备,外亲内疏,(关)羽之得意,(孙)权所不愿也。"①

其二,孙权曾派遣使者到荆州求婚,希望其子与关羽之女结亲。没有想到关羽对使者大发雷霆,拒绝答应,激起了孙权的愤怒。"(孙)权遣使为子索羽女。羽骂辱其使,不许婚,权大怒。"②笔者按:同盟结姻之事在三国时期很常见,像孙权为了拉拢刘备还把自己的胞妹嫁给了他,关羽如果不愿意,可以婉言谢绝,以保全双方的体面。当面辱骂使者,致使惹怒孙权,说明关羽只是一介武夫,完全没有外交头脑,此举恶化了孙刘两家的结盟关系。

其三,曹操对孙权的诱使。赤壁之战以后,曹操与刘备势同水火,但是对孙权一直是又打又拉,极力挑拨他与刘备反目争斗。建安十六年(211年),曹操在给孙权的信中提出建议,如果他重用主张与曹操和好的张昭(表字子布),对刘备反戈一击,曹操将会代表朝廷承认他对江南的统治,并赐以高贵的官爵。"若能内取子布,外击刘备,以效赤心,用复前好,则江表之任,长以相付,高位重爵,坦然可观。"③建安二十二年(217年)春曹操第四次兵临淮南时,孙权派使者来求和,曹操再次以和亲为诱饵,企图说服孙权与刘备决裂。"权令都尉徐详诣曹公请降,公报使修好,誓重结婚。"④但是均未得逞。至建安二十四年(219年)关羽水淹七军,威震华夏,迫使曹操听从了司马懿与蒋济的建议,派遣使者诱使孙权偷袭荆州,以解除襄樊的危局。"曹公议徙许都以避其锐,司马宣王、蒋济以为关羽得志,孙权必不愿也。可遣人劝权蹑

---

①《晋书》卷1《宣帝纪》,第3页。

②《三国志》卷36《蜀书·关羽传》,第941页。

③(梁)萧统编,(唐)李善等注:《文选》卷42《书中·阮元瑜为曹公作书与孙权》,第590页。

④《三国志》卷47《吴书·吴主传》,第1120页。

其后,许割江南以封权,则樊围自解。曹公从之。"① 双方此时具有共同利益,所以一拍即合。曹操为了让孙权放心西征,没有后顾之忧,特意召回驻扎在居巢的张辽等军队去樊城支援曹仁。"关羽围曹仁于樊,会(孙)权称藩,召辽及诸军悉还救仁。"② 因此减轻了在扬州前线对吴作战的军事压力,甚至连重镇合肥也不再派驻军队守卫了。如孙权事后对曹丕所言:"先王以(孙)权推诚已验,军当引还,故除合肥之守,著南北之信,令权长驱不复后顾。"③

其四,关羽在荆州侵夺了孙吴的物资。于禁的七军被俘获后,关羽后方的粮饷供应不足,于是他命令在边界上劫取孙吴的粮米,孙权闻讯后立即下达了出兵西征的命令。"魏使于禁救樊,(关)羽尽擒禁等,人马数万,托以粮乏,擅取湘关米。(孙)权闻之,遂行。"④ 胡三省曰:"吴与蜀分荆州,以湘水为界,故置关。"⑤ 这一事件成了双方关系最终破裂的催化剂。

(二)孙权西征荆州的部署

孙权进攻荆州之际,他采取了以下部署来迷惑敌人,打击对手。计有:

第一,吕蒙诈称病危,骗取关羽撤走防兵。"(吕)蒙上疏曰:'(关)羽讨樊而多留备兵,必恐蒙图其后故也。蒙常有病,乞分士众还建业,以治疾为名。羽闻之,必撤备兵,尽赴襄阳。大军浮江,昼夜驰上,袭其空虚,则南郡可下,而羽可禽也。'遂称病笃,(孙)权乃露檄召蒙还,

①《三国志》卷36《蜀书·关羽传》,第941页。
②《三国志》卷17《魏书·张辽传》,第520页。
③《三国志》卷47《吴书·吴主传》注引《魏略》,第1127—1128页。
④《三国志》卷36《吴书·吕蒙传》,第1278页。
⑤《资治通鉴》卷68汉献帝建安二十四年十月,第2165页。

阴与图计。羽果信之，稍撤兵以赴樊。"① 孙权又派遣年轻将领陆逊驻守陆口，给关羽写信，自称"书生"，卑言美词，使关羽丧失警惕，不以为意。"羽览逊书，有谦下自托之意，意大安，无复所嫌。"② 进一步放松了警惕。

第二，佯攻合肥。为了欺骗刘备、关羽，孙权还派出一支部队开赴淮南，伪装进攻合肥，以转移荆州方面的注意力。由于吴军人数不多，来救援的曹操扬州刺史温恢认为不足为惧，而进攻征南将军曹仁（字子孝）的关羽才是大患。"建安二十四年，孙权攻合肥，是时诸州皆屯戍。（温）恢谓兖州刺史裴潜曰：'此间虽有贼，不足忧，而畏征南方有变。今水生而子孝县（悬）军，无有远备。关羽骁锐，乘利而进，必将为患。'"③

第三，任命吕蒙为大（都）督，率领主力精锐前行，原驻江夏的孙皎所部为后援。孙权原来分派吕蒙、孙皎为左、右部大督，吕蒙表示反对，认为前线兵权应该集中在一个人手里，这样才利于指挥调度。"蒙说权曰：'若至尊以征虏（孙皎）能，宜用之；以（吕）蒙能，宜用蒙。昔周瑜、程普为左右部督，共攻江陵，虽事决于瑜，普自恃久将，且俱是督，遂共不睦，几败国事，此目前之戒也。'权寤，谢蒙曰：'以卿为大督，命皎为后继。'"④ 吕蒙的部队到达陆口后与陆逊所部会师，孙权"使逊与吕蒙为前部"⑤，一同前往公安和江陵。这两座城市投降后，吕蒙所部留守，陆逊则率领部下继续西行，攻占峡口重镇夷陵所在的宜都郡。"（刘）备宜都太守樊友委郡走，诸城长吏及蛮夷君长皆降。（陆）逊请金银铜

①《三国志》卷54《吴书·吕蒙传》，第1278页。
②《三国志》卷58《吴书·陆逊传》，第1345页。
③《三国志》卷15《魏书·温恢传》，第479页。
④《三国志》卷51《吴书·宗室传·孙皎》，第1207—1208页。
⑤《三国志》卷58《吴书·陆逊传》，第1345页。

印,以假授初附。是岁建安二十四年十一月也。"① 到十二月,"(潘)璋司马马忠获(关)羽及其子平、都督赵累等于章乡,遂定荆州。"②

第三,吕范领兵驻守建业。当年刘备到京城会见孙权,吕范曾建议将其软禁起来,未被孙权采用。"(吕范)后迁平南将军,屯柴桑。(孙)权讨关羽,过范馆。谓曰:'昔早从卿言,无此劳也。今当上取之,卿为我守建业。'"③ 吕范的任务是主持防御徐州、扬州方向曹魏可能发动的袭击。

第四,派遣一支水军溯汉水而上进攻荆州。"(孙)权讨关羽,(蒋)钦督水军入沔。"④ 蒋钦平时率领万人左右的水军机动部队,见前引《吕蒙传》:"蒋钦将游兵万人,循江上下,应敌所在。"⑤ 这只船队应是从沔口进入汉水,溯流而上,其战役目的是阻击关羽在襄樊前线的舟师回援江陵。蒋钦本传未提到作战的经过,只是说"还,道病卒"⑥。看来是顺利地执行了任务。

(三)以公安为临时国都、南郡及荆州治所

孙权在建安二十四年(219年)十月袭取荆州,在此之后的一年多时间里,他把临时国都设在了公安(治今湖北公安县南),到曹魏黄初二年(221年)四月,"刘备称帝于蜀。权自公安都鄂,改名武昌"⑦,才离开此地。公安县城在江南,处于油水汇入长江之口附近,又称作油口。

①《三国志》卷58《吴书·陆逊传》,第1345页。
②《三国志》卷47《吴书·吴主传》,第1121页。
③《三国志》卷56《吴书·吕范传》,第1310页。
④《三国志》卷55《吴书·蒋钦传》,第1287页。
⑤《三国志》卷54《吴书·吕蒙传》,第1278页。
⑥《三国志》卷55《吴书·蒋钦传》,第1287页。
⑦《三国志》卷47《吴书·吴主传》,第1121页。

《读史方舆纪要》卷 78 曰公安县："汉武陵郡孱陵县地。建安十四年孙权表刘备领荆州牧,分南郡之南岸地以给备,备营油口,改名公安。《荆州记》:'时(刘)备为左将军,人称为左公,故曰公安。'"① 其书同卷又曰:"油河,县西北三里。源自施州,流经松滋县界,至县西南又东北合于大江为油口。"②

　　孙权在公安筑有行宫,吕蒙病危时,曾将他送往内殿护理。见其本传:"以蒙为南郡太守,封孱陵侯,赐钱一亿,黄金五百斤。蒙固辞金钱,(孙)权不许。封爵未下,会蒙疾发,权时在公安,迎置内殿,所以治护者万方。"③ 但吕蒙医治无效,"年四十二,遂卒于内殿。"④ 吕蒙病危之前,孙权曾在公安召开攻占荆州的祝捷酒会,召集部下参加,并在会上对吕蒙等有功之臣进行表彰封赏。《江表传》曰:"(孙)权于公安大会,吕蒙以疾辞,权笑曰:'禽羽之功,子明谋也。今大功已捷,庆赏未行,岂邑邑邪?'乃增给步骑鼓吹,敕选虎威将军官属,并南郡、庐江二郡威仪。"⑤ 又见全琮本传:"及禽羽,权置酒公安,顾谓琮曰:'君前陈此,孤虽不相答,今日之捷,抑亦君之功也。'于是封阳华亭侯。"⑥

　　值得注意的是,孙吴的公安不仅是临时国都,而且还取代江陵成为南郡与荆州的治所。顾祖禹言公安县,"吴徙南郡治焉,往往以重兵驻守。"⑦ 此前关羽作为"董督荆州事"⑧,相当于荆州都督,其治所在长

---

① (清)顾祖禹:《读史方舆纪要》卷 78《湖广四》,第 3665 页。
② (清)顾祖禹:《读史方舆纪要》卷 78《湖广四》,第 3666 页。
③《三国志》卷 54《吴书·吕蒙传》,第 1279 页。
④《三国志》卷 54《吴书·吕蒙传》,第 1280 页。
⑤《三国志》卷 54《吴书·吕蒙传》注引《江表传》,第 1280 页。
⑥《三国志》卷 60《吴书·全琮传》,第 1381—1382 页。
⑦ (清)顾祖禹:《读史方舆纪要》卷 78《湖广四》,第 3665 页。
⑧《三国志》卷 36《蜀书·关羽传》,第 940 页。

江北岸的江陵。"又南郡太守麋芳在江陵"①,可见该地还是南郡的郡治。孙权占领荆州后,先是任命吕蒙为南郡太守,其封邑屡陵则在江南,为公安县西邻。前引《江表传》载吕蒙到公安参加庆赏典礼,"拜毕还营,兵马导从,前后鼓吹,光耀于路。"②表明他回营走的是陆路,其营应在公安附近,若是回江陵则应渡江走水路。当地尚有吕蒙屯兵的遗迹。谢钟英《三国疆域表》载吴荆州南郡屡陵县有"吕蒙城,今公安县东北"③。吕蒙死后,诸葛瑾"封宣城侯,以绥南将军代吕蒙领南郡太守,住公安"④。也说明了南郡治所设在公安县。清儒吴增仅论证:

> 今考周瑜领南郡太守,屯江陵。及吕蒙袭破荆州,领南郡太守。时江陵未城(《吴志》赤乌十一年始城江陵),遂住公安。诸葛瑾代蒙亦即住此。是后魏人攻围南郡皆须渡江。沈《志》云吴南郡治江南,又云晋改公安曰江安。《通鉴》胡注云晋平吴,以江南之南郡为南平郡,治江安。参证史志,知吴之南郡始终治公安也(《诸葛瑾传》注引《江表传》,公安灵鼍鸣,童谣有曰:南郡城中可长生云云,亦足证南郡治公安也)。⑤

吴氏考证严密,但认为当时江陵未曾筑城,致使孙吴将南郡治所移到公安则与史实不符。按关羽统治荆州时江陵有城,见于多条记载。如《元和郡县图志》曰江陵府城:"州城本有中隔,以北旧城也,以南关羽所筑。羽北围曹仁于樊,留糜芳守城,及吕蒙袭破芳,羽还救城,闻芳已降,退住九里,曰:'此城吾所筑,不可攻也。'乃退保麦城。"① 《三国志》及裴注中亦有,如《吕蒙传》:"蒙入据(江陵)城,尽得(关)羽及将士家属,皆抚慰,约令军中不得干历人家,有所求取。"② 注引《吴书》曰吕蒙:"遂将(傅士)仁至南郡。南郡太守糜芳城守,蒙以仁示之,遂降。"③ 又引《吴录》曰:"初,南郡城中失火,颇焚烧军器。(关)羽以责(糜)芳,芳内畏惧。(孙)权闻而诱之,芳潜相和。及蒙攻之,乃以牛酒出降。"④ 孙吴赤乌十一年筑城江陵,或另有原因,笔者曾予以考证⑤。

　　孙权占领江陵等地后,"曹公表权为骠骑将军、假节领荆州牧,封南昌侯。"⑥ 这样一来,公安又成为荆州行政长官的治所,兼有郡治、州治与临时国都的性质。那么,孙吴为什么要将南郡及荆州的政治中心从江陵转移到南岸的公安呢? 笔者认为,这与来自襄阳方向的曹兵威胁有关。《南齐书·州郡志下》曰:"江陵去襄阳步道五百(里),势同唇齿,无襄阳则江陵受敌。"⑦ 两地间有秦汉时期修筑的驰道,交通便利。曹操自襄阳南下追击刘备时,"轻骑一日一夜行三百余里。"⑧ 孙权夺取荆州后,刘备远在四川,三峡中段与东段又被孙吴占据,因此威胁不大,对当地构成威胁最严重的应是北方南阳、襄樊一带的曹兵。孙权初据荆州,立足未稳,他选择住在江南的公安,北边有长江和江陵城的掩

---

① (唐)李吉甫:《元和郡县图志·阙卷佚文》卷1《山南道·江陵府·江陵县》,第1051页。
②《三国志》卷54《吴书·吕蒙传》,第1278页。
③《三国志》卷54《吴书·吕蒙传》注引《吴书》,第1279页。
④《三国志》卷54《吴书·吕蒙传》注引《吴录》,第1279页。
⑤ 参见拙著《三国兵争要地与攻守战略研究》,中华书局,2019年,第738—742页。
⑥《三国志》卷47《吴书·吴主传》,第1121页。
⑦《南齐书》卷15《州郡志下》,第273页。
⑧《三国志》卷35《蜀书·诸葛亮传》,第915页。

护,因而是万无一失的。刘备借取荆州之初,为了防备曹兵,也是采取这样的部署。"使关羽屯江陵,张飞屯秭归,诸葛亮据南郡,(刘)备自住孱陵。"[1] 另外,将南郡与荆州治所转移到南岸的公安,会使江陵城内减少许多官员、仆役与民众,这样能够减轻当地粮饷供应的负担,对于刚刚结束战乱的荆州江北百姓来说,有利于他们的休养生息。

(四)孙权占领荆州后的各项安排

吕蒙占领南郡治所江陵之后,孙权立即赶到那里,接见并安抚了城中的原蜀汉官员。《江表传》曰:"(孙)权克荆州,将吏悉皆归附,而(潘)濬独称疾不见。权遣人以床就家舆致之。"[2] 终于说服他归顺。在此之后,孙权除了将南郡与荆州的治所从江陵移至公安,又陆续作了一系列军事、政治和经济方面的安排,来稳固他的统治。具体内容如下:

其一,江陵逐渐成为军事据点。吕蒙死后,朱然接替了他的大(都)督职务,在江陵镇守。其本传曰:"虎威将军吕蒙病笃,(孙)权问曰:'卿如不起,谁可代者?'蒙对曰:'朱然胆守有余,愚以为可任。'蒙卒,权假然节,镇江陵。"[3] 由于南郡和荆州治所转移到南岸的公安,江陵城内只剩下县级行政官署,军事人员所占的比重有明显提升。后来,孙吴开始将当地居民迁移到江南。如何承天《安边论》所言:"曹、孙之霸,才均智敌,江、淮之间,不居各数百里。魏舍合肥,退保新城,吴城江陵,移民南涘。"[4] 由州郡的行政中心逐渐演变为抗击

①《三国志》卷32《蜀书·先主传》注引《献帝春秋》,第880页。
②《三国志》卷61《吴书·潘濬传》注引《江表传》,第1397页。
③《三国志》卷56《吴书·朱然传》,第1306页。
④《宋书》卷64《何承天传》,第1707页。

北方来敌的军事要塞。

其二，对襄阳的试探性进攻。此前吕蒙对孙权的建议，是在占据荆州之后，"蒙为国家前据襄阳。"①企图控制江陵、襄阳间的数百里中间地带，将北方防线推进到汉水和襄阳城。曹魏黄初元年（220年），"朝议以樊、襄阳无谷，不可以御寇。时曹仁镇襄阳，请召仁还宛。"②魏文帝同意了这项提议，"（曹）仁遂焚弃二城"③，北撤到宛城（今河南南阳市）。孙权见有机可乘，于是"遣将陈邵据襄阳"④，陈邵既非孙吴名将，所带的兵马也不多，看来只是试探一下魏方对占领襄阳的反应。魏文帝随即部署反击，由于孙权不愿为此与曹魏反目，便没有再派遣部队增援，致使曹仁轻易地收复了襄阳，并将附近的残余居民迁徙到汉水以北。见曹仁本传："仁与徐晃攻破（陈）邵，遂入襄阳，使将军高迁等徙汉南附化民于汉北。"⑤

其三，在三峡东口与中段分设宜都、固陵郡。这一地带在刘备统治时期只设置了宜都郡，建安二十四年（219年）十一月，孙权派陆逊占领峡口夷陵等地后，即任命他担任宜都太守。但是据《魏氏春秋》记载，孙吴随后又将三峡中段靠近吴蜀边境的巫、秭归两县划出，单独设置为固陵郡⑥。孙权还任命了在荆州战役中截杀关羽立功的勇将潘璋为该郡太守，把甘宁去世后遗留下来的旧部人马也划拨给他，增强了守边的兵力。事见潘璋本传："璋与朱然断（关）羽走道。到临

①《三国志》卷54《吴书·吕蒙传》，第1278页。
②《晋书》卷1《宣帝纪》，第3页。
③《晋书》卷1《宣帝纪》，第3页。
④《三国志》卷9《魏书·曹仁传》，第276页。
⑤《三国志》卷9《魏书·曹仁传》，第276页。
⑥《后汉书·郡国志四》注引《魏氏春秋》："建安二十四年，吴分巫、秭归为固陵郡。"第3485页。

沮,住夹石,璋部下司马马忠禽羽,并羽子平、都督赵累等。(孙)权即分宜都巫、秭归二县为固陵郡,拜璋为太守、振威将军,封溧阳侯。甘宁卒,又并其军。"① 潘璋部下仅有数千人,但是战斗力很强,"而其所在常如万人"②。潘璋驻守边境的安排也是吕蒙生前制订的计划。他在荆州战役之前建议孙权,"今征羽守南郡,潘璋住白帝。"③ 但此时白帝城仍在蜀汉手中,所以就派潘璋镇守邻近的巫、秭归二县。这样一来,陆逊虽然仍为宜都太守,但其郡境仅辖夷陵、夷道、佷山三县,比以前缩小了许多。

其四,平定武陵等地叛乱。武陵郡治临沅(今湖南常德市),其郡"从事樊伷诱导诸夷,图以武陵属刘备"④。有关属下建议孙权派遣督将率领万人去征讨,但是孙权没有听从,他特意召问了刚降服的武陵人士潘濬,潘濬回答说:"以五千兵往,足可以擒伷。"⑤ 孙权随即派潘濬领兵五千前往,"果斩平之。"⑥

其五,免除荆州百姓赋税,任用当地士人做官。孙权袭取荆州之年,当地爆发了严重的瘟疫,加上战乱的破坏,使百姓生活非常艰难。为此,孙权免除了当年荆州民众的赋税,以减轻他们的生活负担⑦。此外,他还接受了陆逊的建议,普遍录取荆州人士担任官员,以收买民心。"时荆州士人新还,仕进或未得所。(陆)逊上疏曰:'昔汉高受命,招延英异;光武中兴,群俊毕至,苟可以熙隆道教者,未必远近。今荆

①《三国志》卷56《吴书·潘璋传》,第1299—1300页。
②《三国志》卷56《吴书·潘璋传》,第1300页。
③《三国志》卷54《吴书·吕蒙传》,第1278页。
④《三国志》卷61《吴书·潘濬传》注引《江表传》,第1398页。
⑤《三国志》卷61《吴书·潘濬传》注引《江表传》,第1398页。
⑥《三国志》卷61《吴书·潘濬传》注引《江表传》,第1398页。
⑦《三国志》卷47《吴书·吴主传》建安二十四年:"是岁大疫,尽除荆州民租税。"第1121页。

州始定，人物未达，臣愚惓惓，乞普加覆载抽拔之恩，令并获自进，然后四海延颈，思归大化。'权敬纳其言。"[1]

通过一年多来上述各项措施的推行，孙权在荆州的统治逐渐巩固下来，他这才离开公安，迁都武昌（今湖北鄂州市）。值得注意的是，荆州士民接受了孙吴政权的管辖。一年后刘备出兵峡口反攻，除了武陵郡的少数民族发兵响应之外，刘备治理多年的南郡、长沙、零陵、桂阳等地汉族人众都没有起事支持，可见孙权在当地的统治政策相当成功，完全消融了刘备此前的政治影响。

建安二十四年（219 年）是三国历史发展的一个拐点，赤壁之战以后，中国形成了南北对抗的政治地理格局，孙刘联盟的势力不断壮大，联军攻取了荆州的江南四郡与江北的南郡，刘备占领四川后又夺得汉中与东三郡（房陵、上庸），而曹操在东西两条战线之间往来应付，疲于奔命，局面相当被动。如诸葛亮所言："先帝东连吴、越，西取巴、蜀，举兵北征，夏侯授首，此操之失计而汉事将成也。"[2] 但是这一发展趋势在孙权袭取荆州后戛然而止，由于糜芳、傅士仁的献城投降，吴军在这场战役中付出的伤亡代价很小。如赵咨所言："取荆州而兵不血刃，是其智也。"[3] 但是从整个三国南北对抗的形势来看，则是南方势力分裂削弱的一场严重失败。如果说此前曹操与孙刘两家谁能胜利还有些悬念的话，那么这个疑问到孙权袭取荆州以后便不复存在了。因为曹操就此摆脱了以前两线作战的困境，他代表的北方政治势力争得了休养

①《三国志》卷 58《吴书·陆逊传》，第 1346 页。
②《三国志》卷 35《蜀书·诸葛亮传》注引《汉晋春秋》，第 924 页。
③《三国志》卷 47《吴书·吴主传》，第 1123 页。

生息的条件,将来会在经济、军事上形成对吴、蜀的压倒性优势,成为最终的赢家。正如张大可所言:"争荆州之役,吴虽得实利,但也增强了曹魏,从逐鹿中原角度看,可以说是战略失策。三国鼎立,曹魏占天下三分之二,又位处中原,天时、地利、人和都占绝对优势。吴蜀合力相抗,尚且不敌,而又自相残杀,大大削弱了抗衡力量。"又云:"孙权忌惮关羽,战略转向,虽一时得志,却成就了曹氏篡汉,三国鼎立遂成不易之局。夷陵战后,魏强,蜀弱,吴孤。此后吴蜀虽重新结好,也频频出击曹魏,终因力弱而又各存异心,都希望对方为自己火中取栗。所以都以失败而告终。"[①]

五、迁都武昌与沿江各防区的建立(221—229年)

曹魏黄初二年(221年)四月,孙权自公安迁都到江夏郡的鄂县,将其改名为武昌。至吴黄龙元年(229年)九月,孙权又离开武昌,重新回到旧都建业。在这八年当中,吴国与蜀、魏发生了多次大战,如夷陵之战,曹丕的三道征吴与两次广陵之役,以及击败曹休的石亭之役,由于孙权部署指挥得当,相继取得了成功。另外,他移驻武昌之后,还在长江数千里沿岸建立了若干军事防区,对抵御蜀、魏的作战起到重要的作用。

(一)武昌建都的原因

武昌地望在今湖北鄂州市,周代为楚国的鄂邑,楚王熊渠曾封其

---

① 张大可:《三国史研究》,甘肃人民出版社,1988年,第179—180页。

中子红为鄂王^①。顾祖禹综述其沿革曰："秦为鄂县，属南郡，汉属江夏郡，武帝封长公主于鄂邑是也。后汉仍属江夏郡。三国吴改武昌县，置武昌郡治焉。"^②安徽寿县出土的《鄂君启节》反映，鄂地早在战国时期就已经有较为发达的商业，是沿江往来、北通淮水与汉水流域的转运港口。但是该地的政治和军事价值不高，从春秋以来到东汉后期将近千年的时间里，鄂县没有作为诸侯国都或州郡的治所，也未曾驻扎过重兵或爆发过大战，可见并非受到君主将帅们的重视。据《汉书·百官公卿表上》记载，秦汉县满万户以上，行政长官称"令"，不满万户则称"长"。而汉末孙权继承兄业后，"以（胡）综为金曹从事，从讨黄祖，拜鄂长。"^③说明当时鄂县只是个不满万户的小县，那为什么孙权要在那里建立国都呢？笔者分析，其原因大约有以下两条：

首先，武昌位于长江中游，在此建都屯兵可以东西兼顾。孙权袭取荆州后，控制了整条长江防线，"自西陵以至江都，五千七百里。"^④当时吴国的兵力部署存在着明显缺陷，就是大部分军队及其主力滞留在荆州西部，而东线扬州一带兵员不足，尤其是它的后方根据地太湖平原距离吴军主力过于遥远，一旦被曹魏乘虚而入，将会巢穴倾覆，造成不可收拾的局面。魏、吴虽然为盟友，实际上双方都是互相利用，随时可能决裂为仇。曹操在世时迫于关羽北攻襄樊的压力，接受朝臣司马懿、蒋济的建议，诱使孙权偷袭荆州，为此甚至撤走合肥等地的驻军，让孙权不用担心后方的安全。待孙权消灭关羽、占据荆州之后，曹魏

---

① （北魏）郦道元注，（民国）杨守敬、熊会贞疏：《水经注疏》卷35《江水三》："《世本》称熊渠封其中子红为鄂王。"第2912页。
② （清）顾祖禹：《读史方舆纪要》卷76《湖广二·武昌府》，第3526页。
③ 《三国志》卷62《吴书·胡综传》，第1413页。
④ 《三国志》卷48《吴书·三嗣主传·孙皓》注引干宝《晋纪》，第1165页。

一方乘机恢复了元气,又担心孙权因势力扩张而会尾大不掉,因此朝臣中间主张对吴国采取强硬对策的一派逐渐占据了上风。如魏《三公奏》就指责孙权,"自以阻带江湖,负固不服,狃忕累世,诈伪成功,上有尉佗、英布之计,下诵伍被屈强之辞,终非不侵不叛之臣。"主张"请免权官,鸿胪削爵土,捕治罪。敢有不从,移兵进讨,以明国典好恶之常,以静三州元元之苦"①。孙权数次向魏遣使称臣,而曹丕在与使者谈话中数次提出武力恐吓②,其朝内舆论的情况也被吴使掌握,因此返回后纷纷向孙权建议警惕备战,做好反目的准备。如赵咨曰:"观北方终不能守盟,今日之计,朝廷承汉四百之际,应东南之运,宜改年号,正服色,以应天顺民。"③沈珩亦曰:"臣密参侍中刘晔,数为贼设奸计,终不久悫。臣闻兵家旧论,不恃敌之不我犯,恃我之不可犯,今为朝廷虑之。且当省息他役,惟务农桑以广军资,修缮舟车,增作战具,令皆兼盈;抚养兵民,使各得其所;揽延英俊,奖励将士,则天下可图矣。"④另外,在孙权袭取荆州后,曹丕立即派遣张辽、朱灵率军进驻合肥、历阳等要地,对吴国的江东后方构成威胁,此事引起孙权的惊惧,立即给曹丕上书询问道:

> 近得守将周泰、全琮等白事,过月六日,有马步七百,径到横

---

①《三国志》卷47《吴书·吴主传》注引《魏略》载《魏三公奏》,第1127页。

②《三国志》卷47《吴书·吴主传》注引《吴书》:"(文)帝曰:'吴可征不?'(赵)咨对曰:'大国有征伐之兵,小国有备御之固。'又曰:'吴难魏不?'咨曰:'带甲百万,江、汉为池,何难之有?'"第1124页。又同书同卷引《吴书》:"(孙)权以(沈)珩有智谋,能专对,乃使至魏。魏文帝问曰:'吴嫌魏东向乎?'珩曰:'不嫌。'曰:'何以?'曰:'信恃旧盟,言归于好,是以不嫌。若魏渝盟,自有豫备。'"第1124页

③《三国志》卷47《吴书·吴主传》注引《吴书》,第1124页。

④《三国志》卷47《吴书·吴主传》注引《吴书》,第1124页。

江,又督将马和复将四百人进到居巢,琼等闻有兵马渡江,视之,为兵马所击,临时交锋,大相杀伤。卒得此问,情用恐惧。权实在远,不豫闻知,约敕无素,敢谢其罪。又闻张征东、朱横海今复还合肥,先王盟要,由来未久,且权自度未获罪衅,不审今者何以发起,牵军远次?①

此前孙权驻跸公安,是因为荆州刚刚占领,民心未附,所以他率领军队屯聚于此以备不虞。经过了一年多的时间,孙吴在荆州的统治业已稳固,而东方战线又出现危机,所以他要迁都到长江中游的武昌,并将主力中军部署在那里,这样可以左右逢源。如宋人史璟卿曰:"鄂渚形势之地,西可以援蜀,东可以援淮,北可以镇荆湖。"② 今人黄惠贤亦言:"为什么孙吴要建都武昌?实因三国鼎立,战乱频繁,建业地处长江下游,上游'一旦有警','水道溯流二千里','不相赴及'。而武昌扼中游,乃'江滨兵马之地',西援西陵,东达建业,可以应付自如。"③ 综上所述,在武昌建都屯兵有利于和长江上下游各方的联络,又方便部队乘船东西调动,因而从战略角度来看是较为理想的都城选址。

其次,武昌的自然环境利于防御,它的地理位置也非常合适。孙吴在长江中游的江夏郡有许多城市和要塞,为什么孙权在其中选择了武昌,而不是沔口(今湖北武汉市汉阳区)、夏口(今湖北武汉市武昌区)或西陵(治今湖北省武汉市新洲区西)呢?从具体的地形和水文条件

①《三国志》卷47《吴书·吴主传》注引《魏略》,第1128页。
②(清)顾祖禹:《读史方舆纪要》卷76《湖广二·武昌府》,第3521页。
③黄惠贤:《公元三至十九世纪鄂东南地区经济开发的历史考察(上篇)——魏晋南北朝隋唐部分》,黄惠贤、李文澜主编:《古代长江中游的经济开发》,武汉出版社,1988年,第171页。

来说,武昌即鄂县宜于设防。薛氏说:"武昌之地,襟带江、沔,依阻湖山。"[1]是说鄂城北临大江,西北对面是沔水(即汉水)入江的口岸,左边是樊山(或称袁山),"又名寿昌山,产银铜铁及紫石英,下有寒溪,中有蟠龙石。"[2]樊山西麓则有樊川北流入江。南边是洋兰湖,古称南湖,西南有三山湖和梁子湖,都是阻碍敌兵入侵的天然屏障。另外,就江夏郡地区而言,武昌位于长江南岸,相对来说比较安全,它的南边是孙吴的后方,不用担心敌人的袭扰。北边的沿江平原之外是难以通行的大别山脉,属于天然屏障。西北曹魏江夏郡的敌军距离较远,进攻时多沿着汉水而下,而孙吴已然占据扼守该地的沔口。武昌西邻的夏口,为沙羡县治,吴国长年屯有重兵,可以阻挡顺流而下的来敌,又能够渡江支援北岸的沔口。武昌东边是要镇虎林,孙吴派遣兵将戍守。胡三省曰:"虎林滨大江,吴置督守之。其后孙綝遣朱异自虎林袭夏口,兵至武昌,而夏口督孙壹奔魏,则虎林又在武昌之下。"[3]虎林之东,有著名的西塞山,"在(武昌)县东八十五里,竦峭临江。"[4]也是驰名已久的江防重地。因为有外围多座军事要塞的拱卫,构成了防护体系,在武昌建都具有很高的安全系数。如吕氏所言:"表里扞蔽,最为强固。"[5]顾祖禹曾深刻地论述过建都武昌的优越性,即能充分利用周围各地镇戍来对它进行保护。"孙氏都武昌,非不知其危险塉确,仅恃一水之限也,以江夏迫临江、汉,形势险露,特设重镇以为外拒,而武昌退处于后,可从容而图应援耳。名为都武昌,实以保江夏也。未有江夏破而武昌可无

---

①(清)顾祖禹:《读史方舆纪要》卷76《湖广二·武昌府》,第3520页。
②(清)顾祖禹:《读史方舆纪要》卷76《湖广二·武昌府》,第3527页。
③《资治通鉴》卷75魏齐王芳嘉平四年正月胡三省注,第2394页。
④(唐)李吉甫:《元和郡县图志》卷27《江南道三·鄂州武昌县》西塞山条,第646页。
⑤(清)顾祖禹:《读史方舆纪要》卷76《湖广二·武昌府》,第3520页。

事者。"①

正是出于以上原因,孙权才离开公安,选择在武昌建都,将国家的军事、政治中心和吴国的总预备队"中军"设于该地。

(二)巩固武昌防务的措施

在建都武昌之后,为了保护国都的安全,孙权采取了一系列巩固当地防务的措施。计有以下内容:

1. 建立武昌郡。"以武昌、下雉、寻阳、阳新、柴桑、沙羡六县为武昌郡。"② 即组建一个新的京畿,也就是首都特别军事、行政区域。该郡中有四县原属江夏郡,像武昌为过去的鄂县,阳新为吴武昌县东邻,治今湖北省阳新县西南,该地在汉朝属于鄂县,孙吴将其划出另立县治。参见谢钟英《三国疆域表》:"阳新县,吴分鄂县立,今武昌府兴国州西南五十里。"③ 甘宁曾在建安二十年(215 年)在争夺南三郡战役中立功,"拜西陵太守,领阳新、下雉两县。"④ 此县看来从鄂县分出的时间较早,应在孙权迁都武昌之前。下雉县治在今湖北省阳新县东,西汉前期为淮南国辖县,后属江夏郡。当地扼富水入江之口,亦为兵争要地。顾祖禹称其:"襟山带江,土沃民萃,西连江夏,东出豫章,此为襟要。汉武帝时淮南王安谋反,其臣伍被曰:'守下雉之城,绝豫章之口。'谓此也。"⑤ 沙羡区域在今湖北武汉市,跨有长江南北两岸。东汉末年该县治所位于今湖北省武汉市汉口区,孙吴时移治于长江南岸的夏口,即

①(清)顾祖禹:《读史方舆纪要·湖广方舆纪要序》,第 3485 页。

②《三国志》卷 47《吴书·吴主传》,第 1121 页。

③(清)谢钟英:《三国疆域表》,《二十五史补编·三国志补编》,第 415 页。

④《三国志》卷 55《吴书·甘宁传》,第 1294 页。

⑤(清)顾祖禹:《读史方舆纪要》卷 76《湖广二》,第 3539 页。

今武汉市武昌区境内,为孙吴武昌县西邻。《晋书·地理志下》载武昌郡:"吴置。统县七,户一万四千八百。"并于沙羡县下注曰:"有夏口,对沔口,有津。"①表明吴之沙羡县治及夏口并在长江南岸,与沔口即汉水入江之口相对,江中有鹦鹉洲等沙洲分割水流,致使航道狭窄,便于守军阻击从上游顺流而来的敌军船队,以捍卫武昌的安全。

其余二县,寻阳治今湖北省黄梅县西南,位于长江北岸,在汉代属庐江郡。县有寻(浔)水,因其地在寻水之阳而得名,寻水入江处即为港口。元封五年(前106年)汉武帝南巡,"自寻阳浮江,亲射蛟江中,获之。"②西汉寻阳港湾多有水军战船停泊,严助向淮南王安晓谕朝廷意指,言闽越王侵凌邻国,"入燔寻阳楼船,欲招会稽之地,以践句践之迹。"颜师古注:"汉有楼船贮在寻阳也。"③柴桑县治所在今江西省九江市西南,汉朝属豫章郡,是鄱阳湖诸水汇入长江之所,县城临近湖口,历来为屯兵之所。建安十三年(208年)曹操南征荆州,刘备兵败长阪,逃至夏口。"时(孙)权拥军在柴桑,观望成败。"④按寻阳、柴桑两县南北相邻,扼守长江与鄱阳湖、寻(浔)水相汇之处,是武昌东面的重要门户,据守这一地段可封锁自长江下游而来的航道,使都城武昌免受侵犯。

2. 重筑城垒。孙权在黄初二年(221年)四月迁都鄂城,"八月,城武昌"⑤,即增修城垒作为首都安全的屏障。胡三省曰:"既城石头,

---

①《晋书》卷15《地理志下》,第457页,458页。
②《汉书》卷6《武帝纪》,第196页。
③《汉书》卷64上《严助传》,第2787—2788页。
④《三国志》卷35《蜀书·诸葛亮传》,第915页。
⑤《三国志》卷47《吴书·吴主传》,第1121页。

又城武昌,此吴人保江之根本也。"① 武昌城是在原来汉代鄂县城池的基础上扩建而成的,原来的县城规模较小,现在武昌升为国都,其机构、人口扩充了许多,自然应予以改筑。《水经注》曾提到鄂县故城,"言汉将灌婴所筑也。"② 李吉甫亦云:"孙权故都城,在县东一里余,本汉将灌婴所筑,晋陶侃、桓温为刺史,并理其地。"③ 说明它在六朝时期得到了沿用。该城遗址位于今湖北省鄂州市鄂城区,在长江南岸由寿山和窑山相连形成的一个江边台地上,当地俗称"吴王城"。据当地考古人员挖掘勘测,"发现城址大体作长方形,东西方向长约 1100 米,南北方向宽约 500 米。"④ 通过对城址的考古学调查及从城周围的地形观察发现,"六朝武昌城完全依照自然地形而建。北垣及东垣北段,以寿山、窑山高地为城垣,依江湖之险而未设城壕。东垣南段、南垣和西垣,则构筑坚固的城垣,设置宽深的城壕,利用江湖相通的险要来进行防护。"⑤

3. 迁徙人口。孙权在公安只是临时居住,他迁都武昌后,除了随行的军队主力"中营"⑥,留在建业的嫔妃、宗室及其侍卫仆从,还有文武百官的办事机构与家属、属吏也要一同到此居住,使武昌的人口迅速发生了膨胀。此外,移居武昌的还有建业的普通居民。《水经注》记载孙权迁都武昌后,"分建业之民千家以益之。"⑦ 这些居民的身

①《资治通鉴》卷 69 魏文帝黄初二年八月胡三省注,第 2194 页。

②(北魏)郦道元注,(民国)杨守敬、熊会贞疏:《水经注疏》,第 2916 页。

③(唐)李吉甫:《元和郡县图志》卷 27《江南道三·鄂州武昌县》,第 646 页。

④鄂州市博物馆、湖北省文物考古研究所:《六朝武昌城考古调查综述》,《江汉考古》1993 年第 2 期。

⑤鄂州市博物馆、湖北省文物考古研究所:《六朝武昌城考古调查综述》,《江汉考古》1993 年第 2 期。

⑥《三国志》卷 60《吴书·周鲂传》,第 1388 页。

⑦(北魏)郦道元注,(民国)杨守敬、熊会贞疏:《水经注疏》,第 2913 页。

份不明,但从秦汉朝廷向京师徙民的情况来看,应该多是富户,有"强干弱枝"的作用。黄惠贤根据鄂州地区出土的考古文物进行推断,认为孙吴武昌的官府作坊里不少有技术的工匠来自长江下游的吴会地区。"大批建业居民西迁,对武昌一带手工业的发展起了重大的促进作用。"[①] 不过,由于武昌城受到周围地形与水文条件的限制,城市的规模不是很大,迁徙的居民只有千余家,远逊于秦都咸阳和汉都长安数以万户的徙民。据学术界研究,"如果从东汉晚期鄂县就有较为发达的铜镜制造业和较为集中的聚落来判断,鄂县当是一个有四、五万之口的县城。"而在孙权建都武昌后,随着当地驻军、移民及宫廷、官僚机构与家眷的迁居,"武昌人口当有十几万之多"[②]。

4. 发展造船、冶金等手工业。孙吴统治者迁都武昌后,为了解决军队与官僚贵族及百姓的物资需求,利用当地的港湾与矿藏资源,大力发展造船业与冶金铸造业。武昌的港湾有两座,一座是西北樊山西侧的樊口,即樊川入江之口,或称樊港。《太平寰宇记》卷112曰:"樊港,源出青溪山,三百里至大港,阔三十丈,水曲并在县内界。"[③] 顾祖禹亦言:"樊港,在樊山西南麓。寒溪之水注为樊溪,亦曰袁溪,北注大江,谓之樊口。志云:在县西北五里。"[④] 赤壁战前,刘备曾于此地驻军,并和周瑜所部会师。另一座是离城较近的钓台,因有大石临江可以垂钓而得名[⑤]。孙吴曾在武昌港湾设置造船工场,能够建造大型船舰。

---

① 黄惠贤:《公元三至十九世纪鄂东南地区经济开发的历史考察(上篇)——魏晋南北朝隋唐部分》,黄惠贤、李文澜主编:《古代长江中游的经济开发》,第179页。

② 熊海堂:《试论六朝武昌城的兴衰》,《东南文化》1986年第2期。

③ (宋)乐史撰,王文楚等点校:《太平寰宇记》卷112《江南西道十》,第2283页。

④ (清)顾祖禹:《读史方舆纪要》卷76《湖广二》,第3529页。

⑤ (宋)乐史撰,王文楚等点校:《太平寰宇记》卷112《江南西道十·鄂州》:"钓台。武昌城下有石圻,临江悬峙,四眺极目。"第2282页。

《江表传》曰："(孙)权于武昌新装大船,名为长安,试泛之钓台圻。时风大盛,谷利令柂工取樊口。"[①]《水经注》亦载此事曰："樊口之北有湾。昔孙权装大船,名之曰长安,亦曰大舶,载坐直之士三千人。与群臣泛舟江津,属值风起,权欲西取芦洲。谷利不从,及拔刀急止,令取樊口薄……"[②]此段记载也表明钓台码头港湾狭小,因而难以抵御巨浪,所以猝遇风暴时需要转向樊口大港停泊。

　　孙吴武昌的冶金制造业也很发达,陶弘景《刀剑录》云:"吴主孙权黄武五年采武昌山铜铁作十口剑,万口刀,各长三尺九寸,刀头方,皆是南钢越炭作之,上有'大吴'篆字。"[③]近些年来,鄂州地区的孙吴墓葬中曾出土过大量的刀、剑、戟、削、弩机等铜铁兵器,"其中环首铁刀的数量最多,同一墓中有出 3—4 件者,且有长达 86.6 厘米的环首铁刀。"[④]另外,1977 年 8 月 25 日在鄂州西山西麓的古井中出土双耳铜釜一件,其肩部有铭文曰:"黄武元年作三千四百卅八枚",腹部又有"武昌"和"官"字[⑤],表明出自当地官府作坊,在黄武元年(222 年)一次就生产了这类铜釜 3438 件。除此之外,孙吴武昌的铜镜制造业也很著名,会稽、武昌是六朝时期南方铜镜的两大产地,武昌出土的铜镜数量甚至超过了都城建业(建康)所在的南京地区,其中有相当数量是带有建安、黄武等纪年并表明"武昌"产地。鄂州市博物馆曾在当地发现过多处采铜和炼铜的古遗址,湖北省博物馆的技术人员又在吴王城的东南角和西南角外钻探出红烧土和炼渣的遗迹,城南则发现过炼铁遗

---

① 《三国志》卷 47《吴书·吴主传》注引《江表传》,第 1133 页。
② (北魏)郦道元注,(民国)杨守敬、熊会贞疏:《水经注疏》,第 2911 页。
③ (宋)李昉等:《太平御览》卷 343《兵部七十四·剑中》引陶弘景《刀剑录》,第 1578 页。
④ 蒋赞初:《鄂州六朝墓发掘资料的学术价值》,《鄂州大学学报》2006 年第 2 期。
⑤ 鄂钢基建指挥部文物小组、鄂城县博物馆:《湖北鄂城发现古井》,《考古》1978 年第 5 期。

址。学术界据此认为,"如果再结合《晋书·地理志》所云'武昌郡鄂县有新兴、马头铁官'的记载,更具体地说明了吴晋时期古武昌铜铁手工业的兴盛。"[1] 以上情况都反映了孙吴在武昌建都前后当地手工业经济的蓬勃发展,往往和军事需要及商贸活动密切相关。

综上所述,孙权在迁都武昌后建立了武昌郡,使国都与周围城成形成了完整的防卫体系。城垒的重筑、人口和军队的大量增加,以及造船与冶金制造业的迅速发展,也增强了都城武昌的防御力量和经济实力,使该地能够充分发挥全国军政指挥中心的重要作用。

（三）沿江各防区的建立与配合作战

孙权迁都武昌以后,在长江防线上的兵力部署与作战方向如何?是个值得探讨的重要问题。曹魏太和二年（228 年）,孙权暗使鄱阳太守周鲂向魏扬州牧曹休诈降,派遣亲信携带密笺七条呈奏,其中第三条对吴国各地将帅及北伐路线有一段概述,笺中的进攻计划是伪造的,但是所述吴国沿江兵力部署与作战方向却是真实的,因为曹魏对此非常了解,周鲂不能任意编排。其文字如下:

> 东主顷者潜部分诸将,图欲北进。吕范、孙韶等入淮,全琮、朱桓趋合肥,诸葛瑾、步骘、朱然到襄阳,陆议、潘璋等讨梅敷。东主中营自掩石阳,别遣从弟孙奂治安陆城,修立邸阁,辇资运粮,以为军储,又命诸葛亮进指关西,江边诸将无复在者,才留三千所兵守武昌耳。[2]

---

[1]蒋赞初:《鄂城六朝考古散记》,《江汉考古》1983 年第 1 期。
[2]《三国志》卷 60《吴书·周鲂传》,第 1388 页。

周鲂的这段叙述,概要地说明了吴军精锐"东主中营"与"江边诸将"的部署情况及进攻对象。孙吴的数千里江防,按照周鲂所言可以分为五个作战区域,自东往西为:(1)扬州东部,将领为吕范、孙韶,攻击(与防御)方向是沿中渎水入淮河。(2)扬州西部,将领为全琮、朱桓,攻防方向是合肥。(3)荆州东部,孙权的"中营"与孙奂所部,攻防方向是石阳(今湖北武汉市黄陂区西)。(4)荆州中部,将领为诸葛瑾、步骘和朱然,攻防方向是襄阳。(5)荆州西部,将领为陆议(逊)、潘璋,攻防方向为夷王梅敷所在的粗中(今湖北南彰县蛮河流域)。这段文字大致反映了孙权在武昌居住时期的分区设防情况,其中有几个问题简要说明一下。首先,孙权居住武昌时期的沿江作战主要是对蜀、魏两国的防御,在这八年之间,吴国只发动过一次短暂进攻,就是在黄初七年(226年)八月曹丕死后,孙权曾对魏江夏郡的石阳进行了二十余日的围攻,后仓促撤退。其次,扬州西部战区的主将原为贺齐,他在太和元年(227年)病故,所以周鲂没有提及。另外,潘璋在黄初三至四年(222—223年)江陵防御战前属于荆州西部战区,后来调到荆州东部的陆口(详见下文)。以上各防区主要负责沿江地带的作战,有时也包括吴国内地纵深区域叛乱的镇压。对它们的各自情况分别考证如下:

1. 扬州东部。所辖区域是从扶州(具体地点不明)沿江往东至海滨,主将为吕范。其本传云:"(孙)权破(关)羽还,都武昌,拜(吕)范建威将军,封宛陵侯,领丹杨太守,治建业,督扶州以下至海。"[1] 扶州之

---

[1]《三国志》卷56《吴书·吕范传》,第1310页。

地望史籍缺乏记载,谢钟英认为它应是建业西南江中的沙洲[1],而严耕望认为其地还应在其西边,"必在建业、濡须口间殆可断言,或者即洞口、牛渚上下欤?"[2] 吕范驻扎在建业(今江苏南京市),这是丹阳郡治,又是孙吴的故都,乃其立国基础江东六郡的政治中心,在此驻军起着遮蔽国家经济重心太湖流域的重要作用。

　　战区的副将是宗室孙韶,其伯父孙河曾为镇守京城(今江苏镇江市)的将军,在建安九年(204年)被部下谋杀。"(孙)韶年十七,收(孙)河余众,缮治京城,起楼橹,修器备以御敌。"[3] 后被孙权封为广陵太守、偏将军。他的一生都在京城戍守,"(孙)韶为边将数十年,善养士卒,得其死力。常以警疆埸远斥候为务,先知动静而为之备,故鲜有负败。"[4] 京城对岸广陵郡的江都,是中渎水南流入江之口,也是吕范、孙韶的主要防御作战方向。孙权居住在武昌时期,曹魏曾经三次派遣大军乘船通过淮河、中渎水入江,来攻击这一防区。分别为黄初三年(222年)曹休、张辽、臧霸的洞口之役,黄初五年(224年)、六年(225年)曹丕亲率舟师东征的广陵之役。孙吴军队也可以溯中渎水而上,进攻沿淮的曹魏据点,但是在这一阶段他们疲于招架曹魏的攻势,因而未能北伐。吕范与孙韶部下有多少人马? 史书没有具体记载,估计可能各自有万余人。

　　2. 扬州西部。设防区域是从扶州以西至皖口(今安徽安庆市西

①参见(清)洪亮吉撰,谢钟英补注:《〈补三国疆域志〉补注》吴疆域·扬州丹阳郡:"有扶州……(谢)钟英按:扶州当系江宁西南江中之洲,未能确指其地,姑附于此。"《二十五史补编·三国志补编》,第537页。

②严耕望:《中国地方行政制度史乙部·魏晋南北朝地方行政制度》上册,上海古籍出版社,2007年,第32页。

③《三国志》卷51《吴书·宗室传·孙韶》,第1216页。

④《三国志》卷51《吴书·宗室传·孙韶》,第1216页。

南山口镇），主将为贺齐，见其本传："拜安东将军，封山阴侯，出镇江上，督扶州以上至皖。"① 严耕望云："吴初，吕范以丹阳太守督扶州以下至海，后领扬州牧；同时，贺齐督扶州以上至皖，后领徐州牧。扶州在今何地虽待考，然大江下流亦分上下两大督区，此明证也。"② 贺齐部下起初只有数千人，建安二十年（215 年）他随同孙权出征合肥，"（贺）齐时率三千兵在津南迎权。"③ 后来他镇压鄱阳民众叛乱，"斩首数千，余党震服，丹杨三县皆降，料得精兵八千人。"④ 合计应有万余人。皖地的作战方向有两个，第一是"皖道"⑤，即从皖口溯皖水而上至皖城（今安徽潜山县），再由陆道经夹石（今安徽桐城县北）到两汉庐江郡治舒县（治今安徽庐江县西南），然后沿巢湖西岸北行抵达合肥、寿春。黄初七年（226 年）曹丕病逝，曹睿继位，驻守寿春的曹休曾沿此道路南下进攻皖城。"明帝即位，进封长平侯。吴将审德屯皖，（曹）休击破之，斩德首，吴将韩综、翟丹等前后率众诣休降。"⑥ 太和二年（228 年）的石亭之役，曹休受了周鲂诈降的欺骗，"帅步骑十万，辎重满道，径来入皖。"⑦ 第二是魏国的蕲春郡（治今湖北蕲春县蕲州镇西北），"先是戏口守将晋宗杀将王直，以众叛如魏。魏以为蕲春太守，数犯边境。六月，（孙）权令将军贺齐督糜芳、刘邵等袭蕲春，邵等生虏宗。"⑧

　　战区的副将为全琮、朱桓。全琮镇守江南重要渡口牛渚（今安徽

①《三国志》卷 60《吴书·贺齐传》，第 1380 页。

②严耕望：《中国地方行政制度史乙部·魏晋南北朝地方行政制度》上册，第 32 页。

③《三国志》卷 60《吴书·贺齐传》注引《江表传》，第 1380 页。

④《三国志》卷 60《吴书·贺齐传》，第 1380 页。

⑤《三国志》卷 60《吴书·周鲂传》，第 1389 页。

⑥《三国志》卷 9《魏书·曹休传》，第 279 页。

⑦《三国志》卷 60《吴书·周鲂传》，第 1391 页。

⑧《三国志》卷 47《吴书·吴主传》黄武二年，第 1130 页。

马鞍山市采石镇),部下亦有兵将万余人。见其本传:"后(孙)权以为奋威校尉,授兵数千人,使讨山越。因开募召,得精兵万余人,出屯牛渚,稍迁偏将军。"① 牛渚西北距离建业仅百余里,对岸历阳县(治今安徽和县历阳镇)有横江、洞口、当利等重要码头,曹魏军队从合肥南下至此可对建业产生严重威胁。可参见黄初元年(220年)孙权给曹丕奏笺:"近得守将周泰、全琮等白事,过月六日,有马步七百,径到横江,又督将马和复将四百人进到居巢,琮等闻有兵马渡江,视之,为兵马所击,临时交锋,大相杀伤。卒得此问,情用恐惧。"② 可见全琮领兵在此驻守,是为了防御对岸魏军侵袭,保卫建业的安全。朱桓任濡须督,驻守江边要镇濡须口(今安徽无为县东南),部下亦有兵马万余人。见其本传:"迁荡寇校尉,授兵二千人,使部伍吴、会二郡,鸠合遗散,期年之间,得万余人。"③ 又云:"与人一面,数十年不忘,部曲万口,妻子尽识之。"④ 自寿春抵合肥,再南下巢湖,顺濡须水入江,是曹操"四越巢湖"的进兵路线。黄初三年(222年)九月,魏将曹仁亦率兵进攻濡须,被朱桓击败。"(曹泰)烧营而退,遂枭(常)雕,生虏(王)双,送武昌,临阵斩溺,死者千余。"⑤ 从濡须口沿濡须水上行进入巢湖,再溯施水(今东淝河)可达魏国淮南重镇合肥,这是曹操"四越巢湖"的进军路线,也是扬州西部吴军北伐的用兵通道。

　　贺齐在黄武六年(228年)去世,全琮即升为这一战区的主将,他和朱桓并军出征时,后者要听从其调遣。可参见后来情况:"是时全琮

①《三国志》卷60《吴书·全琮传》,第1381页。
②《三国志》卷47《吴书·吴主传》注引《魏略》,第1128页。
③《三国志》卷56《吴书·朱桓传》,第1312页。
④《三国志》卷56《吴书·朱桓传》,第1315页。
⑤《三国志》卷56《吴书·朱桓传》,第1313页。

为督,(孙)权又令偏将军胡综宣传诏命,参与军事。琮以军出无获,议欲部分诸将,有所掩袭。(朱)桓素气高,耻见部伍,乃往见琮,问行意,感激发怒,与琮校计。"①

这一战区的守将还有徐盛,在他任职的早年,"(孙)权以为校尉、芜湖令。复讨临城南阿山贼有功,徙中郎将,督校兵。"②孙权迁都武昌,"后迁建武将军,封都亭侯,领庐江太守,赐临城县为奉邑。"③芜湖在江南,距离濡须口不到百里,在其地屯兵可作为朱桓的援军。不过,从这一阶段的战况来看,徐盛虽然平时驻扎在芜湖,但是他的人马经常被孙权用作机动部队,参加过荆州西部和扬州东部的多次战役。例如,"刘备次西陵,(徐)盛攻取诸屯,所向有功。曹休出洞口,盛与吕范、全琮渡江拒守。"由于立功,"迁安东将军,封芜湖侯。"④后来广陵之役,魏文帝率大军临江,"(徐)盛建计从建业筑围,作薄落,围上设假楼,江中浮船。诸将以为无益,盛不听,固立之。文帝到广陵,望围愕然,弥漫数百里,而江水盛长,便引军退。"⑤

扬州虽然划分为东西两个战区,但是遇到紧急情况,可以相互支援。例如黄初三年(222年),曹休、张辽、臧霸等率兵经中渎水入江后占据洞口(今安徽和县历阳镇附近),"(孙)权遣吕范等督五军,以舟军拒休等。"⑥这"五军"当中就有全琮、徐盛的两支军队。"曹休、张辽、臧霸等来伐,(吕)范督徐盛、全琮、孙韶等,以舟师拒休等于洞口。"⑦后

---

①《三国志》卷56《吴书·朱桓传》,第1314页。
②《三国志》卷55《吴书·徐盛传》,第1298页。
③《三国志》卷55《吴书·徐盛传》,第1298页。
④《三国志》卷55《吴书·徐盛传》,第1298页。
⑤《三国志》卷55《吴书·徐盛传》,第1299页。
⑥《三国志》卷47《吴书·吴主传》,第1125页。
⑦《三国志》卷56《吴书·吕范传》,第1310页。

来,贺齐也率领部下赶到。"黄武初,魏使曹休来伐。(贺)齐以道远后至,因住新市为拒。会洞口诸军遭风流溺,所亡中分,将士失色,赖齐未济,偏军独全,诸将倚以为势。"① 如前所述,魏文帝出兵广陵时,徐盛又开赴建业等地支援。从这两个战区的兵力配置来看,扬州西部的兵马要多于东部,所以没有看到东部兵马支援西部战事的记载。

3. 荆州东部。所辖区域即孙吴国都所在武昌郡的沿江地带,从西边的陆口(今湖北赤壁市陆溪镇)到东边的寻阳和柴桑。驻军主要有两部分,首先是孙权身边的精锐部队"中营",亦称作"中军"②,将领多为孙氏公族,或为老将。其次是驻扎在沙羡的孙奂所部,镇守夏口(今湖北武汉市武昌区)与沔口(今湖北武汉市汉阳区),还有屯据陆口的潘璋部队。

荆州东部战区的军队出征情况分为两种,第一种是以中营部队为主力,杂以其他军队,在这种情况下孙权往往随同大军出发,或者是亲自统率,如黄初七年(226年)曹丕病逝,孙权乘机率众北伐。"权自率众攻石阳,及至旋师,潘璋断后。夜出错乱,敌追击璋,璋不能禁。(朱)然即还住拒敌,使前船得引极远,徐乃后发。"③ 可见其中还有潘璋与朱然的部队参加。此外还有孙奂所部参战,其本传云:"黄武五年,(孙)权攻石阳,(孙)奂以地主,使所部将军鲜于丹帅五千人先断淮道,自帅吴硕、张梁五千人为军前锋,降高城,得三将。"④ 又据文聘本传记载,

---

① 《三国志》卷60《吴书·贺齐传》,第1380页。
② 参见《三国志》卷58《吴书·陆逊传》注引陆机为《逊铭》曰:"魏大司马曹休侵我北鄙,乃假公黄钺,统御六师及中军禁卫而摄行王事,主上执鞭,百司屈膝。"第1349页。《三国志》卷61《吴书·胡综传》:"(孙)权称尊号,因瑞改元。又作黄龙大牙,常在中军,诸军进退,视其所向。"第1414页。
③ 《三国志》卷56《吴书·朱然传》,第1306页。
④ 《三国志》卷51《吴书·宗室传·孙奂》,第1208页。

"（孙）权以五万众自围（文）聘于石阳，甚急。聘坚守不动，权住二十余日乃解去。聘追击破之。"① 反映了这次进攻的兵力规模约为五万人。《魏略》亦曰："孙权尝自将数万众卒至。时大雨，城栅崩坏，人民散在田野，未及补治。"② 进攻方向和地点为西北的石阳（今湖北武汉市黄陂区西），是魏国在江夏郡的前线要塞，濒临汉水。孙权驻跸武昌（今湖北鄂州市），到达石阳需要途经沔口，进入汉水后溯流而上，故称孙奂为"地主"。潘璋与朱然的部队各为数千人，加上孙奂担任前锋的五千人，估算约有一万五千人，剩余的三万余人可能就是孙权"中营"出动的兵力。

　　再如太和二年（228 年）石亭之役，孙权将部队的指挥权交给了陆逊，自己坐镇皖口。"夏五月，鄱阳太守周鲂伪叛，诱魏将曹休。秋八月，权至皖口，使将军陆逊督诸将大破休于石亭。"③ 这次作战的军队分成了左、中、右三部，"（陆）逊自为中部，令朱桓、全琮为左右翼，三道俱进。果冲休伏兵，因驱走之，追亡逐北，径至夹石。"④ 此次战役出动的兵力总数没有具体记载，朱桓本传云："（曹）休将步骑十万至皖城以迎鲂。时陆逊为元帅，全琮与桓为左右督，各督三万人击休。"⑤ 这只是说明吴军左右两翼各有三万人，陆逊所率领的中部人数不详（估计不会是从西陵远途调来的部队），如与左右两翼大致相当，则吴军总数可能达到八、九万人。全琮、朱桓所部原来在驻地各有万余人，但不会全部带到皖城前线来，应该在牛渚和濡须留有驻守兵力，以防敌郡进犯；若

①《三国志》卷 18《魏书·文聘传》，第 539—540 页。
②《三国志》卷 18《魏书·文聘传》注引《魏略》，第 540 页。
③《三国志》卷 47《吴书·吴主传》，第 1134 页。
④《三国志》卷 58《吴书·陆逊传》，第 1348 页。
⑤《三国志》卷 56《吴书·朱桓传》，第 1313 页。

是各带数千人,合计万余人,再加上皖地贺齐旧部万余人,大致共有两三万人,其余五六万兵力应是从荆州东部战区调出的,包括"中营"或孙奂等部的部队。

综上所述,武昌所在的荆州东部因为是孙吴的军事重心,屯据兵力较多,留下防御部队后,可以一次出动五六万兵马。

第二种出征的情况是,派出战区的部分军队支援东西两边作战。这种战例可见夷陵之战,陆逊军中有孙奂部将鲜于丹,应是带领夏口部分驻军前来支援。另有孙桓,为宗室青年将领,应是中营的部队。其本传曰:"年二十五,拜安东中郎将,与陆逊共拒刘备。备军众甚盛,弥山盈谷,桓投刀奋命,与逊戮力,备遂败走。桓斩上夔道,截其径要。备逾山越险,仅乃得免。"[①] 又陆逊本传曰:"初,孙桓别讨(刘)备前锋于夷道。为备所围,求救于逊。"[②] 黄初三年至四年(222—223年)的江陵保卫战中,孙权亦从武昌派遣将军孙盛前来支援。"魏遣曹真、夏侯尚、张郃等攻江陵,魏文帝自住宛,为其势援,连屯围城。(孙)权遣将军孙盛督万人备州上,立围坞,为(朱)然外救。"[③]

孙权在武昌居住时期,荆州东部战区的进攻及防御作战方向主要有两个,第一是西北方向,溯汉水而上,到达曹魏的江夏郡,是前述黄初七年(226年)孙权率众进攻石阳的路线,也是黄初三年(222年)曹丕三道征吴时,魏江夏太守文聘进攻沔口的路线。夏侯尚"使(文)聘别屯沔口,止石梵,自当一队,御贼有功"[④]。第二是东北方向,溯皖水

---

①《三国志》卷51《吴书·宗室传·孙桓》,第1217页。
②《三国志》卷58《吴书·陆逊传》,第1347页。
③《三国志》卷56《吴书·朱然传》,第1306页。
④《三国志》卷18《魏书·文聘传》,第539页。

而上,经过皖城、夹石进入曹魏的庐江郡,即反击曹休石亭之役行进的"皖道"。如同贾逵本传所言孙权在"东关(即武昌)"[①]时,"每出兵为寇,辄西从江夏,东从卢(庐)江。"[②]

4. 荆州中部。防守区域为沿江的南郡和长沙郡,其西抵宜都郡的夷道县(今湖北宜都市)境,东达陆口(今湖北赤壁市陆溪镇)。长沙郡江北是面积广阔又难以通行的云梦泽,不是北方之敌的进攻方向,孙吴在这里屯兵不多,只有巴丘(今湖南岳阳市)是要镇,设有囤积前线军粮的巨大仓储"巴丘邸阁"。见《水经注》卷38《湘水》:"(巴丘)山在湘水右岸,山有巴陵故城,本吴之巴丘邸阁城也……城跨冈岭,滨阻三江。"[③]南郡位于江汉平原的中心地带,既有长江横贯其境,又有道路通往北方中原及经长沙、桂阳而赴岭南,是战区设防的重点地带。周鲂密笺所说"诸葛瑾、步骘、朱然到襄阳",反映了两个问题:

其一,这一战区的部队有三支,分别由上述三人率领,诸葛瑾与朱然分别驻扎在南郡的公安和江陵。吕蒙去世后,"(孙)权假(朱)然节,镇江陵。"[④]是抗击魏军南侵的前线据点。朱然手下的兵马数量不详,夷陵之战时,"(朱)然督五千人与陆逊并力拒(刘)备。"[⑤]但应该在江陵还有留守部队。黄初三至四年(222—223年)曹真、夏侯尚围攻江陵多日,"时(朱)然城中兵多肿病,堪战者裁五千人。"[⑥]从这两条记载来看,朱然的属下的军队至少应有万余人。孙权攻占荆州后,将南郡与

---

①《三国志》卷15《魏书·贾逵传》言孙权所在之"东关"乃武昌,参见拙著《孙吴武昌又称"东关"考》,载《三国兵争要地与攻守战略研究》,第908—922页。
②《三国志》卷15《魏书·贾逵传》,第483页。
③(北魏)郦道元注,(民国)杨守敬、熊会贞疏:《水经注疏》卷38《湘水》,第3161—3164页。
④《三国志》卷56《吴书·朱然传》,第1306页。
⑤《三国志》卷56《吴书·朱然传》,第1306页。
⑥《三国志》卷56《吴书·朱然传》,第1306页。

荆州治所移到江南的公安,由诸葛瑾任太守,领兵镇守,并在必要时支援北岸江陵的作战。诸葛瑾在"黄武元年,迁左将军,督公安,假节,封宛陵侯"[①]。当时朱然只是昭武将军,夷陵战后封为征北将军,其职位均不及诸葛瑾的左将军,所以名次排列在后边。诸葛瑾驻公安的军队数目也没有记载,但据《吴录》记载:"曹真、夏侯尚等围朱然于江陵,又分据中州,(诸葛)瑾以大兵为之救援。瑾性弘缓,推道理,任计画,无应卒倚伏之术,兵久不解,(孙)权以此望之。"[②]从文中称诸葛瑾所率为"大兵"的情况来看,其属下兵马似乎多于朱然的部队,可能会在两万人上下。步骘原任交州刺史,是镇守岭南的大员。"延康元年,(孙)权遣吕岱代(步)骘,骘将交州义士万人出长沙。"[③]步骘的万余兵马负责维持江南四郡(长沙、武陵、零陵、桂阳)的治安,平定少数民族的叛乱。例如,"会刘备东下,武陵蛮夷蠢动,(孙)权遂命骘上益阳。备既败绩,而零、桂诸郡犹相惊扰,处处阻兵,骘周旋征讨,皆平之。"[④]他在"黄武二年,迁右将军左护军,改封临湘侯"[⑤]。表明步骘及其人马平时的驻地是在长沙郡治临湘(今湖南长沙市)。黄武五年(226年),"假节,徙屯沤口。"[⑥]沤口地址不明,应是沤水汇入湘水之口,谢钟英《三国疆域表》将其地归入临湘县境[⑦]。诸葛瑾、步骘、朱然这三支部队互不统属,直接听命于孙权的指挥,全部兵力大约有五万人左右。

　　其二,孙吴这一战区进攻和防御的作战方向是北方的襄阳。江陵

---

①《三国志》卷52《吴书·诸葛瑾传》,第1233页。

②《三国志》卷52《吴书·诸葛瑾传》注引《吴录》,第1233页。

③《三国志》卷56《吴书·步骘传》,第1237页。

④《三国志》卷56《吴书·步骘传》,第1237页。

⑤《三国志》卷56《吴书·步骘传》,第1237页。

⑥《三国志》卷56《吴书·步骘传》,第1237页。

⑦(清)谢钟英:《三国疆域表》,《二十五史补编·三国志补编》,第415页。

与襄阳南北交通的路线主要有两条，一条是陆路，即前述曹操南征之荆襄道，由襄阳南下，经宜城、当阳直抵襄阳。另一条是水道，即从发源于郢都附近的扬水至今湖北潜江县西北的扬口，然后进入汉水，溯流而至襄阳。这条水路在江陵附近有人工开凿疏浚的河段，传说为伍子胥率吴师入楚国郢都时所开，因而被称为"子胥渎"[①]，今世则称为"荆汉运河"。建安二十四年（219 年），关羽从江陵率水军北伐襄樊，"羽乘船临（樊）城，围数重，外内断绝，粮食欲尽，救兵不至。"[②] 走的就是这条水路。

　　5. 荆州西部。这一战区的地域范围，是西抵三峡中段的巫县（今重庆市巫山县），东至宜都郡治夷道（今湖北宜都市），控制着蜀吴边境到三峡东口的沿江地带，中心城市及都督治所在夷陵（今湖北宜昌市），黄武元年（222 年），"改夷陵为西陵。"[③] 主将为西陵都督陆逊，兼任宜都太守，辖西陵、夷道和佷山三县；副将潘璋，任固陵太守，辖巫、秭归二县。该战区防御或进攻的作战方向有两个：其一，是西边三峡白帝城（今重庆市奉节县）方向的蜀汉军队，例如黄初二年（221 年），"刘备出夷陵，（潘）璋与陆逊并力拒之。"[④] 后来陆逊在猇亭击败蜀军，刘备退入白帝城，"吴遣将军李异、刘阿等蹑踵先主军，屯驻南山。秋八月，收兵还巫。"[⑤] 其二，是从夷陵北行，经临沮（治今湖北南漳县东南城关镇）即到达曹魏的襄阳郡。猇亭之战后，蜀将黄权所部被困在江北夷陵地区。

①参见王育民：《先秦时期运河考略》，《上海师范大学学报》1984 年第 3 期。

②《三国志》卷 9《魏书·曹仁传》，第 276 页。

③《三国志》卷 47《吴书·吴主传》，第 1126 页。

④《三国志》卷 55《吴书·潘璋传》，第 1300 页。

⑤《三国志》卷 32《蜀书·先主传》，第 890 页。

"先主引退。而道隔绝,(黄)权不得还,故率将所领降于魏。"[1]他带领部下就是沿着这条道路经襄阳到达魏荆州都督夏侯尚的治所宛城(今河南南阳市)。周鲂密笺所言:"陆议、潘璋等讨梅敷",梅敷是襄阳西南粗中地区(今湖北南漳县蛮河流域)的"夷王",即少数民族首领。《襄阳记》曰:"粗中在上黄界,去襄阳一百五十里。魏时夷王梅敷兄弟三人,部曲万余家屯此,分布在中庐宜城西山鄢、沔二谷中,土地平敞,宜桑麻,有水陆良田,沔南之膏腴沃壤,谓之粗中。"[2]梅敷在黄初元年(220年)曾经派遣使者归降孙吴[3],随即又叛投曹魏,所以后来受到吴军朱然、步骘的讨伐。从夷陵经临沮即可到达粗中,但是陆逊、潘璋并未进攻过那里。陆抗曾上疏曰:"西陵、建平,国之蕃表,既处下流,受敌二境。"[4]说的就是当地与蜀汉、曹魏两国接壤,军事压力相当沉重。

　　这一战区的吴军兵力数量不详,按潘璋所部"所领兵马不过数千,而其所在常如万人"[5]。而陆逊镇守的夷陵地区面积较广,要防备蜀、魏以及"南山群夷"[6],所以需要的兵马数量较多,可能在万余人到二万人左右。夷陵之战时,面对来势汹汹的蜀军,孙权给陆逊调拨了许多人马,使其兵力达到五万。"黄武元年,刘备率大众来向西界,(孙)权命(陆)逊为大都督,假节,督朱然、潘璋、宋谦、韩当、徐盛、鲜于丹、孙桓等五万人拒之。"[7]其中朱然属于南郡战区的援兵,鲜于丹是夏口守将

①《三国志》卷 43《蜀书·黄权传》,第 1044 页。

②《三国志》卷 56《吴书·朱然传》注引《襄阳记》,第 1307 页。

③《三国志》卷 47《吴书·吴主传》延康元年:"秋,魏将梅敷使张俭求见抚纳。南阳阴、酂、筑阳、山都、中庐五县民五千家来附。"第 1121 页。

④《三国志》卷 58《吴书·陆抗传》,第 1359 页。

⑤《三国志》卷 55《吴书·潘璋传》,第 1300 页。

⑥《三国志》卷 58《吴书·陆抗传》:"如使西陵盘结,则南山群夷皆当扰动,则所忧虑,难可而言也。"第 1356 页。

⑦《三国志》卷 58《吴书·陆逊传》,第 1346 页。

孙奂的部下,宋谦、韩当都是跟随过孙策的老将[1],他俩和孙桓的部队可能属于孙权的"中营",战后即返回原来驻地。

夷陵之战以后,这一战区的兵力部署发生了若干变化。首先,是固陵郡被撤销,巫县和秭归重新划归宜都郡,这样有利于西陵战区的统一指挥调度。其次,是潘璋所部被调离。黄初四年(223年)曹魏围攻江陵,守将朱然危在旦夕,潘璋部队奉命前去支援。"璋曰:'魏势始盛,江水又浅,未可与战。'便将所领,到魏上流五十里,伐苇数百万束,缚作大筏,欲顺流放火,烧败浮桥。作筏适毕,伺水长当下,(夏侯)尚便引退。"[2]战役结束后,潘璋没有返回西陵,而是"下备陆口。权称尊号,拜右将军"[3]。看来是划归到荆州东部战区。前述黄初七年(226年)孙权征石阳,潘璋所部即随同出征。如前所述,潘璋的部队战斗力很强,他们调离荆州西部战区的原因可能是由于蜀汉在夷陵之战后实力大减,没有力量再次东侵。另外,武昌地区作为京畿,需要加强保卫力量,所以孙权将潘璋所部调至陆口,既能拱卫京师,又可以西赴江陵等地作战。

孙权在迁都武昌时期的兵力部署非常成功,各战区分土保境,遇到紧急情况又可以相互支援,在长江沿岸数千里组建了相当完备的防御体系。这段时间虽然只有八年(221—229年),但是吴国取得了多次对敌作战的胜利。例如,黄初三年(222年)闰六月在猇亭大破蜀军,

---

①《三国志》卷49《吴书·太史慈传》:"(刘繇)但使(太史)慈侦视轻重。时独与一骑卒遇(孙)策,策从骑十三,皆韩当、宋谦、黄盖辈也。慈便前斗,正与策对。"第1188页。
②《三国志》卷55《吴书·潘璋传》,第1300页。
③《三国志》卷55《吴书·潘璋传》,第1300页。

"土崩瓦解,死者万数。(刘)备因夜遁,驿人自担烧铙铠断后,仅得入白帝城。"① 黄初三年九月,"魏乃命曹休、张辽、臧霸出洞口,曹仁出濡须,曹真、夏侯尚、张郃、徐晃围南郡。(孙)权遣吕范等督五军,以舟军拒休等,诸葛瑾、潘璋、杨粲救南郡,朱桓以濡须督拒仁。"② 最终挫败了敌军的进攻。黄初五年(224年)、六年(225年)曹丕发动两次广陵之役,孙权判断准确,并未派遣大兵增援,魏军受风浪与江口河道结冰的影响被迫撤退。太和二年(228年)八月,陆逊又在石亭大破曹休率领的魏军。"追亡逐北,径至夹石,斩获万余,牛马骡驴车乘万两,军资器械略尽。"③ 上述战役的地点尽管分散在长江上下游,相隔甚远,而孙权在武昌居中调度,东西兼顾,顺利地击败了各个方向的来敌。孙权定武昌为国都,将主力部队屯据在长江中游,这一举措在军事上是合理而有效的。魏将贾逵曾经指出,由于受大别山脉的阻隔,魏国的豫州兵力未能在北面对武昌构成威胁,所以孙权的"中营"没有承担防守的压力,作为机动部队可以实施东西两面的作战支援,这是他获胜的重要原因。"是时(豫)州军在项,汝南、弋阳诸郡,守境而已。(孙)权无北方之虞,东西有急,并军相救,故常少败。"④ 贾逵为此向朝廷提出建议,即开辟一条从豫州南下穿越大别山通往长江之滨的"直道",威胁对岸的武昌,使孙权不能从当地分出部队去支援东西方面的战区。"逵以为宜开直道临江,若(孙)权自守,则二方无救;若二方无救,则东关(此处指武昌)可取。"⑤ 他的提议得到了魏明帝的称赞,但是直到数十年后西

---

①《三国志》卷58《吴书·陆逊传》,第1347页。
②《三国志》卷47《吴书·吴主传》黄武元年,第1125页。
③《三国志》卷58《吴书·陆逊传》,第1348—1349页。
④《三国志》卷15《魏书·贾逵传》,第483页。
⑤《三国志》卷15《魏书·贾逵传》,第483页。

晋灭吴时才得以实施[1]。

六、还都建业与江防体系的演变(229—252 年)

（一）孙权还都建业的原因

吴国黄龙元年（229 年）四月，孙权在武昌称帝。"秋九月，权迁都建业，因故府不改馆，征上大将军陆逊辅太子登，掌武昌留事。"[2] 他为什么要回到故都建业（今江苏南京市）？ 前人对此问题多有议论。南宋李焘曾有过详细的分析，他认为有以下几个原因：

首先，在武昌建都有利于军事作战，在建业立都则利于保护"国之根本"，即国家的经济重心。李焘提出了"冲"（作战前线的枢纽地段）和"要"（保护重要地区的军政中心）这两个概念。他说："自古都邑本无定势，争形势之便而据其冲，为根本之图则据其要。英雄之图天下，未必用权而争其便，终必定计以固其本。以江南论之，武昌居兵之冲，建业为地之要。"[3] 在长江上游的荆州形势未曾稳定时，孙权把国都和精锐的中军安排在中游的武昌，距离江陵、夷陵等要镇较之建业要近得多，有利于支援南郡、宜都等地的战事，但只是权宜之计。"孙权力争荆州，上流之形势犹未定也。据江夏，临魏、蜀，塞之西北之冲，图全楚之利，故都武昌以争荆州，不过权时之宜尔。"[4] 而在夷陵之战和江陵

---

①《晋书》卷 43《王戎传》："迁豫州刺史，加建威将军，受诏伐吴。戎遣参军罗尚、刘乔领前锋，进攻武昌，吴将杨雍、孙述、江夏太守刘朗各率众诣戎降。戎督大军临江，吴牙门将孟泰以蕲春、邾二县降。"第 1232 页。

②《三国志》卷 47《吴书·吴主传》，第 1135 页。

③（宋）李焘：《六朝通鉴博议》卷 1《吴论》，《六朝事迹编类·六朝通鉴博议》，南京出版社，2007 年，第 162 页。

④（宋）李焘：《六朝通鉴博议》卷 1《吴论》，《六朝事迹编类·六朝通鉴博议》，第 162 页。

之役后,蜀、魏两国的力量受到很大削弱,吴国在荆州的统治基本上稳定下来,这时候就应该回到建业,以保护江东的根本"吴、会",即吴郡的太湖平原和会稽的宁绍平原。孙权"无复上流之虑,于是时而不都秣陵以据会要,非王业也"[1]。陈金凤亦指出:此时曹魏对长江下游威胁明显增加,例如黄初五年、六年(224—225年),曹丕亲率大军到广陵临江,直指孙吴腹地。"如此一来,孙权的战略重心不得不转向经营长江下游的江北防线,稳定长江下游统治区。武昌作为孙吴最高军事、政治权力中心显然是不大合适了。"[2]

　　其次,武昌受当地自然环境的限制,土壤贫瘠,区域狭窄,居住与生活条件较为恶劣,皇室、百官与军队的给养还要从下游跋涉数千里运送过来,需要耗费国家巨量的人力物力。李焘批评孙皓迁都武昌,"自以为从先王居也,而不知武昌者,孙权以争形胜,非以为子孙无穷之基。盖以扬越之民,溯流而给饷,则不便于兵,以人主之重,近敌而建都,则不便于国,而危隘不足以容万乘,墝确不足以赡一师,而遽尔移都,故南人有言曰:'宁还建康,不止武昌。'夫地形不便,人心不与,而欲为王者之都,可乎?"[3]黄惠贤亦认为,武昌在当时存在着两个十分重要的经济上的弱点:"一、土地瘠薄,农业资源贫乏,大量的粮食、麻布等生活必需品,仰给于长江下游;二、港险陵峻,生活条件差,交通很不便。在这样的地方,当时是人口稀少,劳力不足。"而在以农业为主、生产技术很不发达的封建社会前期,"如果土地贫瘠,农业资源差,人口的移殖就缺乏吸引力。人口移殖困难,就不能顺利地解决劳力缺短和

---

① (宋)李焘:《六朝通鉴博议》卷1《吴论》,《六朝事迹编类·六朝通鉴博议》,第162—163页。
② 陈金凤:《孙吴建都与撤都武昌原因探析》,《河南科技大学学报(社会科学版)》2003年第4期。
③ (宋)李焘:《六朝通鉴博议》卷1《吴论》,《六朝事迹编类·六朝通鉴博议》,第163页。

经济贫困的境况。这样的地方,那怕军事上十分重要,要想长期维持全国性政治上的中心地位,看来几乎是不可能的。"①

再次,孙权称帝后满足于守住荆、扬二州,割据江南的半壁河山,而不想再进行艰苦地努力去夺取魏、蜀两国的领土,所以一心回到生活条件优越、防卫比较安全的建业,不愿在远离江东乐土的武昌居住了。蜀国群臣讽刺他"志望以满,无上岸之情"②。胡三省曰:"谓孙权之志在保江,不能上岸而北向也。"③李焘则言:"孙权志望满于鼎足,据形胜之地,不为进取之计,徒限江自守而已。"并说:"盖人之立志止此,则不可以志望之外而责之也。诸葛亮谓其智力不俦,非徒失言,亦见所存之浅矣。"④

(二)还都建业时期魏吴之间的交战

孙权自还都建业到他去世(229—252年)合计23年,在此期间吴蜀关系友好,未曾刀兵相见。孙吴与曹魏的作战共有10次,其中吴国主动攻魏8次⑤,魏国攻吴2次(详见下文)。吴国规模较大的攻势有3次,分别为青龙元年(233年),"(孙)权向合肥新城,遣将军全琮

---

①黄惠贤:《公元三至十九世纪鄂东南地区经济开发的历史考察(上篇)——魏晋南北朝隋唐部分》,黄惠贤、李文澜主编:《古代长江中游的经济开发》,第172页。

②《三国志》卷35《蜀书·诸葛亮传》注引《汉晋春秋》,第924页。

③《资治通鉴》卷71魏明帝太和三年胡三省注,第2253页。

④(宋)李焘:《六朝通鉴博议》卷2《吴论》,《六朝事迹编类·六朝通鉴博议》,第173页。

⑤据《三国志》与《资治通鉴》记载,这段时间孙吴进攻魏国8次,分别为:1. 太和四年(230年)孙权攻合肥新城。2. 太和六年(232年)陆逊攻庐江(六安)。3. 青龙元年(233年)孙权攻合肥,全琮袭六安。4. 青龙二年(234年)孙权攻合肥,陆逊、诸葛瑾向襄阳,孙韶、张承向广陵、淮阳。5. 景初元年(237),全琮袭六安不克。6. 正始二年(241年)全琮攻芍陂,朱然围樊城,诸葛瑾徂中。7. 正始四年(243年)诸葛恪袭六安。8. 正始七年(246年)朱然寇徂中。

征六安,皆不克还。"① 青龙二年(234 年),"夏五月,(孙)权遣陆逊、诸葛瑾等屯江夏、沔口,孙韶、张承等向广陵、淮阳,权率大众围合肥新城。"② 正始二年(241 年)乘曹魏幼主登基,"吴将全琮寇芍陂,朱然、孙伦五万人围樊城,诸葛瑾、步骘寇柤中。"③ 曹魏的两次攻吴规模都不算很大,分别为:正始四年(243 年)司马懿入舒(治今安徽庐江县西南),意在消除吴国在皖城(今安徽潜山县)的军事基地,诸葛恪焚烧积聚退走,司马懿闻讯也就从舒县撤兵而还。嘉平二年(250 年)十二月,曹魏乘"孙权流放良臣,適庶分争"④,命令荆州各部南征,"乃遣新城太守州泰袭巫、秭归、房陵,荆州刺史王基诣夷陵,(王)昶诣江陵。"⑤ 这三路人马在作战获胜后分别撤回。

从以上情况来看,孙吴攻势虽多,但战役目的并非攻城略地,扩展领土,只不过是劫掠民众、财物,炫兵耀武而已。如李焘所言:"虽时出师,北不逾合肥,西不过襄阳,以示武警敌,无复中原之意。"⑥ 孙权占领荆州、割据江南后志满意得,无意再与强敌曹魏决战,故其答应与蜀汉共同北伐,实际是虚张声势。例如太和四年(230 年),"(孙)权自出,欲围新城,以其远水,积二十日不敢下船。"⑦ 正始二年(241 年)朱然围樊城,司马懿领兵救援,"使轻骑挑之,(朱)然不敢动。于是乃令诸军休息洗沐,简精锐,募先登,申号令,示必攻之势。然等闻之,乃夜

---

① 《三国志》卷 47《吴书·吴主传》,第 1138 页。
② 《三国志》卷 47《吴书·吴主传》,第 1140 页。
③ 《三国志》卷 4《魏书·三少帝纪·齐王芳》注引干宝《晋纪》,第 119 页。
④ 《三国志》卷 27《魏书·王昶传》,第 749 页。
⑤ 《三国志》卷 27《魏书·王昶传》,第 749 页。
⑥ (宋)李焘:《六朝通鉴博议》卷 2《吴论》,《六朝事迹编类·六朝通鉴博议》,第 173 页。
⑦ 《三国志》卷 26《魏书·满宠传》,第 724 页。

遁。"①胡三省曾言:"孙权自量其国之力,不足以毙魏,不过时于疆埸之间,设诈用奇,以诱敌人之来而陷之耳,非如孔明真有用蜀以争天下之心也。"②关于这个问题,曹魏统治者也有清醒的认识。例如青龙二年(234年)孙权配合诸葛亮出兵五丈原,亲自率军围攻合肥。曹睿即对臣下说:"纵(孙)权攻新城,必不能拔。敕诸将坚守,吾将自往征之,比至,恐权走也。"③果然不出其所料,"秋七月壬寅,(明)帝亲御龙舟东征。(孙)权攻新城,将军张颖等拒守力战,帝军未至数百里,权遁走,(陆)议、(孙)韶等亦退。"④正始二年(241年)孙权遣全琮、朱然等出兵袭魏前夕,零陵太守殷礼上奏,认为现在形势对曹魏不利。"今天弃曹氏,丧诛累见,虎争之际而幼童莅事。"建议孙权联络蜀汉,全面进攻魏国,使敌人顾此失彼。"西命益州军于陇右,授诸葛瑾、朱然大众,指事襄阳,陆逊、朱桓别征寿春,大驾入淮阳,历青、徐。襄阳、寿春困于受敌,长安以西务对蜀军,许、洛之众势必分离。"如果和以前一样轻举妄动,只会仍旧退兵。"民疲威消,时往力竭,非出兵之策也。"⑤但孙权还是未能采纳他的意见,"权弗能用之。"⑥

曹魏国势虽强,但在这二十余年很少出兵南侵,其原因主要有以下几点:

第一,明帝曹睿继位后,听从大臣孙资的建议,决定继续采用曹操休养生息、以防御为主的战略对策,着力于恢复发展社会经济,繁盛人

---

①《三国志》卷4《魏书·三少帝纪·齐王芳》注引干宝《晋纪》,第120页。
②《资治通鉴》卷72魏明帝太和五年十月胡三省注,第2274页。
③《三国志》卷3《魏书·明帝纪》,第103页。
④《三国志》卷3《魏书·明帝纪》,第103—104页。
⑤《三国志》卷47《吴书·吴主传》注引《汉晋春秋》,第1144—1145页。
⑥《三国志》卷47《吴书·吴主传》注引《汉晋春秋》,第1145页。

口,期待来日再与吴、蜀决战。"夫守战之力,力役参倍。但以今日见兵,分命大将据诸要险,威足以震慑强寇,镇静疆场,将士虎睡,百姓无事。数年之间,中国日盛,吴蜀二虏必自罢敝。"① 因此有意减少对吴国发动攻势。

第二,在这一阶段的前期,曹魏认为蜀汉的北伐对其威胁更大,所以把大量兵力和最得力的战将如曹真、张郃、司马懿都派往西线。在此期间魏国曾经两次大出兵马伐蜀,首先是在太和四年(230年),"魏使司马懿由西城,张郃由子午,曹真由斜谷,欲攻汉中。丞相(诸葛)亮待之于城固、赤阪,大雨道绝,真等皆还。"② 其次是正始五年(244年),"魏大将军曹爽率步骑十余万向汉川,前锋已在骆谷。"③ 后受到蜀军的顽强阻击而撤退。曹魏这两次伐蜀的规模远远超过了对孙吴的两次进攻作战。

第三,魏明帝死后,执政大臣曹爽与司马懿的冲突迅速激化。司马懿先是告病不理国事,后发动高平陵之变除掉曹爽集团,随后又连续出现"淮南三叛",司马氏忙于处理国内矛盾,尚未有余力进攻吴、蜀。如夏侯霸投蜀后,"姜维问之曰:'司马懿既得彼政,当复有征伐之志不?'霸曰:'彼方营立家门,未遑外事。……'"④ 孙吴因此承受曹魏的军事威胁压力不大。

另外,吴魏双方除了相互攻防之外,还频频使用诈降之计策,诱使敌兵入境,企图用伏兵予以歼灭。自建安十八年(213年)曹操迁徙江

---

① 《三国志》卷14《魏书·刘放传》注引《孙资别传》,第458页。
② 《三国志》卷33《蜀书·后主传》,第896页。
③ 《三国志》卷43《蜀书·王平传》,第1050页。
④ 《三国志》卷28《魏书·钟会传》注引《汉晋春秋》,第791页。

北居民，"淮南滨江屯候皆彻兵远徙，徐、泗、江、淮之地，不居者各数百里。"① 两国军队往来征伐，都要穿越这一广阔的无人地带，耗费不少的劳力和粮草。为了节省人力物力，孙权率先采取了诱敌深入、予以伏击的战术，而且在前述石亭之役中大败曹休，取得良好的效果。孙权还都建业后，吴国仍在使用此种办法歼敌。例如太和五年（231 年），孙权派遣"中郎将孙布诈降以诱魏将王凌，凌以军迎布。冬十月，权以大兵潜伏于阜陵俟之，凌觉而走"②。正始八年（247 年），"（孙）权遣诸葛壹伪叛以诱诸葛诞，诞以步骑一万迎壹于高山。权出涂中，遂至高山，潜军以待之。诞觉而退。"③ 而魏国也加以效仿，嘉平二年（250 年），"冬十月，魏将文钦伪叛以诱朱异，（孙）权遣吕据就异以迎钦。异等持重，钦不敢进。"④ 由于双方都加了小心，所以上述诱敌之计均未取得成功。

　　下面简要论述吴国沿江各战区情况的演变。

（三）扬州战区的兵力部署与作战路线、方向

　　前述孙权建都武昌时期，扬州以扶州为界，划分为东、西两个战区，分别由吕范与贺齐担任都督。可是在孙权还都建业前夕，贺齐、吕范相继病故，此后史籍再没有提到过划分扬州东、西战区之事。在这一阶段，孙吴的扬州自东往西有三个作战方向与进军路线，其部署情况如下：

　　第一，中渎水、广陵方向，仍然是由坐镇京城（今江苏镇江市）的孙

---

①《三国志》卷 51《吴书·宗室传·孙韶》，第 1216 页。
②《三国志》卷 47《吴书·吴主传》，第 1136 页。
③《三国志》卷 47《吴书·吴主传》注引《江表传》，第 1147 页。
④《三国志》卷 47《吴书·吴主传》，第 1148 页。

韶负责,青龙二年(234年)孙吴三路北伐时,他与张承领兵经中渎水北上,去进攻曹魏此时的广陵郡治泗口,即位于淮河北岸的泗水入淮之口,还有附近的淮阳,其出动兵力为万余人[①],若是加上留守部队可能会有两三万人。赤乌四年(241年)孙韶去世,其职务由在当年芍陂之役力战有功的丞相顾雍之孙顾承接任,但过后以罪免职。"拜奋威将军,出领京下督。数年,与兄谭、张休等俱徙交州。"[②]朝廷又委任孙韶之子孙越、孙楷陆续担任京下督[③],负责中渎水、广陵方向的防务。

第二,濡须水、施水、合肥方向,这是孙吴在扬州地区的主要攻防路线,除了在濡须口设置濡须都督(朱桓)领兵防御之外,其进攻或遇到严重威胁时都是由设置在建业的精锐主力"中军"或称"中营"出动参战。例如孙权曾在太和四年(230年)、青龙元年(233年)和青龙二年(234年)三次亲自率兵进攻合肥,具体兵力不详,但号称有十万之众,若按照保守的估计,也会有四五万人的机动兵力。孙权去世当年(252年),"魏使将军诸葛诞、胡遵等步骑七万围东兴。"[④]诸葛恪从建业调发中军支援,"恪兴军四万,晨夜赴救。"[⑤]也可以参照。这期间,吴国在濡须的驻军有所减少。如前述朱桓镇守濡须时,"部曲万口,妻子尽识之。"[⑥]他死后由张承接替职务,"为濡须都督、奋威将军,封都乡侯,领部曲五千人。"[⑦]至

---

① 《三国志》卷3《魏书·明帝纪》青龙二年五月:"孙权入居巢湖口,向合肥新城,又遣将陆议、孙韶各将万余人入淮、沔。"第103页。

② 《三国志》卷52《吴书·顾雍传》,第1231页。

③ 《三国志》卷51《吴书·宗室传·孙韶》:"赤乌四年卒。子越嗣,至右将军。越兄楷武卫大将军、临成侯,代越为京下督。"第1216页。

④ 《三国志》卷48《吴书·三嗣主传·孙亮》,第1151页。

⑤ 《三国志》卷64《吴书·诸葛恪传》,第1435页。

⑥ 《三国志》卷56《吴书·朱桓传》,第1315页。

⑦ 《三国志》卷52《吴书·张昭传》,第1224页。

孙吴末年,钟离牧任濡须督,手下仍为五千人马①。

第三,"皖道"与庐江郡六安方向。从江滨皖口(今安徽安庆市山口镇)溯皖水而上,经过皖城(今安徽潜山县)北上,可达魏吴间弃地舒县(今安徽庐江县西南)。自舒县北渡舒水,再向西北穿越江淮丘陵可至曹魏庐江郡治六安(今安徽六安市北),然后沿沘水和芍陂西岸北上到达阳泉,或称阳渊(治今安徽霍邱县西北临水集),即魏初的庐江郡治;或沿芍陂北岸东行抵达安城,顺黎浆水北上到寿春。这一战区属于扬州西部,仍由坐镇牛渚(今安徽马鞍山市采石镇)的全琮负责。孙权还都期间,这一方向的战事最为频繁,其中孙吴沿此道路北伐共为5次,计有:

1. 太和六年(232 年),"吴将陆逊向庐江,论者以为宜速赴之。(满)宠曰:'庐江虽小,将劲兵精,守则经时。又贼舍船二百里来,后尾空县(悬),尚欲诱致,今宜听其遂进,但恐走不可及耳。'整军趋杨宜口。贼闻大兵东下,即夜遁。"②

2. 青龙元年(233 年),"(全琮)督步骑五万征六安。六安民皆散走,诸将欲分兵捕之……"③ 这是有具体兵力记载的一次。

3. 景初元年(237 年),"冬十月,(孙权)遣卫将军全琮袭六安,不克。"④ 当年,"诸葛恪平山越事毕,北屯庐江。"⑤

4. 正始二年(241 年),"夏四月,(孙权)遣卫将军全琮略淮南,决

①《三国志》卷 60《吴书·钟离牧传》注引《会稽典录》载钟离牧曰:"大皇帝时,陆丞相讨都阳,以二千人授吾,潘太常讨武陵,吾又有三千人,而朝廷下议,弃吾于彼,使江渚诸督,不复发兵相继。"第 1395 页。
②《三国志》卷 26《魏书·满宠传》第 724 页。
③《三国志》卷 60《吴书·全琮传》,第 1382 页。
④《三国志》卷 47《吴书·吴主传》,第 1142 页。
⑤《三国志》卷 47《吴书·吴主传》,第 1142 页。

芍陂,烧安城邸阁,收其人民。威北将军诸葛恪攻六安。琮与魏将王凌战于芍陂,中郎将秦晃等十余人战死。"①此番进军也是先到舒县境内,至六安后分兵,全琮沿沘水而上,至芍陂北岸和从寿春南下的魏军交战。诸葛恪围攻六安县城,保证全琮所部后方的安全。由于六安城小兵少,不足以阻挡吴国大军,所以全琮所部能够顺利开赴芍陂北岸,焚烧安城邸阁的存粮,并破坏了芍陂的水利设施。据魏方记载,全琮所率兵力为数万人②。

5. 正始四年(243年),"诸葛恪征六安,破魏将谢顺营,收其民人。"③由于吴军在这条战线频频出击,引起魏国边境与朝廷的不安,正始四年(243年)冬,曹魏派司马懿领兵进攻皖城,企图拔掉吴军在庐江地区的前进基地。孙权畏惧司马懿的用兵,假借望气者的预言,让诸葛恪撤回皖口。"(司马懿)军次于舒,恪焚烧积聚,弃城而遁。"④

全琮在赤乌十二年(249年)病逝,由其子全绪继承职务。"琮长子绪,幼知名,奉朝请,出授兵,稍迁扬武将军、牛渚督。孙亮即位,迁镇北将军。"⑤

孙权晚年开始对建业对岸的涂中(今安徽滁州市),即涂水流域的作战方向和路线予以重视。涂水即后代所称之滁水、滁河,发源于安徽省肥东县梁园附近,东流经巢县、含山、全椒、来安、江浦等县至今南

---

① 《三国志》卷47《吴书·吴主传》,第1144页。
② 《三国志》卷24《魏书·孙礼传》:"吴大将全琮帅数万众来侵寇,时州兵休使,在者无几。礼躬勒卫兵御之,战于芍陂,自旦及暮,将士死伤过半。"第691页。《三国志》卷28《魏书·王凌传》:"(正始)二年,吴大将全琮数万众寇芍陂,凌率诸军逆讨,与贼争塘,力战连日,贼退走。"第758页。
③ 《三国志》卷47《吴书·吴主传》,第1145页。
④ 《晋书》卷1《宣帝纪》,第15页。
⑤ 《三国志》卷60《吴书·全琮传》注引《吴书》,第1383页。

京市六合区入江,其水口后称滁口,旁有瓜步山,故其临江港口又称瓜埠。顾祖禹曰:"滁河,在(六合)县治西南。自滁、和州界会五十四流之水,入县境分为三,亦名三汊河,南接江浦县界,又东合为一,流经县治,复东南至瓜埠入江,即古滁水也。"①又曰:"瓜步山,县东二十五里。亦曰瓜埠,东临大江。"②吴都建业与滁口、瓜埠隔江对峙,距离仅数十里。《江防考》曰:"自瓜步渡江为唐家渡,至南岸二十里,又二十五里即南京之观音门也。"③涂水与淮河之间并无航道相连,船队不能直接沟通江淮,因此吴魏两国在淮南的征伐通常不走这条路线。不过,曹魏军队若从合肥出发,步骑舟船沿涂水而下,就能抵达江畔。前述正始八年(247年)孙权遣诸葛壹伪叛,然后到涂中设伏,就是引诱魏军从这条道路前来。孙权赤乌十三年(250)十一月,"立子亮为太子。遣军十万,作堂邑涂塘以淹北道。"④堂邑即后来的六合县,今南京市六合区。胡三省云堂邑县,"魏、吴在两界之间为弃地。"又引李贤曰:"堂邑,今扬州六合县。"⑤这是孙权晚年害怕魏军沿涂水南下,到江北威胁建业,所以大兴兵众在堂邑修建规模宏大的堤坝,即涂塘,用来阻止涂水通航,并淹没上游。胡三省曰:"淹北道以绝魏兵之窥建业,吴主老矣,良将多死,为自保之规摹而已。"⑥魏国扬州都督王凌闻讯后请求出兵攻击堂邑,但是遭到朝廷拒绝⑦。后来西晋平吴之役,琅邪王司马伷

①(清)顾祖禹:《读史方舆纪要》卷20《南直二·应天府》,第992页。

②(清)顾祖禹:《读史方舆纪要》卷20《南直二·应天府》,第990页。

③(清)顾祖禹:《读史方舆纪要》卷20《南直二·应天府》六合县瓜步山条引《江防考》,第990页。

④《三国志》卷47《吴书·吴主传》,第1148页。

⑤《资治通鉴》卷75魏邵陵厉公嘉平二年十一月胡三省注,第2387页。

⑥《资治通鉴》卷75魏邵陵厉公嘉平二年十一月胡三省注,第2387页。

⑦《三国志》卷28《魏书·王凌传》:"吴贼塞涂水。(王)凌欲因此发,大严诸军,表求讨贼;诏报不听。"第758页。

"率众数万出涂中",也是走这条道路抵达江畔。他在接受孙皓的降表与玺绶后,"又使长史王恒率诸军渡江,破贼边守,获督蔡机,斩首降附五六万计,诸葛靓、孙奕等皆归命请死。"[1]

(四)武昌都督辖区的建立与分裂

孙权还都建业之际,荆州东部的武昌郡又恢复了江夏郡的名称,由原任西陵都督、荆州牧的陆逊主持这一战区的各项事务。"(孙)权东巡建业,留太子、皇子及尚书九官,征(陆)逊辅太子,并掌荆州及豫章三郡事,董督军国。"[2] 胡三省曰:"三郡,豫章、鄱阳、庐陵也。三郡本属扬州,而地接荆州,又有山越,易相扇动,故使逊兼掌之。"[3] 陆逊除了继续担任荆州最高行政长官,还获得了统治豫章、鄱阳、庐陵郡的权力。陆逊的实际军职未见于文献记载,据清儒吴增仅考证应是武昌都督[4],他负责的都督辖区除了武昌所在的江夏郡,还有前述豫章、鄱阳、庐陵三郡,而不包括西邻的长沙郡,其西南境界是到江夏郡与长沙郡接壤的蒲圻县(今湖北省赤壁市)。这一战区对魏作战的方向与路线主要有两条:

其一,是由沔口溯汉水西北而上,辗转抵达襄阳。孙权离开武昌前夕,曾在夏口坞内举行大会,采纳小将张梁的建议,确定了"遣将入沔,与敌争利"[5] 的作战方针,后来将边界由沔口向前推进到沔中的石城(今湖北钟祥市)一带。青龙二年(234年),吴国三路北伐,"孙权入

---

①《晋书》卷38《宣五王传·琅邪王伷》,第1121页。

②《三国志》卷58《吴书·陆逊传》,第1349页。

③《资治通鉴》卷71魏明帝太和三年九月胡三省注,第2256页。

④(清)吴增仅:《三国郡县表附考证》《二十五史补编·三国志补编》,第380页。

⑤《三国志》卷51《吴书·宗室传·孙奂》注引《江表传》,第1209页。

居巢湖口,向合肥新城,又遣将陆议(逊)、孙韶各将万余人入淮、沔。"①
陆逊本传曰:"(孙)权北征,使(陆)逊与诸葛瑾攻襄阳。"②他撤退时,
也是从襄阳城附近起兵。"(陆逊)乃密与(诸葛)瑾立计,令瑾督舟船,
逊悉上兵马,以向襄阳城。敌素惮逊,遽还赴城。瑾便引船出,逊徐整
部伍,张拓声势,步趋船,敌不敢干军。"③

　　其二,是在武昌(今湖北鄂州市)对岸的邾城(今湖北武汉市新洲
区邾城街道)北行,穿越大别山脉,到达曹魏的豫州境内。黄初三年
(222年)九月,曹真、夏侯尚南征江陵时,曾遣将文聘进攻沔口,邾城
即被魏国占领,后来被陆逊收复。孙权赤乌四年(241年),"秋八月,
陆逊城邾。"④《太平寰宇记》载:"吴赤乌三年使陆逊攻邾城,常以三万
兵守之,是此地。"⑤说明陆逊是在攻占邾城的次年对故垒重新修固,并
以重兵戍守。东晋时陶侃亦提到:"邾城隔在江北,内无所倚,外接群
夷……且吴时此城乃三万兵守。"⑥魏明帝时贾逵任豫州刺史,治项城
(今河南项城市),他曾向朝廷建议,从豫州境内向南开辟一条"直道",
即直达江畔的道路,使魏军得以南下进逼对岸的武昌,迫使孙权不敢
撤走都城的主力"中军",这样武昌东边的庐江郡和西边的江夏郡就无
法获得增援,此计策获得了明帝的赞扬。事见贾逵本传:"逵以为宜开
直道临江,若(孙)权自守,则二方无救;若二方无救,则东关可取。乃
移屯潦口,陈攻取之计,帝善之。"⑦邾城是贾逵上述计划中"直道临江"

①《三国志》卷3《魏书·明帝纪》,第103页。
②《三国志》卷58《吴书·陆逊传》,第1351页。
③《三国志》卷58《吴书·陆逊传》,第1351页。
④《三国志》卷47《吴书·吴主传》,第1144页。
⑤(宋)乐史撰,王文楚等点校:《太平寰宇记》卷131《淮南道九·黄州》,第2580页。
⑥《晋书》卷66《陶侃传》,第1778页。
⑦《三国志》卷15《魏书·贾逵传》,第483页。

的终点，对武昌的威胁非常严重，因此陆逊毅然投入重兵攻陷邾城，除掉了这个隐患，并重筑城垒、驻守军队，使其成为江北屏障。

此外，荆州及豫章等三郡的江南后方如果发生动乱，也是由武昌都督辖区负责平定。例如黄龙三年（231年）武陵郡蛮夷发动叛乱，孙权即命令驻在武昌的陆逊副手太常潘濬调集诸军征讨，平叛后再回到原来驻地。"权假濬节，督诸军讨之。信赏必行，法不可干，斩首获生，盖以万数，自是群蛮衰弱，一方宁静。先是，濬与陆逊俱驻武昌，共掌留事，还复故。"[1] 这次战役前后经历了三年多，出动的人数达到五万之众，参见《三国志》卷47《吴书·吴主传》："（黄龙）三年春二月，遣太常潘濬率众五万讨武陵蛮夷。"嘉禾三年（234年）："冬十一月，太常潘濬平武陵蛮夷。事毕，还武昌。"可见武昌都督辖区拥有的作战兵力相当雄厚，在不影响江北和夏口、武昌等地防务的情况下还能集中起五万兵马长期作战，估计其全部军队应在八万以上。

陆逊于赤乌八年（245年）二月病逝，由于他是吴国少有的能臣，孙权一时找不到合适的人选来接替，以致陆逊遗留的几项职务空缺了一年半之久，直到次年（246年）九月，孙权才宣布了继任者，他将荆州东部的武昌都督辖区一分为二，任命两位都督，用分散权力的办法来解决陆逊职务后继乏人的窘境。"（孙）权乃分武昌为两部，（吕）岱督右部，自武昌上至蒲圻。迁上大将军。"[2] 吕岱为前任交州刺史，后调任陆逊的副手，多次镇压后方的蛮夷暴乱，但缺乏对蜀、魏等强敌作战的经验。他继承了陆逊"上大将军"的军衔，以及包括夏口、沔口、陆口、蒲圻等要镇的武昌右部防务，其责任显然比武昌左部更为重要。另外，

---

① 《三国志》卷61《吴书·潘濬传》，第1397页，1399页。
② 《三国志》卷60《吴书·吕岱传》，第1386页。

吕岱当时年过八十,所以孙权又"拜子(吕)凯副军校尉,监兵蒲圻"①。协助其父亲料理军务。武昌左部都督则由群臣中"才气干略,邦人所称"②的诸葛恪来担任,"以威北将军诸葛恪为大将军,督左部,代陆逊镇武昌。"③荆州最高行政长官的职务也交给了诸葛恪,其本传云:"会(陆)逊卒,恪迁大将军,假节,驻武昌,代逊领荆州事。"④嘉平三年(251年)岁末孙权病危,急召诸葛恪赴建业任辅政大臣,他原任的武昌左部都督改由其属下徐平接任。"诸葛恪为丹杨太守,讨山越,以(徐)平威重思虑,可与效力,请平为丞,稍迁武昌左部督,倾心接物,士卒皆为尽力。"⑤

（五）乐乡、西陵都督战区的合分

孙权还都建业之际,调陆逊来武昌,他在西陵都督辖区的职务由步骘接替。步骘本传曰:"(孙)权称尊号,拜骠骑将军,领冀州牧。是岁,都督西陵,代陆逊抚二境。"⑥由此可见,此前陆逊的军事职务为西陵都督,负责对蜀、魏两国的防务。严耕望曾云:"西陵都督始于陆逊,然《逊传》不言督,步骘继之。"⑦在孙权驻跸武昌时期,南郡战区的驻军分为江陵和公安两支,"(孙)权假(朱)然节,镇江陵。"⑧诸葛瑾"迁左将军,督公安,假节,封宛陵侯"⑨。二人分别持有节杖,互不统属,均直接受

①《三国志》卷60《吴书·吕岱传》,第1386页。
②《三国志》卷64《吴书·诸葛恪传》评,第1452页。
③《资治通鉴》卷75魏邵陵厉公正始七年九月,第2366页。
④《三国志》卷64《吴书·诸葛恪传》,第1433页。
⑤《三国志》卷57《吴书·虞翻传》注引《会稽典录》,第1324页。
⑥《三国志》卷52《吴书·步骘传》,第1237页。
⑦严耕望:《中国地方行政制度史乙部·魏晋南北朝地方行政制度》上册,第29页。
⑧《三国志》卷56《吴书·朱然传》,第1306页。
⑨《三国志》卷52《吴书·诸葛瑾传》,第1233页。

孙权指挥。黄初三年至四年（222—223年）魏军围攻江陵之后，该地的兵力部署发生了变化，由于江陵附近被战乱严重破坏，致使残余的居民纷纷移往南岸。参见夏侯尚本传："荆州残荒，外接蛮夷，而与吴阻汉水为境，旧民多居江南。"①江北地区的经济凋零，迫使朱然的都督治所和军队主力由江陵迁往南岸的乐乡（今湖北松滋县东）。顾祖禹考证曰："乐乡城，（松滋）县东七十里。三国吴所筑，朱然尝镇此。其后陆抗又改筑焉，屯兵于此，与晋羊祜相拒。"②这样部署之后，吴军主将和军队主力处于比较安全的南岸后方，减少了运往江北前线的粮饷给养，使物资和人力得到节省。江陵的守将改为督将，即江陵督，受乐乡都督指挥。如果江陵受敌攻击，则由乐乡的吴军主力渡江前来支援。如嘉平二年（250年）冬，魏将王昶进攻江陵，当时担任乐乡都督的施绩便赶来援救。"（王）昶向江陵，引竹絙为桥，渡水击之。吴大将施绩，夜遁入江陵。"③

　　孙权称帝，还都建业之后，朱然与诸葛瑾都获得晋升，但仍是各自为政。朱然"拜车骑将军、右护军，领兖州牧"④。诸葛瑾"拜大将军、左都护，领豫州牧"⑤。其军衔较朱然还要高一些。南郡战区的作战方向仍然是北边的襄阳，在这个时期吴军一共有三次进攻：

　　其一，前述青龙二年（234年）孙吴三路北伐，诸葛瑾领兵自公安乘船渡江，再从夏水（水口在今湖北省沙市东南）转入汉水，与陆逊所部汇合后共向襄阳，由于无法觅得战机，后来又在一起撤退。

---

①《三国志》卷9《魏书·夏侯尚传》，第294页。

②（清）顾祖禹：《读史方舆纪要》卷78《湖广四·荆州府》松滋县，第3674页。

③《资治通鉴》卷75魏邵陵厉公嘉平二年，第2387—2388页。

④《三国志》卷56《吴书·朱然传》，第1306页。

⑤《三国志》卷52《吴书·诸葛瑾传》，第1235页。

其二，正始二年（241年），朱然率军进攻樊城，还有公安的诸葛瑾与西陵之步骘共同助阵。干宝《晋纪》曰："朱然、孙伦五万人围樊城，诸葛瑾、步骘寇柤中。"① 此次吴军的北伐人马应在六万以上，后来司马懿与曹爽的谈话也提到："设令贼二万人断沔水，三万人与沔南诸军相持，万人陆钞柤中，君将何以救之？"② 以此看来，吴军前线的兵马再加上江陵、乐乡与公安、西陵等地的留守部队，这两个辖区的兵力至少有八万以上。孙皓末年吴国边防衰弱，兵力减少，统辖宜都、建平与南郡战区的陆抗上奏请求补足编制，"使臣所部足满八万"③，亦可作为参考。

其三，正始七年（246年），"吴将朱然入柤中，斩获数千；柤中民吏万余家渡沔。"④ 被迫逃到汉水以北。朱然在退兵时还打败了前来截击的魏军，其本传云："（赤乌）九年，复征柤中，魏将李兴等闻（朱）然深入，率步骑六千断然后道，然夜出逆之，军以胜反。"⑤

西陵都督辖区在这段时期未与蜀汉发生战斗，仅在前述正始二年（241年）配合朱然、诸葛瑾作战，曾经过临沮出兵柤中。另外，自三峡中段的秭归（今湖北秭归县）沿香溪河北上，可以抵达房陵（今湖北房县）。建安二十四年（219年）刘备占领汉中，随即命令宜都太守孟达自秭归北攻房陵，并在上庸（治今湖北竹山县西南）与刘封所部汇合。孟达降魏后，曹丕遣兵将驱走刘封，合房陵、上庸、西城三郡为新城郡，即位于吴国夷陵所在宜都郡的北境。刘晔曾云："新城与吴、蜀接连，若

---

① 《三国志》卷4《魏书·三少帝纪·齐王芳》正始二年五月注引干宝《晋纪》，第119页。
② 《三国志》卷4《魏书·三少帝纪·齐王芳》正始七年十二月注引《汉晋春秋》，第122页。
③ 《三国志》卷58《吴书·陆抗传》，第1360页。
④ 《三国志》卷4《魏书·三少帝纪·齐王芳》注引《汉晋春秋》，第122页。
⑤ 《三国志》卷56《吴书·朱然传》，第1307页。

有变态,为国生患。"① 胡三省注此语曰:"蜀之汉中,吴之宜都,皆与新城接连。"② 嘉平二年(250年)冬,荆州魏军三路南下,"乃遣新城太守州泰袭巫、秭归、房陵,荆州刺史王基诣夷陵,(王)昶诣江陵。"③ 州泰走的就是当年孟达北上的路线,王基则是经临沮到夷陵,二人在作战获胜后撤兵。"王基、州泰击吴兵,皆破之,降者数千口。"④

　　诸葛瑾在赤乌四年(241年)去世,其子诸葛融继承父职,驻守公安。步骘在赤乌十年(247年)病故,其子步协继任为西陵督。由于这两个人才能平庸,并不擅长作战,孙权认为他们担不起守边的重任,因此将南郡与西陵两个都督辖区合并在一起,由乐乡都督朱然统一管辖。"诸葛瑾子融,步骘子协,虽各袭任,权特复使然总为大督。"⑤ 但是两年后朱然病逝,由其子施绩继任,"拜平魏将军,乐乡(都)督。"⑥ 西陵战区又与乐乡都督辖区脱离,由步协、步阐兄弟先后掌管。公安的诸葛融也不再接受乐乡都督的指挥,所以王昶进攻江陵时,施绩只能写信恳求诸葛融发兵支援,而无权强迫他执行。书曰:"(王)昶远来疲困,马无所食,力屈而走,此天助也。今追之力少,可引兵相继,吾欲破之于前,足下乘之于后,岂一人之功哉,宜同断金之义。"⑦ 结果诸葛融表面应承,实际上仍未出兵,致使施绩先胜后败。"(孙)权深嘉(施)绩,盛责怒融,融兄大将军(诸葛)恪贵重,故融得不废。"⑧ 至孙权去世,乐乡、

①《三国志》卷14《魏书·刘晔传》,第445页。
②《资治通鉴》卷69魏文帝黄初元年胡三省注,第2180页。
③《三国志》卷27《魏书·王昶传》,第749页。
④《资治通鉴》卷75魏邵陵厉公嘉平三年正月,第2388页。
⑤《三国志》卷56《吴书·朱然传》,第1308页。
⑥《三国志》卷56《吴书·朱然附施绩传》,第1308页。
⑦《三国志》卷56《吴书·朱然附施绩传》,第1308页。
⑧《三国志》卷56《吴书·朱然附施绩传》,第1308页。

公安、西陵仍是互不统属。

（六）南求夷洲与北通辽东的失利

孙权还都建业后的黄龙二年（230年），开始较大规模地派遣军队到境外去俘虏民众，"遣将军卫温、诸葛直将甲士万人浮海求夷洲及亶洲。"①夷洲即今台湾，亶洲据说是秦代徐福登陆的日本。"亶洲在海中，长老传言秦始皇帝遣方士徐福将童男童女数千人入海，求蓬莱神山及仙药，止此洲不还。世相承有数万家，其上人民，时有至会稽货布，会稽东县人海行，亦有遭风流移至亶洲者。"②孙权同时还有征服朱（珠）崖，即海南岛的打算，他在事前向陆逊、全琮等大臣进行过咨询，遭到两人的一致反对。陆逊上奏："陛下忧劳圣虑，忘寝与食，将远规夷州，以定大事。臣反覆思惟，未见其利，万里袭取，风波难测，民易水土，必致疾疫，今驱见众，经涉不毛，欲益更损，欲利反害。又珠崖绝险，民犹禽兽，得其民不足济事，无其兵不足亏众。"③全琮亦曰："以圣朝之威，何向而不克？然殊方异域，隔绝障海，水土气毒，自古有之，兵入民出，必生疾病，转相污染，往者惧不能反，所获何可多致？猥亏江岸之兵，以冀万一之利，愚臣犹所不安。"④但是孙权一意孤行，不听进谏，结果遭受了惨重的失利。"卫温、诸葛直军行经岁，士卒疾疫死者什八九，亶洲绝远，卒不可得至，得夷洲数千人还。"⑤为了掩盖他决策的错误，孙权下令追究远征将领的责任。"卫温、诸葛直皆以违诏无功，下狱

①《三国志》卷47《吴书·吴主传》黄龙二年，第1136页。
②《三国志》卷47《吴书·吴主传》黄龙二年，第1136页。
③《三国志》卷58《吴书·陆逊传》，第1350页。
④《三国志》卷60《吴书·全琮传》，第1383页。
⑤《资治通鉴》卷72魏明帝太和五年二月，第2266页。

诛。"① 成了国君的替罪者。

孙权对外军事活动的另一次重大挫折就是北通辽东的失利。汉末董卓之乱爆发后，公孙度乘机占据了辽东地区，自立为辽东侯、平州牧，并传位于其子公孙康、公孙恭，其孙公孙渊继位后，于曹魏景初二年（238 年）被司马懿领兵消灭。多年以来，公孙氏一直在名义上臣服于曹操及曹丕、曹睿，接受其辽东太守等官爵封号。孙权在黄龙元年（229 年）四月称帝后，随即"使校尉张刚、管笃之辽东"②，向公孙渊通报，并企图拉拢他来牵制曹魏。嘉禾元年（232 年）三月，孙权再次与公孙渊联络，"遣将军周贺、校尉裴潜乘海之辽东。"③ 公孙渊亦于当年十月，"遣校尉宿舒、阆（郎）中令孙综称藩于（孙）权，并献貂马。"④ 孙权见公孙渊转向自己表示臣服非常高兴，在次年（233 年）正月下诏对他进行表彰，封其为燕王，督幽、青二州。并在三月派遣了规模庞大的使团乘船赴辽东，对公孙渊进行正式的册封。"遣（宿）舒、（孙）综还，使太常张弥、执金吾许晏、将军贺达等将兵万人，金宝珍货，九锡备物，乘海授渊。"⑤ 这件事在吴国朝内引起轩然大波，几乎是全部臣僚都对此表示反对。"举朝大臣，自丞相（顾）雍已下皆谏，以为渊未可信，而宠待太厚，但可遣吏兵数百护送舒、综。"⑥ 可是孙权固执己见，一概不听。老臣张昭，"忿言之不用，称疾不朝。（孙）权恨之，土塞其门，昭又于内以土封之。"⑦ 结果使团到达辽东后，遭到公孙渊的拘禁与杀害。

①《三国志》卷 47《吴书·吴主传》黄龙三年，第 1136 页。
②《三国志》卷 47《吴书·吴主传》，第 1134 页。
③《三国志》卷 47《吴书·吴主传》，第 1136 页。
④《三国志》卷 47《吴书·吴主传》，第 1136 页。
⑤《三国志》卷 47《吴书·吴主传》，第 1138 页。
⑥《三国志》卷 47《吴书·吴主传》，第 1138 页。
⑦《三国志》卷 52《吴书·张昭传》，第 1223 页。

"渊果斩(张)弥等,送其首于魏,没其兵资。"[1] 孙权闻讯后勃然大怒,自称:"朕年六十,世事难易,靡所不尝,近为鼠子所前却,令人气涌如山。不自截鼠子头以掷于海,无颜复临万国。"[2] 他准备亲自统兵跨海攻打辽东,最终被薛综等大臣劝阻。这一事件使孙吴不仅承担了沉重的人力、物资和财宝损失,还在外交上蒙受了极大的羞辱。史家对此多有批评,如刘宋裴松之即云:"(孙)权愎谏违众,信渊意了,非有攻伐之规,重复之虑。宣达锡命,乃用万人,是何不爱其民,昏虐之甚乎? 此役也,非惟闇塞,实为无道。"[3]

　　孙权还都建业后的二十余年,是吴国统治最为安定的时期,孙权西与蜀汉结好,北方曹魏由于前述的种种原因,暂时无力大举南征。对比此前曹操的"四越巢湖"与曹丕的三道征吴、广陵之役,孙权在这一阶段几乎没有受到什么严重的军事威胁。对于他在此时期的用兵,历史上的评价有两种。第一种认为孙权很明智,知道自己国力不如曹魏,所以限江自保,不求进取。但是曹魏若来侵犯,他也都有克敌的对策,因此没有遭受过严重的失利。如北宋何去非所言:

　　　夫三国之形,虽号鼎足,而其雌雄、强弱固有所在:魏虽不能遂并天下,盖不失为雄强;吴、蜀虽能各据其国,然不免为雌弱。(孙)权惟能知乎此,是以内加抚循,而外加备御而已。时有出师动众,以示武警敌者,北不逾合肥,而西不过襄阳,未尝大举轻发,

---

①《三国志》卷47《吴书·吴主传》,第1138页。
②《三国志》卷47《吴书·吴主传》注引《江表传》,第1139页。
③《三国志》卷47《吴书·吴主传》裴松之注,第1139页。

以求侥幸于魏。而魏人之加于我，亦尝有以拒之，未尝困折，是以终权之世，而江东安。①

　　第二种则认为孙权过于谨慎，且胸无大志，缺乏以弱图强、兼并天下的进取精神，以至于浪费了若干进军中原的大好机会。如南宋李焘曰："文帝以降，魏氏之君，机谋干略皆非孙权敌，而中原之变，不起于内则起于外，此魏氏可乘之机，而孙权当时之会也。"② 李焘指出有两个时机可以利用，其一是诸葛亮北伐陇右，撼动关中，曹魏又经历了石亭之役的惨败。"方是时，魏兵西挂于蜀，东激于吴，东西牵制，首尾不掉，此其外祸有可乘者一也。"③ 如果吴国依靠陆逊的胜利，采纳朱桓的建议，"径断夹石，长驱襄阳，割淮南以撼许洛"④，未必不得其志。因为孙权的犹豫，"抚机不发，使魏军得振，而吴不可制。"⑤ 曹芳以幼童即帝位而面临大敌，司马懿又发动高平陵之变，除掉曹爽集团，魏国内部政局混乱，"其内患有可乘者二也。"⑥ 若是孙权接受殷礼的主张，联合蜀汉大举北伐，"一军麾之于长安，一军困之于寿春，一军格之于襄阳，使敌备多而力分"⑦，也颇有成功的希望。但孙权依然如故，"而循前轻举，屡出屡返，吴兵虽劳，而魏不加损。"⑧ 由于失去了这两次机会，孙吴也就无法再动摇曹魏在中原的统治基础了。

①冯东礼注译：《何博士备论注译》，解放军出版社，1990 年，第 142—143 页。
②(宋)李焘：《六朝通鉴博议》卷 2《吴论》，《六朝事迹编类·六朝通鉴博议》，第 175 页。
③(宋)李焘：《六朝通鉴博议》卷 2《吴论》，《六朝事迹编类·六朝通鉴博议》，第 175 页。
④(宋)李焘：《六朝通鉴博议》卷 2《吴论》，《六朝事迹编类·六朝通鉴博议》，第 175 页。
⑤(宋)李焘：《六朝通鉴博议》卷 2《吴论》，《六朝事迹编类·六朝通鉴博议》，第 175 页。
⑥(宋)李焘：《六朝通鉴博议》卷 2《吴论》，《六朝事迹编类·六朝通鉴博议》，第 175 页。
⑦(宋)李焘：《六朝通鉴博议》卷 2《吴论》，《六朝事迹编类·六朝通鉴博议》，第 175 页。
⑧(宋)李焘：《六朝通鉴博议》卷 2《吴论》，《六朝事迹编类·六朝通鉴博议》，第 175 页。

关于敌我双方实力的强弱对比,李焘认为是可以通过积极努力斗争而实现转化的,他列举了刘邦与项羽争夺天下的例证来说明。"高帝西迁汉中,形势仅可自守,宜若绝混一之望矣;而居常郁郁,不忘欲东,则其所负者,乃帝王之意,与项羽衣锦之量,岂不相远哉? 岂待垓下胜负,决天下、定大事乎?"[1]孙权继位后的条件,应该要比刘邦当年好得多。"孙权据长江之巨险,藉再世之遗业,形胜万万于汉中矣;而又周瑜欲为之吞梁益,朱桓欲为之割江南(应为'淮南'),殷札(应为'殷礼')欲为之并许洛,臣下不可谓无其人。而孙权志望满于鼎足,据形胜之地,不为进取之计,徒限江自守而已。"[2]统一中国是大事,倘若胸无壮志,刚开始计划就会胆怯,遇到挫折时即出现倦意。"怯于始,倦于终,而欲一天下,成大事,难矣!"[3]孙策临终前曾对孙权说:"举江东之众,决机于两陈之间,与天下争衡,卿不如我;举贤任能,各尽其心,以保江东,我不如卿。"[4]看来是十分中肯的。

孙权晚年昏聩,废长立幼,谋臣良将多已去世,国势日渐衰落,此时再想伐魏也是有心无力了。李焘说孙权当时:"自出则无与镇守,遣将则不足倚仗。虽发兵动众,扬声示武,而内方汲汲。故王基以无谋主而知其不能出,王昶以放良臣知其可以攻。凡吴之所短,魏之良臣皆以窥见,而何暇以乘魏之衅哉?"[5]可谓是相当准确了。

---

①(宋)李焘:《六朝通鉴博议》卷2《吴论》,《六朝事迹编类·六朝通鉴博议》,第173页。
②(宋)李焘:《六朝通鉴博议》卷2《吴论》,《六朝事迹编类·六朝通鉴博议》,第173页。
③(宋)李焘:《六朝通鉴博议》卷2《吴论》,《六朝事迹编类·六朝通鉴博议》,第173页。
④《三国志》卷46《吴书·孙策传》,第1109页。
⑤(宋)李焘:《六朝通鉴博议》卷2《吴论》,《六朝事迹编类·六朝通鉴博议》,第176页。

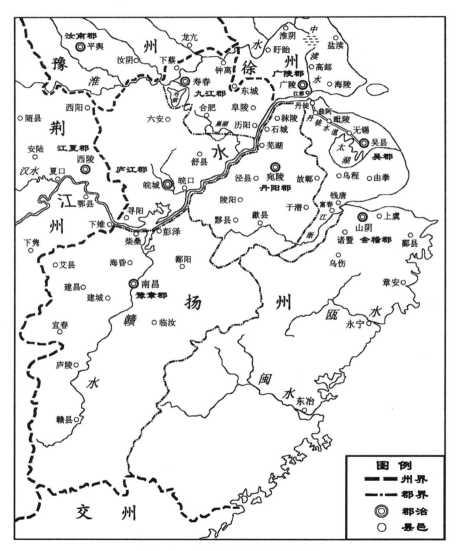

图一七　东汉末年江东郡县示意图

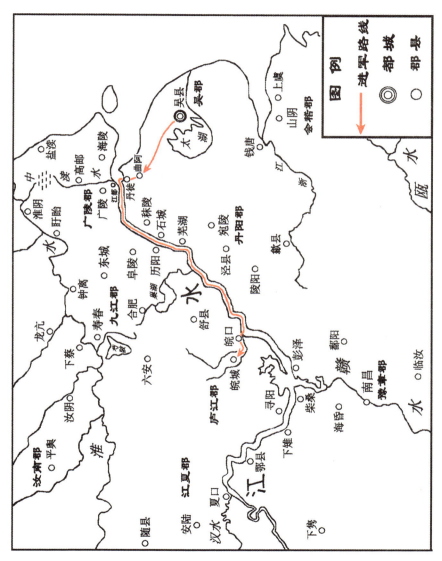

图一八　建安五年（200 年）孙权进攻皖城路线示意图

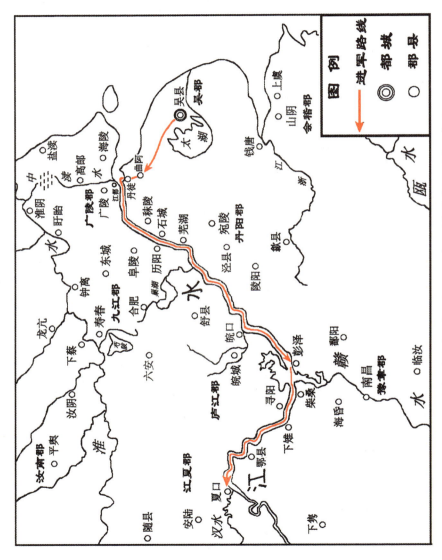

图一九　建安八年至十三年（203—208年）孙权进攻夏口路线示意图

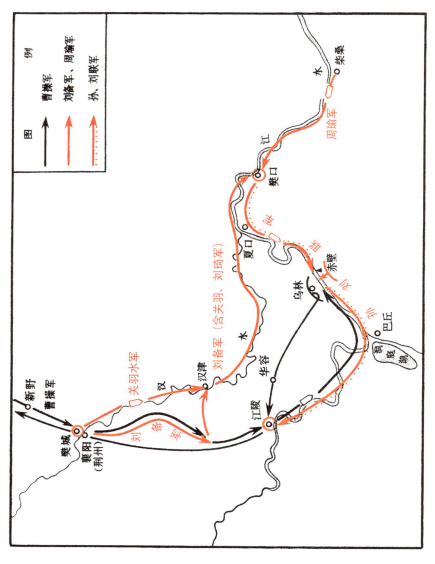

图二〇　赤壁、江陵之战示意图（208—209 年）

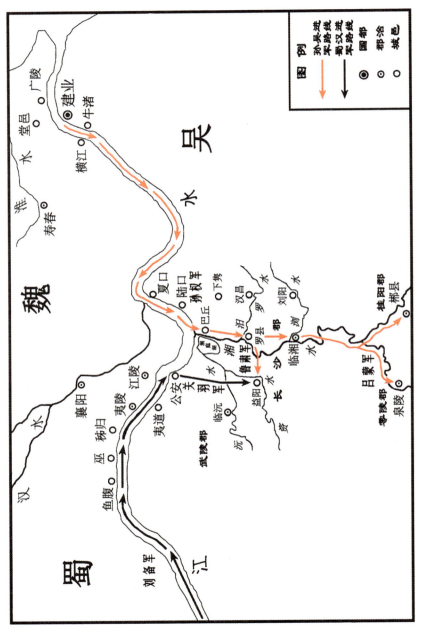

图二一　孙权攻取南三郡战役示意图（215 年）

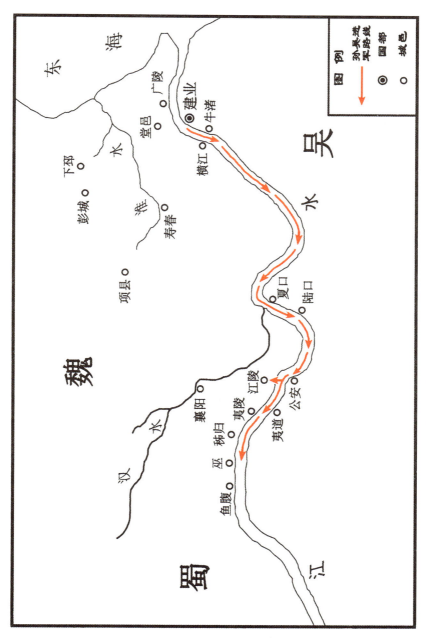

图二二　孙权袭取荆州战役示意图（219年）

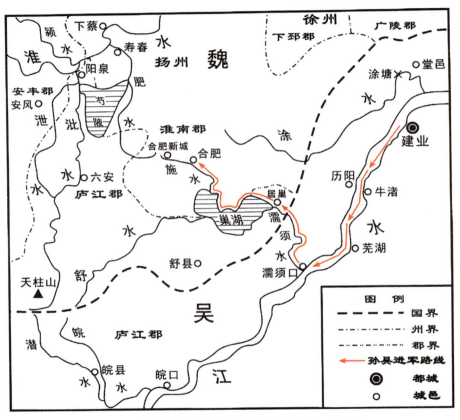

图二三　孙权进攻合肥路线示意图（208、233—234 年）

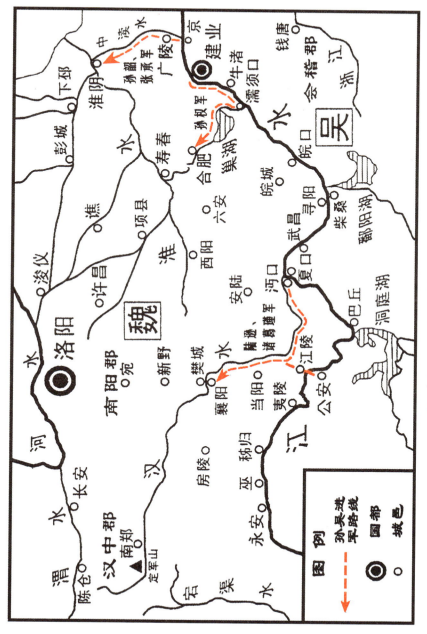

图二四　青龙二年（234年）孙吴三路伐魏示意图

三国战争中的陆口与蒲圻

陆口为陆水注入长江的河口，位于今湖北省赤壁市（旧称蒲圻县）陆溪镇西洪庙附近。陆水古时又称隽水，今称陆水河，全长195公里，是长江中游南岸的一大支流。《读史方舆纪要》卷76称陆水，"出岳州府巴陵县界，径通城、崇阳、蒲圻三县，至（蒲圻）县西入于江。其入江处谓之陆口，亦谓之蒲圻口，俗名陆溪口。"① 关于其发源地，《水经注》有不同的记载，认为是在下隽县（治今湖北通城县西北），"（陆）水出下隽县西三山溪，其水东迳陆城北，又东迳下隽县南"②，然后流入蒲圻县汇入大江。按现代勘察，陆水"发源于湘鄂赣三省交界的幕阜山北麓通城县境内的黄龙山，流经通城、崇阳、蒲圻（笔者注：今改名赤壁）、嘉鱼四县（市）"③。陆水名称的来历，相传是由于东吴大将陆逊曾驻兵于此而得名④。但上述说法与历史事实并不符合，因为据《三国志》陆逊本传记载，他是在建安二十四年（219年）才接替吕蒙在陆口屯戍的，而早在建安十五年（210年）周瑜去世、鲁肃继任其职务，"初住江陵，

---

①（清）顾祖禹：《读史方舆纪要》卷76《湖广二·武昌府·嘉鱼县》"陆水"条，第3532页。
②（北魏）郦道元注，（民国）杨守敬、熊会贞疏：《水经注疏》卷35《江水三》，第2884页。
③邓绪春：《陆水》，《中国水利》1987年第11期。
④参见邓绪春：《陆水》，《中国水利》1987年第11期。

后下屯陆口。"① 可见陆口与陆水之名的出现要早于陆逊在当地屯戍的时间，应与他驻军之事并无关联。笔者按：陆水名称的由来，很可能与它有多条溪流汇入有关。顾祖禹曰："隽水，在（崇阳）县西四十里，即陆水也。自通城县流入，经县北而入蒲圻县界，县境诸水皆汇入焉。"② 陆水上游多山岳丘陵，"从河源到马港，河道穿行于峡谷间，河狭水急；马港以下，河道逐渐开阔，水势渐缓。此段名隽水，纳菖蒲港、铁柱港、沙堆港诸水，从大沙坪进入崇阳盆地，又纳青山河、高堤河、大市河等至洪下，始称陆水。"③ "陆"即"六"字之繁写，而陆（渌）溪口古时又称作"六溪口"，说明这条河流有六条流量较大的溪水注入。杨守敬对此考据曰："《南北对境图》：自岳州沿江东北下，过侯敬港、神林港、象湖港、新打口、石头口，得渌溪口，是也。《水道提纲》又谓之六溪口。"④ 据现代水文学者的勘察，"陆水水系发育，总体呈羽状分布，河长大于5km 的支流有 98 条，比较长的有 6 条。"⑤ 也为上述解释提供了证明。

　　陆口地区在先秦秦汉时代未见有大规模战斗与驻军的记载，但是到汉末三国时期，开始为兵家所关注。陆口西南数公里的周郎嘴（今改称赤壁镇）有赤壁山、南屏山，沿岸曾是周瑜水师驻扎处；对岸为乌林，是赤壁火攻大战的战场。参见《读史方舆纪要》卷 76 言："陆水，在（嘉鱼）县西七十里。"又曰："赤壁山，（嘉鱼）县西七十里。《元和志》：'山在蒲圻县西一百二十里。'时未置嘉鱼也。其北岸相对者为

---

①《三国志》卷 54《吴书·鲁肃传》，第 1271 页。
②（清）顾祖禹：《读史方舆纪要》卷 76《湖广二·武昌府·崇阳县》"隽水"条，第 3537 页。
③ 邓绪春：《陆水》，《中国水利》1987 年第 11 期。
④（北魏）郦道元注，（民国）杨守敬、熊会贞疏：《水经注疏》卷 35《江水三》，第 2884 页。
⑤ 程孟孟、杜成寿、郑桂平：《陆水流域水文特性分析》，《人民长江》2013 年第 18 期。

乌林,即周瑜焚曹操船处。"① 刘备"借荆州"后,孙吴军队开始在陆口屯戍。顾祖禹曾辑录其情况概述道:"后汉建安十五年孙权以鲁肃为汉昌太守,屯陆口。二十年遣吕蒙等争长沙、零、桂三郡,(孙)权进住陆口,为诸军节度。二十二年鲁肃卒,(吕)蒙代为汉昌太守,亦屯陆口。二十四年陆逊代蒙屯陆口,规取荆州之地。后吕岱亦屯于此。蜀汉章武元年先主东征,陆逊拒之于西陵,孙权复自将屯陆口节度诸军是也。"② 陆口为什么具有如此重要的军事价值? 它的地位在汉末三国的战争中发生过何种演变? 以前学术界尚未有人作专门研究,下面对此进行较为深入的探讨。

一、"借荆州"后鲁肃屯戍陆口原因试探

如前所述,孙吴方面开始在陆口驻军是在建安十五年(210年),周瑜死后由鲁肃接替职务,并从江陵移屯陆口。值得注意的是,鲁肃继承了周瑜的四县奉邑,驻军陆口与此有重要联系。下述其详:

建安十四年(209年)冬,孙刘联军携手击败曹仁、攻占江陵,随后对荆州被占领土进行了划分,由于吴军是赤壁、江陵之役作战的主力,所以主要是按照孙吴方面的意愿来进行郡县分配的。周瑜获得了南郡与峡口的临江郡(治夷陵,今湖北宜昌市)的统治权,"(孙)权拜(周)瑜偏将军,领南郡太守。以下隽、汉昌、刘阳、州陵为奉邑,屯据江陵。"③ 驻军于此可以由南郡北攻襄阳,西取巴蜀,拥有充分的发展余

---

① (清)顾祖禹:《读史方舆纪要》卷76《湖广二·武昌府·嘉鱼县》,第3532页。
② (清)顾祖禹:《读史方舆纪要》卷76《湖广二·武昌府·嘉鱼县》"陆水"条,第3532页。
③《三国志》卷54《吴书·周瑜传》,第1264页。

地。老将程普"拜裨将军,领江夏太守,治沙羡(笔者注:沙羡治今武汉市江夏区金口)"①,占据了江夏郡在长江南岸的土地,与北岸刘琦的夏口隔江相峙,并保留了一条从豫章郡经江夏郡南岸开赴江陵的陆上通道。刘备则被排挤到荆州偏远的长沙、武陵、零陵、桂阳四郡,隔绝在江南,基本上丧失了进取中原和巴蜀的可能。这个方案无疑对孙吴方面非常有利,尽管如此,孙权又狠狠地补了一刀,从刘备的长沙郡境割取了下隽、汉昌、刘(浏)阳三县,用来作周瑜的奉邑,借此削弱刘备的实力。这三座奉邑距离周瑜驻扎的江陵较远,却与刘备所辖长沙郡的三座要镇巴丘(治今湖南岳阳市)、罗县(治今湖南汨罗市西北)、临湘(治今湖南长沙市)东西毗邻,其情况详见下述。

下隽县,治今湖北通城县西北。《元和郡县图志》卷27鄂州唐年县曰:"下隽故城,在县西南一百六里。因隽水为名。"②隽水即陆水,下隽县北有金城,为吴将陆涣驻军处。见《水经注》:"(陆)水出下隽县西三山溪,其水东径陆城北,又东径下隽县南,故长沙旧县,王莽之闰隽也。宋元嘉十六年,割隶巴陵郡。陆水又屈而西北流,径其县北,北对金城,吴将陆涣所屯也。"杨守敬按:"此城当在今通城县西北,陆涣,《吴志》无传,下文云翼际山上有吴江夏太守陆涣所治城。则涣乃郡守也。"③此事应在鲁肃、吕蒙等屯驻陆口之后。下隽往北百余里可顺隽(陆)水到达陆口,下隽往西百余里乃长江水陆重镇巴丘,经此地可以南下临湘(治今湖南长沙市)或西赴武陵郡及南郡。东汉建武二十四年(48年),"武威将军刘尚击武陵五溪蛮夷,深入,军没。"李贤注引

①《三国志》卷55《吴书·程普传》,第1283—1284页。
②(唐)李吉甫:《元和郡县图志》卷27《江南道三·鄂州》,第646页。
③(北魏)郦道元注,(民国)杨守敬、熊会贞疏:《水经注疏》卷35《江水三》,第2884—2885页。

《水经注》云："武陵有五溪,谓雄溪、樠溪、酉溪、潕溪、辰溪,悉是蛮夷所居,故谓五溪蛮。"①光武帝遣马援领四万余人再赴武陵征讨,下隽便是半道的中转路口。"军次下隽,有两道可入,从壶头则路近而水崄,从充则涂夷而运远,帝初以为疑。及军至,耿舒欲从充道,援以为弃日费粮,不如进壶头,搤其喉咽,充贼自破。以事上之,帝从援策。"②由此可见下隽对进军湘水、沅水流域的重要性。

汉昌县,《汉书·地理志》与《后汉书·郡国志》荆州长沙郡均无记载。《太平寰宇记》卷 113 曰:"(岳州)平江县,本汉罗县地,后汉分其地为汉昌县。孙权又于县立汉昌郡,以鲁肃为太守,又改为吴昌县。"③谢钟英考证曰:"吴昌,沈《志》:后汉立,曰汉昌,吴更名属长沙。周憬碑阴有长沙汉昌蹇祗字宣节,碑立于灵帝熹平时,则县当系桓灵所置。"④孙权称帝后将县名汉昌改为吴昌。汉朝罗县故城在今湖南汨罗市西北 4 公里处,是巴丘通往长沙郡治临湘途中的必经之地,汉昌县在其东百余里,治今湖南平江县东。

刘(浏)阳县,治今湖南浏阳县东,西距长沙郡治临湘县(今湖南长沙市)百余里,是孙吴分临湘县地而建立的新县。《元和郡县图志》卷 29 曰:"(潭州)浏阳县,本汉长沙国临湘县地,吴置浏阳,因县南浏阳水为名。"⑤《水经》云:"浏水出临湘县东南浏阳县,西北过其县,东北与涝溪水合。"全祖望云:"《三国志·周瑜传》以下隽、汉昌、浏阳、州

①《后汉书》卷 24《马援传》,第 842—843 页。
②《后汉书》卷 24《马援传》,第 843 页。
③(宋)乐史撰,王文楚等点校:《太平寰宇记》卷 113《江南西道十一·岳州》,第 2303 页。
④(清)洪亮吉撰,(清)谢钟英补注:《〈补三国疆域志〉补注》,《二十五史补编》编委会编:《二十五史补编·三国志补编》,第 564 页。
⑤(唐)李吉甫:《元和郡县图志》卷 29《江南道五·潭州》,第 703 页。

陵为奉邑。则浏阳自汉末已有其名,虽未为县,而已为邑,若作邑字,于《经》为合。"熊会贞按:"全说是也。《经》无一句连举两县者,则浏阳非县,疑下过其县乃指临湘。"① 是说汉末刘阳为临湘县属邑而非县,孙吴割其地而建立县治。

下隽、汉昌、刘阳三县均在长沙郡东侧,与孙吴豫章郡接境。孙权以此地为周瑜奉邑,既削减了刘备长沙郡的领土,又可以作为将来进攻巴丘、罗县和临湘的出发基地,可谓一举两得。周瑜的另一座奉邑州陵为两汉南郡属县,治今湖北洪湖市东北,在长江北岸,其东、南两边与江夏郡沙羡县地接壤。当地在战国时期属楚,称州。《史记·楚世家》记载:"考烈王元年,纳州于秦以平。"② 即将州地割让给秦国以求和。《水经注》卷 35 曰:"江之左岸有雍口,亦谓之港口。东北流为长洋港。又东北径石子冈,冈上有故城,即州陵县之故城也。庄辛所言左州侯国矣。"杨守敬按:"《国策》[《楚策》]庄辛谓楚襄王曰,君王左州侯,右夏侯。"③ 州陵这座县邑在南郡领土的最东端,距离治所江陵有三百余里,中间有著名的云梦泽,两地间由荒僻的华容道通行联络。州陵县西南临江处有赤壁之役周瑜火攻曹军舟船的乌林,曹操失利后即率兵经华容道撤回江陵。孙吴以州陵为周瑜奉邑,与对岸程普控制的江夏郡沙羡县互相呼应,对其东北刘琦屯戍的夏口构成威胁。夏口(今湖北武汉市汉口区)原为荆州东部防御重镇,孙权曾在建安八年、十二年、十三年三次对它进行攻击,虽然最终消灭了镇守它的黄祖所部,但始终未能在当地建立统治。建安十四年(209 年)末,"(刘)琦病死,群

①(北魏)郦道元注,(民国)杨守敬、熊会贞疏:《水经注疏》卷 39《浏水》,第 3225 页。
②《史记》卷 40《楚世家》,第 1736 页。
③(北魏)郦道元注,(民国)杨守敬、熊会贞疏:《水经注疏》卷 35《江水三》,第 2888 页。

下推先主为荆州牧,治公安。"①夏口仍被刘备军队控制,而孙吴则在江夏郡东邻建立了蕲春郡,以吕蒙"拜偏将军,领寻阳令"②。程普任江夏太守,治沙羡,占领了夏口对面的江夏郡南岸领土;周瑜又在其西南以州陵为奉邑,这样就堵住了夏口沿长江北岸经华容道赴江陵的道路,对其构成了半包围的态势,使当地守军陷入孤立。如果一旦与刘备反目,吴军能够隔断夏口守军通过长江水运及两岸陆路与刘备荆州江南四郡的联系。

建安十五年(210年)周瑜病逝,孙权遵照其遗嘱令鲁肃继任,"代(周)瑜领兵。瑜士众四千余人,奉邑四县,皆属焉。"③后又因鲁肃缺少领兵作战的经验,调老将程普从江夏到南郡主持军政事务。"(孙)权以鲁肃为奋武校尉,代瑜领兵,令程普领南郡太守。"④由于扬州前线承受曹操"四越巢湖"的巨大军事压力,孙权听取了鲁肃"借荆州"的建议,将江北的南郡与峡口的临江郡交付刘备统治,孙权将程普从江陵调回沙羡,复任江夏太守⑤。而鲁肃所部兵马安排在沙羡西南的陆口驻扎,兵马也得到显著扩充。"肃初住江陵,后下屯陆口,威恩大行,众增万余人。"⑥同年,孙权又"分长沙为汉昌郡,以鲁肃为太守,屯陆口"⑦。就是将原来归属长沙郡境的下隽、汉昌、刘阳三县合并为汉昌郡,任命鲁肃为军事行政长官,其用意很明显:一来是将这几个分散的县凝聚

①《三国志》卷32《蜀书·先主传》,第879页。
②《三国志》卷54《吴书·吕蒙传》,第1274页。
③《三国志》卷54《吴书·鲁肃传》,第1271页。
④《资治通鉴》卷66汉献帝建安十五年,2103页。
⑤《三国志》卷55《吴书·程普传》:"周瑜卒,代领南郡太守。权分荆州与刘备,普复还领江夏,迁荡寇将军。"第1284页。
⑥《三国志》卷54《吴书·鲁肃传》,第1271页。
⑦《三国志》卷47《吴书·吴主传》建安十五年,第1118页。

在新的郡级行政、军事机构统辖之下，如果遇到危急可以迅速发兵支援；二来是向刘备表示，这几个县属于孙吴新建的郡，和原来曾归属的长沙郡已经没有任何关联，以后不要再打它们的主意。但是鲁肃这位汉昌太守平时并非驻在郡境之内，而是领兵屯戍在郡境外的陆口，这是什么缘故？笔者认为有以下几点原因：

首先，州陵、下隽、汉昌、刘（浏）阳四县处于孙吴与刘备集团疆域的边界，其地域为从北到南的长条形状，四座县城基本上成直线依次排列；但是州陵隔在江北，它和距离最近的下隽县之间有被江夏郡沙羡县西南部楔入的陆口地区（参见图二五《陆口与周瑜、鲁肃奉邑分布图》，第331页），将这四座奉邑隔为互不关联的南北两段。如果要使这四县构成一个完整的军事、行政管辖区域，就必须把陆口地区纳入进来。鲁肃在此地屯兵，既可以渡江支援北岸的州陵，又能够南下救助下隽、汉昌、刘阳，具有居中联络、南北串通的作用，因而是难以取代的。

其次，陆口作为孙吴荆州前线的军事基地，还需要有后方的支援，二者不能相距太远。周瑜攻占江陵之后，孙权即将夏口对岸的沙羡作为荆州地区的重要据点，派老将程普驻守。刘备"借荆州"后，南郡、临江郡的吴军部分调往扬州东线，剩下的只有陆口鲁肃的万余人及程普的沙羡驻军（人数不详，估计为数千人）。鲁肃身为汉昌郡太守，如果按照常理领兵驻在汉昌县，则过于深入边界，与后方沙羡的距离较远，又没有直通的水路，一旦告急，不易及时获得支援。若是将兵马与主将驻地设置在陆口，距离沙羡的程普守军不过二百余里，长江及沿岸的水旱道路畅通无阻，比较容易相互联系援助。孙权对荆州的陆口、沙羡两座基地非常重视，都是选派第一流的将领坐镇。后来鲁肃与程普病逝，孙权又遣吕蒙和孙皎继任。吕蒙是东吴名将自不待言，孙皎所部的战斗力也很强,他"始拜护军校尉,领众二千余人。是时曹公数出濡须,皎每赴拒,号为精锐"。孙皎接替程普职务后,"黄盖及兄(孙)瑜卒,又并其军。赐沙羡、云杜、南新市、竟陵为奉邑,自置长吏。"[1]增强了当地的军事力量,与陆口的屯兵遥相呼应。

　　再次,陆口附近的自然环境也易于防御西来入侵之敌。张修桂据《水经注》记载论述:"当时长江受今黄盖山逼溜北上,直趋乌林,受黄蓬山所阻,折而东流。这一乌林河段,江中不见任何沙洲记载。"[2]但是自下乌林以东,由于江面拓宽而流速渐缓,陆水的注入增加了水流及泥沙含量,从陆口开始,江中陆续出现了很多大面积的沉积沙洲,如练洲、蒲圻洲、白面洲、扬子洲、金梁洲、渊洲、沙阳洲、龙穴洲等,迫使航道分汊流淌。现代地理学者根据郦道元在该河道所记载的地物,"进行古今对应复原,发现他所叙述的山川形势和今天的地理形势以及历史记载都相符合,可以一一确指,所不同的只是古今河势有较大的变化。"[3]邻近陆口的江上有庞大的练洲,如今大部分已经靠北岸成陆,江中尚存两块面积不小的沙洲[4]。《水经注》曰:"(江水)又东径下乌林南,吴黄盖败魏武于乌林,即是处也。江水又东,左得子练口,北通练浦,又东合练口,江浦也。南直练洲,练名所以生也。江之右岸得蒲矶口,即陆口也。"[5]长江东流至此处,受巨大的练洲阻挡而分为南北二股,这两条水流的江面因而变得较为狭窄,利于守军阻击顺流来

①《三国志》卷51《吴书·宗室传·孙皎》,第1206—1207页。
②张修桂:《赤壁古战场历史地理研究》,《复旦学报(社会科学版)》2004年第3期。
③张修桂:《赤壁古战场历史地理研究》,《复旦学报(社会科学版)》2004年第3期。
④参见张修桂《赤壁古战场历史地理研究》图1《乌林—赤壁形势图》,《复旦学报(社会科学版)》2004年第3期。
⑤(北魏)郦道元注,(民国)杨守敬、熊会贞疏:《水经注疏》卷35《江水三》,第2883—2884页。

犯之敌。其中靠近北岸的航道更为狭窄(由子练口至练口),不利于大型船只与船队的通过;而靠近南岸的河道稍宽,是为主泓,其分江口在赤壁与陆口之间(参见图二六《乌林—赤壁形势图》,第332页)。建安十三年(208年),曹操大军二十余万乘舟东下[①],周瑜就是利用练洲的自然障碍在陆口西邻的赤壁阻挡来敌,不让曹操水师从南侧的主航道通行。"(孙)权遂遣(周)瑜及程普等与(刘)备并力逆曹公,遇于赤壁。时曹公军众已有疾病,初一交战,公军败退,引次江北。瑜等在南岸。"[②]然后用黄盖诈降之计,火烧曹兵战船得胜。鲁肃这次从江陵下屯陆口,实际上又回到了赤壁之役的备战地点,得以凭借此处江中练洲阻隔水流的有利地势来设置防线。另外,周瑜之所以在赤壁力阻曹操水军,还有一个原因,就是防止敌兵在此地登陆,然后穿插到自己的后方。由陆口溯陆水河而上,翻越幕阜山北麓的羊头山后,有一条近捷的道路可以通往孙吴的重镇柴桑(今江西九江市)[③]。台湾学者认为:"周瑜之所以对曹军实行水上遭遇战,乃欲争夺战场要点之陆口,不令曹操陆军得登陆江南。此扼其咽喉,使不得进之行动,是为周瑜最大之成功。操军亦由此陷于被动,旋复不意遭受诈降奇袭火攻而致败。"[④]

　　综上所述,陆口地区居于州陵与下隽中间,便于对两地的联络支援,又与后方的沙羡唇齿相依,还能利用江中练洲分流的自然条件来

---

① 《三国志》卷54《吴书·周瑜传》注引《江表传》周瑜谓孙权曰:"诸人徒见操书,言水步八十万,而各恐慑。不复料其虚实,便开此议,甚无谓也。今以实校之,彼所将中国人,不过十五六万,且军已久疲,所得表众,亦极七八万耳,尚怀狐疑。"第1262页。

② 《三国志》卷54《吴书·周瑜传》,第1262页。

③ 台湾三军大学编著:《中国历代战争史》第4册《三国》:"蒲圻县西一百二十里处临江有赤壁山,以北有水曰陆水,亦曰隽水,为自长江登陆直往柴桑之要地。……必争得此陆口、赤壁,方能以阻止曹军自陆口上陆,过蒲圻、羊头山(今湖北通山县)、阳新直扑柴桑。"中信出版社,2013年,第120页。

④ 台湾三军大学编著:《中国历代战争史》第4册《三国》,第134页。

迎击来敌,阻止敌兵登陆后穿插到孙吴的后方,因而成为鲁肃在荆州前线屯兵的理想地点。孙吴在陆口屯戍,不仅强化了州陵、下隽、汉昌、刘(浏)阳四县的防务,同时也建立了一座伺机进攻刘备荆州郡县的出发基地,使其如同骨鲠在喉。刘备虽然成功地从孙权那里"借取"荆州,但是承受的内外威胁与压力相当沉重。如诸葛亮所言:"主公之在公安也,北畏曹公之强,东惮孙权之逼,近则惧孙夫人生变于肘腋之下;当斯之时,进退狼跋。"① 直到刘备进取益州,才摆脱了上述尴尬的困境。

二、孙吴攻取"南三郡"战役中的陆口

"南三郡"是指荆州在长江以南的长沙、桂阳、零陵三郡,建安二十年(215 年)孙刘两家为了争夺这块地区而初次反目,乃至兵戈相见。孙权当初"借荆州"予刘备是迫不得已,周瑜的突然去世使他措手不及,又找不出一位既能独挡曹军又可慑服刘备的大将来镇守南郡,继任的鲁肃善于谋划和外交,领兵作战却缺少经验,因此后来又从江夏调来程普做南郡太守,但是他也担负不起这副重任② 。另一方面,曹操在扬州"四越巢湖",连连出兵发动攻势,孙权对于能否成功防御也没有充分的把握,需要从荆州调回部分兵力到东线设防,这才勉强同意了鲁肃"以荆州借刘备,与共拒曹操"③ 的建议,但事后他对此一直耿耿

---

①《三国志》卷 37《蜀书·法正传》,第 960 页。
②《三国志》卷 55《吴书·程普传》:"周瑜卒,代领南郡太守。(孙)权分荆州与刘备,普复还领江夏,迁荡寇将军。"1284 页。
③《资治通鉴》卷 66 汉献帝建安十五年,第 2103 页。

于怀①。孙吴耗费大量的兵马钱粮，在赤壁与夷陵、江陵连续作战，历时岁余，才打下了南郡和临江郡，却让刘备"借"走，确实是损失巨大，因此孙权一直在等待机会索回荆州。如前所述，他在"借荆州"后成立汉昌郡，让鲁肃屯兵陆口，就是在为将来重返荆州布下棋局。建安十九年（214年）刘备攻占成都，自领益州牧，孙权由此看到并把握住收复荆州部分领土的机会，一来刘备"借荆州"是以地少不足以安民为理由②，现在他占据了四川这个"天府之国"，统治区域获得显著扩张，孙吴以此为借口索还荆州部分领土名正言顺，理由相当充足。二来当时刘备的荆州兵力空虚，建安十六年（211年）刘备接受刘璋邀请入川时带走了许多人马，"先主留诸葛亮、关羽等据荆州，将步卒数万人入益州。"③后来他进攻成都时在雒城（今四川广汉市）受阻，又向荆州抽调兵马前来支援，"诸葛亮、张飞、赵云等将兵溯流定白帝、江州、江阳，惟关羽留镇荆州。"④荆州兵马经过这两次入川之后，关羽留下的军队数量有限，而且屡次受到曹操部将乐进的侵袭⑤，因此多数集中在江北。他虽然对吴态度强硬，但因为缺少兵将，未能在南三郡及时加强防务，所以是孙

---

① 参见《三国志》卷54《吴书·吕蒙传》载孙权谓陆逊曰："公瑾昔要子敬来东，致达于孤。孤与宴语，便及大略帝王之业。此一快也。后孟德因获刘琮之势，张言方率数十万众水步俱下。孤普请诸将，咨问所宜，无适先对，至子布、文表，俱言宜遣使修檄迎之，子敬即驳言不可，劝孤急呼公瑾，付任以众，逆而击之，此二快也。且其决计策意，出张苏远矣。后虽劝吾借玄德地，是其一短，不足以损其二长也。"第1280—1281页。

② 《三国志》卷32《蜀书·先主传》注引《江表传》："（刘）备以（周）瑜所给地少，不足以安民，复从（孙）权借荆州数郡。"第879页。

③ 《三国志》卷32《蜀书·先主传》，第881页。

④ 《三国志》卷32《蜀书·先主传》，第882页。

⑤ 参见《三国志》卷17《魏书·乐进传》："后从平荆州，留屯襄阳，击关羽、苏非等，皆走之，南郡诸郡山谷蛮夷诣进降。又讨刘备临沮长杜普、旌阳长梁大，皆大破之。"第521页。《三国志》卷32《蜀书·先主传》："先主遣使告璋曰：'曹公征吴，吴忧危急。孙氏与孤本为唇齿，又乐进在青泥与关羽相拒，今不往救羽，进必大克，转侵州界，其忧有甚于鲁。鲁自守之贼，不足虑也。'"第881页。

吴进取的大好时机。

　　孙权虽然做好了进攻的准备,但为了尽量不使孙刘联盟破裂,他采取了先礼后兵的做法,前后分成三个步骤。

　　第一,外交谈判。派遣使臣到成都面见刘备,也只是索要长沙、桂阳、零陵三郡,遭到了刘备的推托婉拒。"(孙)权以(刘)备已得益州,令诸葛瑾从求荆州诸郡。备不许,曰:'吾方图凉州,凉州定,乃尽以荆州与吴耳。'"①

　　第二,派遣官员到长沙、桂阳、零陵三郡接管政务,结果被关羽驱赶回境而未能成功。"(孙)权曰:'此假而不反,而欲以虚辞引岁。'遂置南三郡长吏,关羽尽逐之。"②

　　第三,迅速派兵袭取南三郡。孙权在派遣官吏被逐后下令,"乃遣吕蒙袭夺长沙、零陵、桂阳三郡。"③刘备任命的长沙太守廖立,闻讯马上逃跑到四川。"(孙)权遣吕蒙奄袭南三郡,(廖)立脱身走,自归先主。先主素识待之,不深责也。"④吕蒙军队抵达长沙、桂阳后,"二郡皆服,惟零陵太守郝普未下。"⑤后来经过吕蒙的劝降,郝普也开城归顺。这时刘备从四川带兵前来,"先主引兵五万下公安,令关羽入益阳。"⑥准备与孙权争夺时,南三郡已经落入吴国之手,时值曹操带兵攻取汉中,对巴蜀造成威胁,迫使刘备只得同意与孙权签约,"分荆州江夏、长沙、桂阳东属;南郡、零陵、武陵西属,引军还江州。"⑦

①《三国志》卷47《吴书·吴主传》,第1119页。
②《三国志》卷47《吴书·吴主传》,第1119页。
③《三国志》卷32《蜀书·先主传》,第883页。
④《三国志》卷40《蜀书·廖立传》,第997页。
⑤《三国志》卷47《吴书·吴主传》,第1119页。
⑥《三国志》卷32《蜀书·先主传》,第883页。
⑦《三国志》卷32《蜀书·先主传》,第883页。

这次战役孙权获得了兵不血刃的完胜,据其本传记载:"乃遣吕蒙督鲜于丹、徐忠、孙规等兵二万取长沙、零陵、桂阳三郡,使鲁肃以万人屯巴丘以御关羽。(孙)权住陆口,为诸军节度。"① 陆口作为吴军的出发基地,当地的鲁肃驻军万余人抢先赶赴巴丘(今湖南岳阳市),阻止了关羽部队沿江直下和溯湘水救援长沙的行动,使其改道而南赴益阳,未能及时救援南三郡。吴军的主力部队由吕蒙率领,也是从陆口出发,顺利地占领了长沙、桂阳与零陵,然后联合孙皎、潘璋及鲁肃的部队赶到益阳与关羽对峙②。另一方面,战役开始后陆口成为吴军后方的支援基地。孙权自己统领总预备队,以陆口为驻跸之地,择机对巴丘和南三郡的军事行动作派遣援兵的准备。战役胜利与谈判结束后,孙权率领吴军主力离开陆口,在返回建业(今江苏南京市)的途中顺路到淮南去进攻张辽镇守的合肥。"(孙)权反自陆口,遂征合肥。合肥未下,撤军还。"③ 他这次带领出征荆州的军队总数没有明确记载(包括吕蒙手下的二万人及潘璋、孙皎所部),只是在进攻合肥时号称有十万之众④,估计实际人数约有四五万人。

根据文献记载与考古发掘,此次战役前后孙吴在陆口附近筑造了两座城池。其一曰太平城,《太平寰宇记》卷 112 曰:"太平城,在(蒲圻)县西南八十八里。即吴孙权遣鲁肃征零陵,于此筑城。"⑤ "征零陵"即建安二十年(215 年)孙吴攻取南三郡之事,该城于当时所筑。其

①《三国志》卷 47《吴书·吴主传》,第 1119 页。

②《三国志》卷 47《吴书·吴主传》:"会(刘)备到公安,使关羽将三万兵至益阳。(孙)权乃召(吕)蒙等使还助(鲁)肃,蒙使人诱(郝)普,普降,尽得三郡将守,因引军还,与孙皎、潘璋并鲁肃兵并进,拒羽于益阳。"第 1119 页。

③《三国志》卷 47《吴书·吴主传》,第 1120 页。

④《三国志》卷 17《魏书·张辽传》:"俄而(孙)权率十万众围合肥……"第 519 页。

⑤(宋)乐史撰,王文楚等点校:《太平寰宇记》卷 112《江南西道十·鄂州》,第 2285 页。

记述略有失误,当时应为鲁肃赴巴丘,吕蒙取零陵。据现代考古勘察,"(太平城)在蒲圻城南二十公里处的潘河北岸,北距蒲圻县新店镇八公里。城廓一面环水,三面依田,为古代兵家粮草囤积之所。"[1] 其二曰吕蒙城,《水经注》卷35曰:"陆水又入蒲圻县北,径吕蒙城西,昔孙权征长沙、零、桂所镇也。" 杨守敬按:"《舆地纪胜》,(吕蒙城)在嘉鱼县石头山。旧《经》云,高一丈五尺,周四百八十步。在今嘉鱼县西南。"[2]《太平寰宇记》卷112曰:"吕蒙城,东北沿流去(鄂)州三百九十三里,在蒲圻县西北,即吕蒙所筑,屯兵于此。"[3] 其说亦有误,前引《水经注》明言该城为孙权征长沙、零、桂所镇守处,就是他驻跸陆口,"为诸军节度"之处,时间在建安二十年;而鲁肃去世后吕蒙继任、屯兵陆口是在建安二十二年,可见孙权所住此城应是鲁肃驻屯陆口时所筑。参见熊会贞按:"《吴志·孙权传》,建安十九年(笔者注:应为建安二十年),遣吕蒙取长沙、零陵、桂阳。权住陆口,为诸军节度。《寰宇记》引《江夏记》吕蒙城,孙权屯陆溪口,是此也。"[4]

三、孙吴袭取荆州战役中的陆口

建安二十二年(217年)鲁肃病故,孙权起初任命骑都尉严畯继任,但严畯自忖无此能力,于是坚决辞让,甚至涕泪满面,孙权只得作罢。其本传云:"及横江将军鲁肃卒,(孙)权以畯代肃,督兵万人,镇

①冯金平:《太平城》,《江汉考古》1985年第2期。
②(北魏)郦道元注,(民国)杨守敬、熊会贞疏:《水经注疏》卷35《江水三》,第2885页。
③(宋)乐史撰,王文楚等点校:《太平寰宇记》卷112《江南西道十·鄂州嘉鱼县》,第2286页。
④(北魏)郦道元注,(民国)杨守敬、熊会贞疏:《水经注疏》卷35《江水三》,第2885页。

据陆口。众人咸为畯喜,畯前后固辞:'朴素书生,不闲军事,非才而据,咎悔必至。'发言慷慨,至于流涕,权乃听焉。"注引《志林》曰:"权又试畯骑,上马堕鞍。"① 笔者以为,严畯既任骑都尉多年,焉有不会骑马的道理? 这应是不愿担此重任而故意做作,借此打消孙权的委任,结果孙权派遣名将吕蒙继任此职。"鲁肃卒,蒙西屯陆口,肃军人马万余尽以属蒙。又拜汉昌太守,食下隽、刘阳、汉昌、州陵。"② 吕蒙与鲁肃生前的职责相同,但是两人对待刘备集团的态度却截然相反。鲁肃提倡联刘抗曹,"以为曹公尚存,祸难始构,宜相辅协,与之同仇,不可失也。"③ 吕蒙则力主消灭关羽,吞并荆州。他曾向孙权建议:

> 令征虏(笔者按:当时孙皎任征虏将军)守南郡,潘璋住白帝,蒋钦将游兵万人,循江上下,应敌所在。蒙为国家前据襄阳,如此,何忧于操,何赖于羽? 且羽君臣,矜其诈力,所在反复,不可以腹心待也。今羽所以未便东向者,以至尊圣明,蒙等尚存也。今不于强壮时图之,一旦僵仆,欲复陈力,其可得邪? ④

因而深获孙权的赞许。吕蒙为人诡计多端,当年他曾为驻守陆口的鲁肃谋划应付关羽的各种对策。"蒙曰:'今东西虽为一家,而关羽实熊虎也,计安可不豫定?'因为肃画五策。肃于是越席就之,拊其背曰:'吕子明,吾不知卿才略所及乃至于此也。'"⑤ 这次吕蒙接替鲁肃,"初至陆口,

---

① 《三国志》卷53《吴书·严畯传》,第1247—1248页。
② 《三国志》卷54《吴书·吕蒙传》,第1277页。
③ 《三国志》卷54《吴书·吕蒙传》,第1277—1278页。
④ 《三国志》卷54《吴书·吕蒙传》,第1278页。
⑤ 《三国志》卷54《吴书·吕蒙传》,第1274页。

外倍修恩厚,与(关)羽结好。"① 企图以此来麻痹关羽,使其放松警惕。

建安二十四年(219年)秋,关羽北征襄樊,为了防备孙吴袭击其后方,"留兵将备公安、南郡。"② 吕蒙认为有机可乘,便建议假借病重,调自己和部分军队回到后方以迷惑关羽。"乞分士众还建业,以治疾为名。羽闻之,必撤备兵,尽赴襄阳。大军浮江,昼夜驰上,袭其空虚,则南郡可下,而羽可禽也。"③ 孙权采纳其主张,派遣陆逊到陆口接替吕蒙的职务。陆逊就任后即给关羽写信,其中多有谀词美言。"羽览逊书,有谦下自托之意,意大安,无复所嫌。逊具启形状,陈其可禽之要。"④ 孙权见时机成熟,便密令吕蒙为大督,率领吴军主力出发,驻守夏口的孙皎领所部为后继⑤,顺利地完成了作战任务。

在这次偷袭荆州的战役行动中,陆口是吴军集结出击的前线基地,陆逊的万余守军因为熟悉当地情况,扮演了先锋的角色,和吕蒙的吴军主力共同前进。"(孙)权乃潜军而上,使逊与吕蒙为前部,至即克公安、南郡。"⑥ 此后吕蒙留镇江陵,陆逊率领所部继续溯江西上,攻占了峡口的夷陵等地。"逊径进,领宜都太守,拜抚边将军,封华亭侯。(刘)备宜都太守樊友委郡走,诸城长吏及蛮夷君长皆降。逊请金银铜印,以假授初附。是岁建安二十四年十一月也。"⑦ 陆逊又派将军李异、谢旌等进入

---

① 《三国志》卷54《吴书·吕蒙传》,第1278页。
② 《三国志》卷54《吴书·吕蒙传》,第1278页。
③ 《三国志》卷54《吴书·吕蒙传》,第1278页。
④ 《三国志》卷58《吴书·陆逊传》,第1345页。
⑤ 《三国志》卷51《宗室传·孙皎》:"后吕蒙当袭南郡,(孙)权欲令皎与蒙为左右部大督,蒙说权曰:'若至尊以征虏能,宜用之;以蒙能,宜用蒙。昔周瑜、程普为左右部督,共攻江陵,虽事决于瑜,普自恃久将,且俱是督,遂共不睦,几败国事,此目前之戒也。'权寤,谢蒙曰:'以卿为大督,命皎为后继。'禽关羽,定荆州,皎有力焉。"第1207—1208页。
⑥ 《三国志》卷58《吴书·陆逊传》,第1345页。
⑦ 《三国志》卷58《吴书·陆逊传》,第1345页。

三峡,"将三千人,攻蜀将詹晏、陈凤。异将水军,旌将步兵,断绝险要,即破晏等,生降得凤。又攻房陵太守邓辅、南乡太守郭睦,大破之。秭归大姓文布、邓凯等合夷兵数千人,首尾西方。逊复部旌讨破布、凯,布、凯脱走,蜀以为将。逊令人诱之,布帅众还降。前后斩获招纳,凡数万计。"[①]由此可见,陆口的吴军部队作战勇猛,功劳显著,发挥了重要的作用。

前述《读史方舆纪要》曰:"蜀汉章武元年先主东征,陆逊拒之于西陵,孙权复自将屯陆口节度诸军是也。"[②]典出《太平寰宇记》卷112引《江夏记》:"'蒲圻县南对陆溪口,一名刀环山,溯流八十里有吕蒙城,城中有蒙墓。孙权使陆逊拒刘备于西陵,权屯陆溪口,为诸军节度。'是此也。"[③]但是《三国志》与裴松之注所引诸书都没有提到这件事情,谢钟英因此认为并无此事,孙权当时驻跸武昌,并未上屯陆口。见《〈补三国疆域志〉补注》洪亮吉曰蒲圻县:"有陆溪口,吴主遣陆逊拒蜀先主于西陵,吴主自屯此为诸军节度。"谢钟英按:"(建安)二十五年陆逊拒先主,(孙)权都武昌,未尝驻陆口,洪氏盖误。"[④]可见这件事情尚无定论,姑且存疑。

四、蒲圻取代陆口及其军事地位之演变

吕蒙袭取荆州之后,孙吴"全据长江,形势益张"[⑤],其北方疆域"自

---

①《三国志》卷58《吴书·陆逊传》,第1345页。

②(清)顾祖禹:《读史方舆纪要》卷76《湖广二·武昌府·嘉鱼县》"陆水"条,第3532页。

③(宋)乐史撰,王文楚等点校:《太平寰宇记》卷112《江南西道十·鄂州嘉鱼县》,第2286页。

④(清)洪亮吉撰,(清)谢钟英补注:《〈补三国疆域志〉补注》,《二十五史补编》编委会编:《二十五史补编·三国志补编》,第565页。

⑤《三国志》卷54《吴书·吕蒙传》,第1278页。

西陵以至江都,五千七百里"①。随后陆逊又在夷陵之战中获胜,刘备死后,诸葛亮与孙权重缔盟约,双方和好。此后孙吴的作战对手与用兵方向发生了很大变化,由西攻蜀汉、北和曹魏再次改变为联刘抗曹,主要和北方的魏国对峙战斗。公元221年至229年,孙权定都武昌,居中联络指挥长江防线的作战,陆口则从进攻荆州西部的集结出发基地变为吴国都城西邻的重要防御据点。黄初三年(222年)曹丕三路征吴,其主力围攻江陵,形势危急。"时(朱)然城中兵多肿病,堪战者裁五千人。(曹)真等起土山,凿地道,立楼橹临城,弓矢雨注,将士皆失色。"②曹魏夏侯尚率"前部三万人作浮桥,渡百里洲上,诸葛瑾、杨粲并会兵赴救,未知所出,而魏兵日渡不绝"③。孙权从三峡边境调潘璋所部前来支援,战役结束后即赶赴陆口驻守,估计此前陆口的兵将已被遣往江陵,防地处于空虚状态。"(潘璋)便将所领,到魏上流五十里,伐苇数百万束,缚作大筏,欲顺流放火,烧败浮桥。作筏适毕,伺水长当下,(夏侯)尚便引退。璋下备陆口。"④潘璋的部下仅有数千人⑤,但是战斗力很强,荆州之战中,"璋与朱然断(关)羽走道,到临沮,住夹石。璋部下司马马忠禽羽,并羽子平、都督赵累等。"⑥夷陵之战,"璋与陆逊并力拒之。璋部下斩备护军冯习等,所杀伤甚众。"⑦孙权调这支精锐部队来驻防陆口,显然是为了保障国都武昌上游的安全。由于沙羡县

①《三国志》卷48《吴书·三嗣主传·孙皓》注引干宝《晋纪》,第1165页。
②《三国志》卷56《吴书·朱然传》,第1306页。
③《三国志》卷55《吴书·潘璋传》,第1300页。
④《三国志》卷55《吴书·潘璋传》,第1300页。
⑤《三国志》卷55《吴书·潘璋传》:"璋为人粗猛,禁令肃然,好立功业,所领兵马不过数千,而其所在常如万人。"第1300页。
⑥《三国志》卷55《吴书·潘璋传》,第1299—1300页。
⑦《三国志》卷55《吴书·潘璋传》,第1300页。

境过于辽远，孙权在黄武二年(223年)将其西南部陆口附近地区单独划分出来成立了蒲圻县(今湖北赤壁市)^①。《元和郡县图志》卷27曰："蒲圻县，本汉沙羡县地，……吴大帝分立蒲圻县，以蒲圻湖为名。"^②《太平寰宇记》卷112曰："蒲圻湖，东北沿流去(鄂)州三百里，在蒲圻县西北一百五里。旧云多生蒲草。吴大帝初置蒲圻县在北湖侧，故以为名。"^③谭其骧主编《中国历史地图集》标识蒲圻县治在陆口东北邻近^④；黄惠贤指出："其县治设在陆口稍北，'因蒲圻湖为名'，即今嘉鱼县南的陆溪镇附近。"^⑤洪亮吉《补三国疆域志》根据《宋书·州郡志·三》的记载^⑥，将吴蒲圻县列入长沙郡，谢钟英则认为应属武昌(后为江夏)郡，他根据《三国志》卷60《吴书·吕岱传》有关记载考证道："潘濬卒，岱代濬领荆州文书，与陆逊并在武昌，故督蒲圻。陆逊卒，分武昌为二部，岱督右部，自武昌上至蒲圻。是蒲圻吴属武昌。洪氏从沈《志》隶长沙，非也。"^⑦

随着孙吴长江防线的巩固与稳定，黄龙元年(229年)孙权称帝，然后回到江东，再次以建业(今江苏南京市)为都城。荆州则分为三个

① (宋)乐史撰，王文楚等点校：《太平寰宇记》卷112《江南西道十·鄂州》："蒲圻县，汉沙羡县之地，《地理志》江夏郡有沙羡县。又吴黄武二年于沙羡县置蒲圻县，在竞江口。"第2284页。

② (唐)李吉甫：《元和郡县图志》卷27《江南道三·鄂州》，第646页。

③ (宋)乐史撰，王文楚等点校：《太平寰宇记》卷112《江南西道十·鄂州》，第2285页。

④ 参见谭其骧主编：《中国历史地图集》第三册，中国地图出版社，1982年，第28—29页。

⑤ 黄惠贤：《公元三至十九世纪鄂东南地区经济开发的历史考察(上篇)——魏晋南北朝隋唐部分》，黄惠贤、李文澜主编：《古代长江中游的经济开发》，第173页。

⑥ 《宋书》卷37《州郡志·三》："蒲圻男相，晋武帝太康元年立。本属长沙，文帝元嘉十六年度巴陵……"第1125页。

⑦ (清)洪亮吉撰，(清)谢钟英补注：《〈补三国疆域志〉补注》，《二十五史补编·三国志补编》，第564页。

都督辖区,峡口夷陵附近由西陵都督步骘管辖①,江陵成为前线据点,都督朱然与防区军队主力退居对岸江南的乐乡。胡三省曰:"乐乡城在今江陵府松滋县东,乐乡城北,江中有沙碛,对岸踏浅可渡,江津要害之地也。"②朱然死后乐乡都督由施绩继任。武昌地区所在的荆州东部则由陆逊统辖。"(孙)权迁都建业,因故府不改馆,征上大将军陆逊辅太子登,掌武昌留事。"③陆逊调赴武昌后的军职,清儒吴增仅考证后认为应是武昌都督④,陆口和蒲圻则成为武昌都督辖区西境的防御据点。嘉禾三年(234年)潘璋病故,孙权任命屡立战功于交州的镇南将军吕岱接管了他的职任与部队,随后移驻蒲圻。见吕岱本传:"嘉禾三年,(孙)权令岱领潘璋士众,屯陆口,后徙蒲圻。"⑤此后吴军屯驻蒲圻而不再于陆口驻兵,直至吴国灭亡。

　　孙权自武昌返都建业后,蒲圻所在陆口地区的军事地位与作用发生了很大变化。首先,其驻军的任务主要是镇压国内的叛乱,而不是对外作战。武昌都督辖区远离吴蜀边境,其北境与汉水流域的魏国荆州江夏郡及扬州蕲春郡接壤,因此防线与重要军事据点大多设在江北,如沔口(今湖北武汉市汉阳区)、邾城(治今湖北黄州市西北),南岸的吴国重镇首先是武昌(今湖北鄂州市)和夏口(今湖北武汉市武昌区,吴夏口城在江南),蒲圻的地位要列在它们后边,比起以前的陆口明显是

---

① 《三国志》卷52《吴书·步骘传》:"(孙)权称尊号,拜骠骑将军,领冀州牧。是岁,都督西陵,代陆逊抚二境。"第1237页。

② 《资治通鉴》卷79晋武帝泰始六年四月胡三省注,第2512页。

③ 《三国志》卷47《吴书·吴主传》,第1135页。

④ 《三国志》卷58《吴书·陆逊传》载赤乌七年(244年)陆逊代顾雍为丞相,孙权下诏曰:"……其州牧都护领武昌事如故。"第1353页。吴增仅考证云:"逊卒,诸葛恪代逊。(孙)权乃分武昌为左右二部,吕岱督右部,以证逊传所云,则知所谓领武昌事者,乃武昌都督,非武昌郡事也。"(清)吴增仅:《三国郡县表附考证》,《二十五史补编·三国志补编》,第380页。

⑤ 《三国志》卷60《吴书·吕岱传》,第1385页。

降低了。从历史记载来看,蒲圻吕岱驻军的主要任务是平定后方江南及岭南山贼或蛮夷的叛乱,而不是渡江与曹魏军队作战。例如,"(嘉禾)四年,庐陵贼李桓、路合、会稽东冶贼随春、南海贼罗厉等一时并起。(孙)权复诏(吕)岱督刘纂、唐咨等分部讨击,春即时首降,岱拜春偏将军,使领其众,遂为列将。桓、厉等皆见斩获,传首诣都。"①赤乌二年(239年)潘濬卒,"顷之,廖式作乱,攻围城邑,零陵、苍梧、郁林诸郡骚扰,岱自表辄行,星夜兼路。(孙)权遣使追拜(吕)岱交州牧,及遣诸将唐咨等骆驿相继,攻讨一年破之,斩式及遣诸所伪署临贺太守费杨等,并其支党,郡县悉平。"②

其次,蒲圻驻军主将后为武昌都督副手。武昌都督辖区除了江夏郡(前武昌郡),还有东邻的豫章、鄱阳、庐陵三郡,地域相当广阔。见陆逊本传:"(孙)权东巡建业,留太子、皇子及尚书九官,征逊辅太子,并掌荆州及豫章三郡事,董督军国。"③胡三省曰:"三郡,豫章、鄱阳、庐陵也。三郡本属扬州,而地接荆州,又有山越,易相扇动,故使逊兼掌之。"④由于辖区辽远,陆逊又兼任荆州牧,事务繁多,孙权任命"(潘)濬与陆逊俱驻武昌,共掌留事"⑤。潘濬死后,孙权又下令,"(吕)岱代(潘)濬领荆州文书,与陆逊并在武昌,故督蒲圻。"⑥即吕岱平时身在武昌,但仍兼任蒲圻部队的主将。

再次,蒲圻后来成为武昌右部都督的驻地。赤乌八年(245年)二

①《三国志》卷60《吴书·吕岱传》,第1385页。
②《三国志》卷60《吴书·吕岱传》,第1386页。
③《三国志》卷58《吴书·陆逊传》,第1349页。
④《资治通鉴》卷71魏明帝太和三年九月胡三省注,第2256页。
⑤《三国志》卷61《吴书·潘濬传》,第1399页。
⑥《三国志》卷60《吴书·吕岱传》,第1386页。

月陆逊去世,孙权一时找不到合适的人选来接替,直到次年九月被迫
采取了分散权力的办法,将武昌都督辖区分为左右两部,由诸葛恪与
吕岱分管。"以镇南将军吕岱为上大将军,督右部,自武昌以西至蒲圻;
以威北将军诸葛恪为大将军,督左部,代陆逊镇武昌。"[①]武昌右部包括
夏口、沔口、陆口、蒲圻等兵争要地,因此地位及影响要重于左部。吕岱
因此又回到了蒲圻,由于他年过八十,孙权恐怕其有心无力,所以委派
他的儿子来管理日常军务。"拜子(吕)凯副军校尉,监兵蒲圻。"[②]吕岱
活到孙吴太平元年(256年),"年九十六卒。"[③]由陆凯继任,并在次年领
兵参加了支援淮南诸葛诞叛魏的军事行动。见其本传:"五凤二年,讨
山贼陈毖于零陵,斩毖克捷,拜巴丘督、偏将军,封都乡侯,转为武昌右
部(都)督。与诸将共赴寿春,还,累迁荡魏、绥远将军。"[④]

五、蒲圻与武昌右部都督辖区的衰落

蒲圻作为武昌右部都督的驻所与屯兵基地,到孙吴末年(孙皓在
位时期)出现了明显的衰落迹象。首先,有关三国的各种记载在这期
间都没有提到吴国在蒲圻(或陆口)设有驻军及发生战斗之事,甚至
连蒲圻这个地名也在吴末的史籍叙述中消失了。另外,有些史书提到
西晋平吴之后重新设置蒲圻县的事迹。例如《水经注》卷35曰:"(江
水)又东径蒲矶山北,北对蒲圻洲,亦曰攀洲,又曰南洲,洲头即蒲圻县

①《资治通鉴》卷75魏邵陵厉公正始七年,第2366页。
②《三国志》卷60《吴书·吕岱传》,第1386页。
③《三国志》卷60《吴书·吕岱传》,第1387页。
④《三国志》卷61《吴书·陆凯传》,第1400页。

治也,晋太康元年置。"①杨守敬指出了史籍有关记载发生的差别:"《宋志》蒲圻县,晋武帝太康元年立。而《元和志》云吴大帝立,《寰宇记》云,吴黄武二年立,异。"②孙权在位时期设置过蒲圻县是无疑的,前引《三国志》曾多次予以证实。那么《水经注》和《宋书·州郡志》为什么又说该县是在西晋太康元年(280年)设立的呢?而且它们记述的蒲圻县城地址也不一致,《太平寰宇记》说该县城址是在蒲圻湖的北侧,学术界认为它距离陆口不远。而前引《水经注》说西晋蒲圻县治是在江中蒲圻洲的洲头。上述矛盾现象应该如何理解?清儒吴增仅提出了一种合理的解释,就是孙吴末年曾经废除了蒲圻县,而西晋统一全国后重新设置了该县。见其著作《三国郡县志附考证》:"蒲圻,《寰宇记》黄武二年分沙羡置,属长沙。吴以此置督以为重镇。"又云:"蒲圻,沈《志》晋太康元年立,疑吴末所废,至晋复立。"③笔者以为,吴氏的解释是合乎逻辑的,因为当时还有一种情况与此具有密切联系,详见下述。

其次,武昌右部都督及其辖区的消失。前述陆凯曾接任武昌右部(都)督,在任八年,至孙皓继位(264年),他被调离蒲圻,"迁镇西大将军,都督巴丘,领荆州牧,进封嘉兴侯。"④却未说明由谁来接替他原来的职务,此后史籍也再没有提到过"武昌右部(都)督"及其辖区存在的情况。笔者怀疑陆凯奉命将原驻蒲圻的吴军带到了巴丘(今湖南岳阳市),而且武昌右部都督辖区此后也被撤销或名存实亡,因为后来西

①(北魏)郦道元注,(民国)杨守敬、熊会贞疏:《水经注疏》卷35《江水三》,第2885—2886页。
②(北魏)郦道元注,(民国)杨守敬、熊会贞疏:《水经注疏》卷35《江水三》,第2886页。
③(清)吴增仅:《三国郡县志附考证》,《二十五史补编》编委会编:《二十五史补编·三国志补编》,第374页。
④《三国志》卷61《吴书·陆凯传》,第1400页。

晋平吴,王濬舟师顺江前进时,并未提到在蒲圻、陆口一带作战或占领该地的情况,可见当地已经不复有重兵驻扎。在孙皓继位的前一年,吴国的盟友蜀汉政权灭亡,驻守三峡西口的永安蜀将罗宪也投降了曹魏,这使孙吴在南郡和西陵受到的威胁剧增,成为吴魏(晋)对峙冲突的热点区域。就是在上述历史背景下,孙吴在荆州的军政重心逐渐西移。吴国荆州牧的治所此前一直是在武昌,现在向西转移到巴丘;原先的重镇蒲圻也因为距离稍远而被巴丘所取代,这样在强敌入侵西陵、江陵时,可以为前线提供更为近便的兵力支援。公元 265 年末,孙皓徙都武昌,历时一年后由于反对意见强烈又迁回了建业。陆凯被任命为左丞相,调回朝内。孙皓委任他更信任的右丞相万彧代替陆凯出镇巴丘,次年他还领兵入侵过西晋的襄阳[①]。陆凯在建衡元年(269 年)病故于建业,他兼任的荆州牧一职暂告空缺,直到凤凰二年(273 年)春,孙皓任命平定西陵叛乱有功的陆抗"就拜大司马、荆州牧"[②]。他的职务是"都督信陵、西陵、夷道、乐乡、公安诸军事,治乐乡"[③]。此时乐乡(治今湖北松滋县东)成为荆州最重要的军镇和行政长官荆州牧的治所。

再次,孙皓在位的吴国末年,长江上下的数千里防线缺兵数额严重。陆抗曾上书请求按照原来的编制补充战乱的损耗,"使臣所部足满八万,省息众务,信其赏罚,虽韩、白复生,无所展巧。"[④]但是朝廷一

---

①《三国志》卷 48《吴书·三嗣主传·孙皓》:"(宝鼎)二年春,大赦,右丞相万彧上镇巴丘。"第 1167 页。《资治通鉴》卷 79 晋武帝泰始四年九月,"吴主出东关;冬,十月,使其将施绩入江夏,万彧寇襄阳。"第 2508 页。
②《三国志》卷 58《吴书·陆抗传》,第 1359 页。
③《三国志》卷 58《吴书·陆抗传》,第 1355 页。
④《三国志》卷 58《吴书·陆抗传》,第 1360 页。

直未予理会。"前乞精兵三万,而主者循常,未肯差赴。"[①] 陆抗用兵捉襟见肘,因此沉痛地指出:"今臣所统千里,受敌四处,外御强对,内怀百蛮,而上下见兵财有数万,羸弊日久,难以待变。"[②] 扬州的重镇濡须也是如此,其督将钟离牧抱怨道:"大皇帝时,陆丞相讨鄱阳,以二千人授吾。潘太常讨武陵,吾又有三千人,而朝廷下议,弃吾于彼,使江渚诸督,不复发兵相继。蒙国威灵自济,今日何为常。"[③] 从史籍记载来看,吴末各军镇乏兵是较为普遍的现象。一方面是孙皓政治昏暗,赋役沉重,导致士家和编户农民纷纷荫庇于豪族。如陆抗所言,"又黄门竖宦,开立占募,兵民怨役,逋逃入占。"[④]《世说新语·政事篇》载贺邵任吴郡太守,"于是至诸屯邸,检校诸顾、陆役使官兵及藏逋亡,悉以事言上,罪者甚众。"[⑤] 另一方面,孙皓又忽视边防,担心地方督将拥兵自重或发动叛乱,因此调拨了许多兵马给宗室诸王,以加强皇族对军队的直接控制。例如,凤凰二年(273 年)九月,"改封淮阳为鲁,东平为齐,又封陈留、章陵等九王,凡十一王,王给三千兵。"[⑥] 天纪二年(278 年)七月,"立成纪、宣威等十一王,王给三千兵。"[⑦] 这两次共立二十二王,拨给军队六万六千人,约合全国军队二十三万人[⑧] 的 28.7%。而诸王的封邑都在内地后方,江防要镇的兵马数量因此会受到严重影响。考虑

---

① 《三国志》卷 58《吴书·陆抗传》,第 1360 页。
② 《三国志》卷 58《吴书·陆抗传》,第 1360 页。
③ 《三国志》卷 60《吴书·钟离牧传》注引《会稽典录》,第 1395 页。
④ 《三国志》卷 58《吴书·陆抗传》,第 1360 页。
⑤ 余嘉锡撰:《世说新语笺疏》卷上之下《政事第三》,中华书局,1983 年,第 166 页。
⑥ 《三国志》卷 48《吴书·三嗣主传·孙皓》,第 1170 页。
⑦ 《三国志》卷 48《吴书·三嗣主传·孙皓》,第 1172 页。
⑧ 《三国志》卷 48《吴书·三嗣主传·孙皓》注引《晋阳秋》曰:"(王)濬收其图籍,领州四,郡四十三,县三百一十三,户五十二万三千,吏三万二千,兵二十三万,男女口二百三十万。"第 1177 页。

到上述各种因素,蒲圻县与武昌右部都督辖区的废置也就不足为怪了。

关于孙吴末年武昌地区的兵力数量,史籍没有具体的记载。从后来晋军伐吴的情况来看,王濬的舟师驶出三峡后,在荆州的西陵、荆门、夷道、乐乡等地都经历了激烈的战斗;而武昌附近的吴军因为兵力虚弱、将无斗志而纷纷弃甲投降。江北王戎率豫州兵马,"受诏伐吴。戎遣参军罗尚、刘乔领前锋,进攻武昌,吴将杨雍、孙述、江夏太守刘朗各率众诣戎降。"[①] 江南吴军的布防主要是在夏口和武昌两地,王濬舟师攻克乐乡后顺利东下,"兵不血刃,攻无坚城,夏口、武昌,无相支抗。于是顺流鼓棹,径造三山。"[②] 值得注意的是,晋军进攻武昌前夕,孙皓匆忙任命"以捷对见异,超拜尚书侍中"[③] 的文士虞昺为"持节都督武昌已上诸军事"[④],其职务相当于武昌右部都督,负责到武昌以西组织防御。而虞昺既不擅长作战,手下又缺兵少将,到达武昌后直接投降了西晋。"昺先上还节盖印绶,然后归顺。"[⑤] 昔日强兵云集的陆口与蒲圻以及周瑜大破曹兵的赤壁,此时竟毫无设防,任凭晋军舰队自由通行,时过境迁,真是具有天壤之别了。

---

①《晋书》卷43《王戎传》,第1232页。
②《晋书》卷42《王濬传》,第1209页。
③《三国志》卷57《吴书·虞翻传》注引《会稽典录》,第1328页。
④《三国志》卷57《吴书·虞翻传》注引《会稽典录》,第1328页。
⑤《三国志》卷57《吴书·虞翻传》注引《会稽典录》,第1328页。

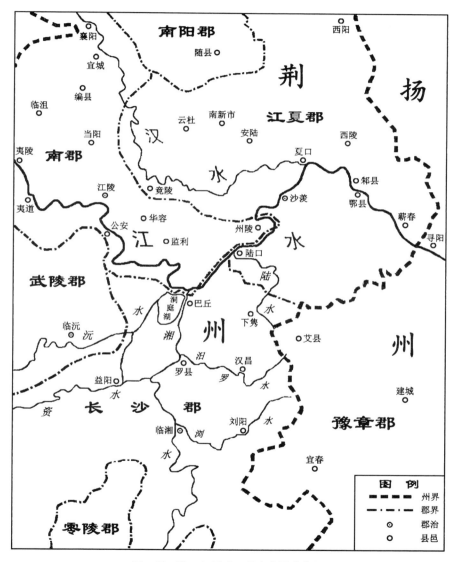

图二五　陆口与周瑜、鲁肃奉邑分布图